Hesse/Schrader

Vorstellungsgespräch für Hochschulabsolventen

Richtig vorbereiten und
überzeugend antworten auf
die 111 wichtigsten Fragen

STARK

Die Autoren

Jürgen Hesse, geboren 1951, geschäftsführender Diplom-Psychologe im Büro für Berufsstrategie, Berlin.

Hans Christian Schrader, geboren 1952, Diplom-Psychologe in Baden-Württemberg.

Anschrift der Autoren
Hesse/Schrader
Büro für Berufsstrategie
Oranienburger Straße 4–5
10178 Berlin
Tel. 030 28 88 57-0
Fax 030 28 88 57-36
www.hesseschrader.com

Die mit diesem Symbol ⬇ gekennzeichneten Dateien finden Sie im Internet unter **www.berufundkarriere.de/onlinecontent**.

Coverbild: © Jirsak/istockphoto.com

ISBN 978-3-8490-2583-0

© 2018 Stark Verlag GmbH
www.berufundkarriere.de

Das Werk und alle seine Bestandteile sind urheberrechtlich geschützt. Jede vollständige oder teilweise Vervielfältigung, Verbreitung und Veröffentlichung bedarf der ausdrücklichen Genehmigung des Verlages. Dies gilt insbesondere für Vervielfältigungen, Mikroverfilmungen sowie die Speicherung und Verarbeitung in elektronischen Systemen.

INHALT

Fast Reader 5
Personalchefs prüfen anders als Professoren 5
... und 7 Denkanstöße für Ihre Bewerbungsvorbereitung 6

Auseinandersetzung & Vorbereitung 9
Was der Schlüssel zum Menschen ist 10
Die wirklich weichenstellende Vorbereitung (WWW!) 11
Grundlagen für eine überzeugende Performance (KLP und USP) 14

Angebot & Nachfrage 23
Worauf Sie sich unbedingt vorbereiten sollten 23
Wie Sie sich von Ihrer besten Seite präsentieren 26
Was Ihre Arbeitspersönlichkeit ausmacht (SOAP) 28
Mit Vergangenheit argumentieren, Gegenwart und Zukunft (VGZ) .. 30

Kontakt & Beziehung 35
Beziehungsmanagement – Ihr Gegenüber für sich einnehmen 36
Zur Entstehung von Sympathie 37
Sympathie mobilisierende Faktoren 40
Mit Worten gewinnen, nicht besiegen 43
Störungen: Die Vergangenheit in der Gegenwart 45

Theorie & Praxis 47
Ausgangspositionen – Ihre und die Ihres Gegenübers 48
Die Vorab-Unternehmensrecherche 49
Googeln Sie Ihren zukünftigen Chef und die Kollegen 50
... und vor allem sich selbst 51
So gelingt Ihnen die Überzeugungsarbeit viel besser 53
Was Sie vermitteln wollen 54
... und wie Sie darauf kommen 55
Kommunikationsziele, Botschaften und Argumentation (KBA) 56
Wie Sie mehr und bessere Wirkung erzielen 60
Konkrete Beispiele und Vorgehensweisen 62

Inhalt & Form 67
Was Sie sich selbst und Ihren Gesprächspartnern verdeutlichen sollten 68
Was Erfolgsintelligenz und Problemlösungsfähigkeit ausmacht 70

Gesprächsführung & Gesprächspsychologie ... 73
Alle Frage- und Antworttechniken ... 74
Achtung! Ausgebuffte Ausfragetechniken ... 77
Richtig argumentieren – ein kleiner Rhetorikkurs ... 87
Vom Umgang mit unangenehmen Fragen ... 90
Provokationen und Stress im Interview angemessen begegnen ... 93

Begegnungen & erste Hoffnungen ... 99
Das A & O – Ihr sympathischer Auftritt ... 100
Ihre Chancen auf Jobmessen und Recruiting-Events ... 102
Erfolgreicher Erstkontakt am Messestand ... 103
Überzeugende Telefon- und Skype-Interviews ... 104

Fazit & Ausblick ... 115
Bevor es zu den Vorstellungsgesprächsfragen geht ... 115

Fragen & Antworten ... 117
Ablauf und Schwerpunkte eines Vorstellungsgesprächs ... 118
Die 25 wichtigsten Fragen und ihre Varianten ... 120
111 Fragen und über 275 Unterfragen zu den 10 wichtigsten Themen ... 126
Einzel- oder Gruppengespräch ... 243
Sonder- und Hausaufgaben ... 245
Gehalt und Verdienst ... 250
Karriere und Kinder ... 253
Notlügen aus Notwehr ... 254

Gut ankommen & gut rüberkommen ... 261
Mehr als nur organisatorische Aspekte ... 262
Angemessene Kleidung ... 265

Nachdenken & Nachfassen ... 269
Nach dem Gespräch ist vor dem Gespräch ... 270
Nach-Fassen ... 272
Wichtig beim zweiten Vorstellungsgespräch ... 275

Besser klarkommen mit Absagen ... 279
Zu guter Letzt ... 281

Stichwortverzeichnis ... 285

FAST READER

Personalchefs prüfen anders als Professoren ...

In der Tat: In der Arbeitswelt gelten nicht dieselben Regeln wie an der Uni. Und um berufliche Ziele zu verwirklichen, beispielsweise im Vorstellungsgespräch zu überzeugen, bedarf es neben einem gewissen Maß an Fachwissen auch noch ganz anderer Kenntnisse und Fähigkeiten. Wer als Hochschulabsolvent nach erfolgreich bestandener Abschlussprüfung einen Arbeitsplatz erobern will, sollte sich gut vorbereiten.

Die Chancen stehen günstig, die/der eine von durchschnittlich 6 bis 8 eingeladenen Kandidaten zu sein, für den sich der Personalchef entscheidet. Wir blicken auf über 30 Jahre Erfahrung zurück in der professionellen Unterstützung von Kandidaten, wenn es um die Eroberung eines adäquaten Arbeitsplatzes geht. Eine ganze Menge von Vorständen, von Geschäftsführern, Bereichs- und Abteilungsleitern haben es mit unserer Unterstützung geschafft. Unser Wissen stellen wir auch Hochschulabsolventen seit etwa 30 Jahren zur Verfügung und oftmals stand ein solches Buch am Anfang einer beeindruckenden Karriere. Bereiten Sie sich gut vor, ist so ein Prüfungs- und Auswahlgespräch – nennen Sie es gerne auch etwas verharmlosend Vorstellungsgespräch –, wenn Sie die Themen, Regeln und Tricks kennen, gar nicht wirklich schwer. Vorbereitung, etwas Fleiß und Nachdenkzeit allerdings kostet es schon.

Dieses Buch wird Ihnen jetzt dabei helfen. Es bereitet Sie optimal auf die erste wie auf alle folgenden Begegnungen vor – vom Messestandbesuch, Telefoninterview bis hin zum ersten und zweiten Vorstellungsgesprächstermin.

Vielleicht schauen Sie gleich mal ans Ende und lesen die Zusammenfassung (»Zu guter Letzt«).

… und 7 Denkanstöße für Ihre Bewerbungsvorbereitung

Was kennzeichnet eine optimale Vorbereitung? Keine einfache Frage, aber genau die richtige! Genügend Zeit und ein Bewusstsein für die Dinge, die jetzt wichtig sind. Nachdenken hilft! Und dann aufschreiben und üben! Wir helfen Ihnen, versprochen!

1. Werden Sie sich Ihrer Ausgangslage bewusst

Es geht um Ihre Selbsteinschätzung. Fragen wie …
- Was für Werte habe ich?
- Was für ein Mensch bin ich?
- Was kann ich?
- Welche Arbeit tue ich gern?
- Was will ich erreichen/bewirken?
- Was ist möglich?

… werden Ihnen helfen, sich selbst besser einzuschätzen und Ihren persönlichen Standort zu bestimmen.

2. Setzen Sie sich klare Ziele – auch und gerade in dieser Phase nach dem Studium

Ein Ziel gibt Kraft, beflügelt Ihre Phantasie und hilft Ihnen durchzuhalten. Wenn Sie ein Ziel vor Augen haben, werden Sie sich automatisch in diese Richtung bewegen. Daher widmen Sie dieser Frage entsprechend viel Aufmerksamkeit und Zeit. Beantworten Sie diese gesondert nach persönlichen und beruflichen Zielen.

3. Verdeutlichen Sie sich: Sie sind Unternehmer/-in

Auf dem Arbeitsmarkt bieten Sie Ihre Arbeitskraft an und Ihre Fähigkeiten, Probleme zu lösen bzw. mitzuhelfen, diese besser in den Griff zu bekommen. Sie sind dabei ein/-e Unternehmer/-in, der/die für sein/ihr Know-how (Problemlösungserfahrung) Kunden sucht. Das sind die Arbeitgeber.

4. Chancen einschätzen

Die beiden Formeln KLP (s. S. 19 ff., 26 ff.) und VGZ (s. S. 30 ff.) sind ein optimaler Leitfaden für Ihr Vorhaben, für Ihre Vorbereitung und Orientierung. **Kompetenz, Leistungsmotivation und Persönlichkeit (KLP) sind die Weichensteller, um einen Job zu erobern.** Reflektieren Sie über Fragen zu Ihrer Vergangenheit-Gegenwart-Zukunft (VGZ). Damit können Sie Ihre Möglichkeiten viel besser einschätzen und sich noch überzeugender bewerben.

5. Sich überzeugend präsentieren

Darauf kommt es an: Die drei Essentials und Weichensteller bei der Joberoberung (Kompetenz, Leistungsmotivation und Persönlichkeit, KLP) so prägnant darzustellen, dass sie als Signale beim potenziellen Kunden/Auftraggeber überzeugend »ankommen«. Das gilt insbesondere für das persönliche Auftreten im Vorstellungsgespräch.

6. Lernen Sie, sich selbst zu motivieren

Gemeint ist hier der Wille zum Erfolg. Man unterscheidet zwei Motivationen: die innere und die äußere. Zur äußeren gehören Faktoren wie Anerkennung oder materielle Anreize. Diese machen jedoch das notwendige Handeln von Umständen abhängig, auf die man keinen oder nur einen geringen Einfluss hat. Die Motivation aus sich selbst heraus (z. B. durch Freude an der Arbeit) ist günstiger, da sie unabhängiger von externen Faktoren macht. Am erfolgreichsten sind Menschen, denen es gelingt, beide Motivationsarten miteinander zu verbinden.

7. Verschaffen Sie sich einen ersten Überblick über die relevanten Bewerbungsphasen

Wie weit sind Sie in Ihrer mentalen Vorbereitung, wie präzise können Sie Ihre angestrebten Arbeitsaufgaben und Ihren Arbeitsplatz, aber auch Ihr Mitarbeitsangebot beschreiben?

Überlegen Sie sich genau, was Sie anzubieten haben und wo Sie zukünftige »Abnehmer« Ihrer Dienstleistung sehen. Je besser Sie sich vorbereiten, desto größer Ihre Chancen, den Bewerbungsmarathon in möglichst kurzer Zeit erfolgreich zu (durch)laufen.

AUSEINANDERSETZUNG & VORBEREITUNG

Gratulation, Sie sind eingeladen! Ihre schriftliche Bewerbung hat neugierig auf Sie gemacht und davon überzeugt, dass es sich lohnt, Sie kennenzulernen. Vielleicht zunächst durch ein telefonisches Interview, möglicherweise auch einem testgesteuerten Auswahlverfahren (Assessment Center und/oder bei Intelligenz-, Leistungs- und Persönlichkeitstestverfahren), hoffentlich aber gleich bei einem »richtigen« Vorstellungsgespräch.

Vielleicht ist es auch so: Sie sind es gewohnt, planvoll und vorausschauend vorzugehen, und wollen sich für den Fall einer Einladung zum Vorstellungsgespräch angemessen und ohne Zeitdruck rechtzeitig vorbereiten. Dieses Buch wird Ihnen dabei helfen. Es bereitet Sie optimal auf die erste Begegnung, egal ob Telefoninterview und/oder Vorstellungsgespräch vor. *Festzuhalten ist:* **Jede Bewerbung bedarf einer geistigen Einstimmung und Vorbereitung**, die den Glauben festigt, das gesetzte Ziel erreichen zu können. Nicht nur im Sport weiß man die mentale Vorbereitung zu schätzen, auch in der Medizin hat sie ihre Bedeutung. Mentales Training wird im Rahmen der sich verbreitenden Erkenntnisse über die Zusammenhänge von Seele und Körper (Psychosomatik) ganz gezielt eingesetzt, um Behandlungs- ebenso wie Leistungserfolge abzusichern, ja bisweilen überhaupt erst zu ermöglichen. Lassen Sie uns jetzt damit starten.

Und deshalb, jetzt und hier ganz wichtig: Ihre kluge Vorbereitung. Das müssen Sie wissen, das sollten Sie unbedingt berücksichtigen:

Was der Schlüssel zum Menschen ist

> Haben Sie sich schon einmal gefragt, was **der Schlüssel zum Menschen** ist? Schließlich wollen Sie Ihr Gegenüber im Vorstellungsgespräch für sich und Ihr Mitarbeitsangebot einnehmen und damit »aufschließen«.

Der Schlüssel zum Menschen ... Manche halten Geld dafür, andere Macht oder auch Liebe, aktuell sind Aufmerksamkeit und Nachhaltigkeit noch im Kurs. Wir denken, es ist die Kommunikation. Auch Gefühle können wir uns als Antwort gut vorstellen und finden die in der Werbe-Ideologie bestens bestätigt. Denn mit wirkungsvoller Kommunikation zielen Sie direkt auf die Gefühle Ihres Gegenübers. Wer das Richtige im rechten Moment zu sagen weiß, ist im Vorteil und profitiert, im Leben ganz allgemein und in der Arbeitswelt im Besonderen.

Souveränität, soziale Kompetenz und emotionale Intelligenz im Umgang mit anderen spielen eine entscheidende Rolle bei der Wahrnehmung von Karrierechancen. Die Fähigkeit zum Small Talk, zu einer ersten Kontaktherstellung in der Begegnung Vorstellungsgespräch ist dabei ein wichtiger Baustein, der von vielen unterschätzt wird. Das trifft aber auch auf Konferenzen, Meetings, Messegespräche, Kundenbesuche und dergleichen zu.

Darauf kommt es also als Erstes an: **Kontakt- und Kommunikationsfähigkeit demonstrieren.**
Es gibt Schlüsselqualifikationen, auf die es in der Arbeitswelt besonders ankommt: Mit einem positiven Gefühl auf andere Menschen zuzugehen, Kontakte zu knüpfen und weiterzuentwickeln gehört ganz sicher dazu. Der kommunikative Umgang miteinander, aktives Zuhören und eine klare Ausdrucksweise sind wesentliche Elemente für beruflichen Erfolg.

> *Pointiert gesagt:* Nichts ist in der Arbeitswelt so wichtig wie **Kontakt- und Kommunikationsfähigkeit!** Auf den Plätzen 2 und 3 folgen dann **Kompetenz und** (Sie werden überrascht sein) **Konzentrationsfähigkeit.** Übrigens mindestens **15 weitere Begriffe**, die alle mit KO beginnen, sind in der Arbeitswelt von größter Wichtigkeit. Dazu finden Sie mehr im **Onlinecontent.**

Die wirklich weichenstellende Worbereitung (WWW!)

Bewerber machen häufig viele Fehler*, sind unvorbereitet, wissen nicht, was auf sie zukommt und worum es wirklich geht. Das hat etwas damit zu tun, dass das Thema Bewerbung Erinnerungen an frühe biografische Erfahrungen mit Angenommen-oder-Abgewiesen-Werden hervorrufen kann. Ein unbewusster Aspekt, der hinter jeder Prüfungsangst steckt.

Alles, was für Ihre Vorbereitung des Vorstellungsgespräches jetzt zählt:

- **Selbsterkenntnis, Selbstbewusstsein und Selbstvertrauen**
- **das richtige Rollenverständnis**
- **unternehmerisches Fühlen, Denken und Handeln**
- **sowie die Vorbereitung auf die Prüfungsthemen: Kompetenz, Leistungsmotivation und Persönlichkeit**

Natürlich ist das Vorstellungsgespräch eine klassische mündliche Test- und Prüfungssituation, auf die Sie sich sehr gut vorbereiten können. Mit Prüfungen und ihrer Vorbereitung kennen Sie sich aus.

---

* *Wir übrigens bewerben uns jetzt auch ... nämlich um Ihre Aufmerksamkeit und Ihr Vertrauen! Und klar war das nur ein (Aufmerksamkeits-)Gimmick. Aber schön, dass Sie so aufgepasst haben ...*

Investieren Sie dafür eine angemessene Zeit und ein paar Gedanken. Die folgenden drei Bausteine bilden dabei eine solide Ausgangsbasis:

1. Selbsterkenntnis
2. Selbstbewusstsein
3. Selbstvertrauen

1. Selbsterkenntnis Ihrer Fähigkeiten, Motive und Wesensart

Die Herausforderung besteht darin, den potenziellen Arbeitgeber von Ihrer Leistungsfähigkeit zu überzeugen. Mehr als alles andere interessiert diesen, welchen Gewinn es ihm bringen wird, wenn er Sie einstellt. Seien Sie also auf die Frage: »Was können Sie für mich/uns, für das Unternehmen tun?« vorbereitet. Ziehen Sie vorab eine Bilanz Ihrer Fähigkeiten (Kompetenzen) und Stärken, und fragen Sie sich, welche Erfahrungen und Eigenschaften Sie für die angestrebte Position besonders qualifizieren.

Überlegen Sie, welche vier bis fünf Persönlichkeitsmerkmale Sie vermitteln sollten, welche von spezieller beruflicher Relevanz sind und wie Sie diese mit Beispielsituationen glaubhaft belegen können.

2. Selbstbewusstsein – im Umgang mit den Bewerbungs-Spielregeln

Im Vorstellungsgespräch ist es notwendig, selbstbewusst aufzutreten. Diese Sicherheit wird durch das Bewusstsein über die eigenen Fähigkeiten und Motive beeinflusst, aber auch durch die Kenntnisse der Weichensteller, die das Auswahlverfahren bestimmen.

Wer selbstbewusst ist, strahlt dies auch aus. Und das wiederum ist hilfreich für die Sympathie- und Vertrauensgewinnung und überhaupt für jede Art von Kontakt und Kommunikation.

3. Selbstvertrauen – was Ihre Chancen und Möglichkeiten ausmacht

Die Erfolgsaussichten Ihrer Bewerbung verbessern sich entscheidend, wenn Sie ein stabiles Selbstvertrauen haben. Sie erlangen dieses durch ein sicheres Gefühl darüber, was Ihre Fähigkeiten, Kompetenzen und insbesondere Ihre Leistungsmöglichkeiten (realisierte und zukünftige Erfolge) sind, und durch Kenntnis der Spielregeln des Arbeitsmarktes.

Die Beschäftigung mit dem, was Sie können, wollen und anzubieten haben, läuft ja nun schon eine Weile (Entscheidung für ein Studium, Prüfungen, Jobsuche, Erstellen der Bewerbungsunterlagen). Jetzt geht es darum, wie Sie diese Erkenntnisse dem potenziellen Einsteller gegenüber angemessen vermitteln.

Geben Sie einem Arbeitsplatzanbieter das Gefühl, dass er mit Ihrer Unterstützung seine Probleme besser lösen kann. Und verdeutlichen Sie, welchen Gewinn es ihm bringt, wenn er sich für Sie entscheidet.

Grundlage für die Einstellungsentscheidung ist, sobald Sie zu einem Vorstellungsgespräch eingeladen worden sind, in der Regel etwa zu 60 Prozent Ihre Persönlichkeit, zu 25 Prozent Ihre Leistungsmotivation und nur noch zu etwa 15 Prozent Ihre fachliche Kompetenz (s. a. Abbildung S. 19 und 26)

> *Von ganz entscheidender Bedeutung* für eine stabile Ausgangsbasis: **Bewusstsein, Rollenverständnis** und **unternehmerisches Fühlen, Denken und Handeln**, sowie die Vorbereitung auf die absolut relevanten Prüfungsthemen: **Kompetenz, Leistungsmotivation** und **Persönlichkeit**.

Grundlagen für eine überzeugende Performance (KLP und USP)

Ihre Einstellung – darauf kommt es an. Das ist das Wichtigste – und dabei hübsch doppeldeutig formuliert! Zunächst die mentale Auseinandersetzung und dann die inhaltliche Vorbereitung auf das entscheidende Gespräch, um Ihr Gegenüber von Ihren Qualitäten zu überzeugen und damit einen Arbeitsplatz zu erobern. Dabei geht es

- **um ein neues Bewusstsein für mehr unternehmerisches Fühlen, Denken und Handeln**
- **um ein etwas anderes Rollenverständnis**
- **um die Prüfungsthemen: Kompetenz, Leistungsmotivation und Persönlichkeit**

1. Neues Bewusstsein

Verdeutlichen Sie sich: Auf dem heutigen Arbeitsmarkt sind Sie nicht mehr klassischer Arbeitnehmer, der für einen beliebigen Arbeitgeber, ein Unternehmen tätig ist, sondern Sie sind eine Art selbstständiger Unternehmer – ein modernes Ein-Mann-/Eine-Frau-Dienstleistungsunternehmen. Ihr berufliches Know-how, Ihre Problemlösungsfähigkeiten, ob als Elektroingenieurin oder Lebensmitteltechnologe, als Sozialversicherungsbearbeiter oder Ärztin, Ihre Fähigkeiten, Aufgaben zu lösen und bei Problemen zu helfen, ist Ihr (Verkaufs-)Angebot, Ihr Vertriebsgegenstand, Ihre unternehmerische Dienstleistung.

Im Folgenden beschreiben wir Ihnen, worauf es dabei ankommt, wenn Sie gut an- und rüberkommen wollen bei Ihrer Kundschaft, den Auftraggebern (Sie würden vielleicht immer noch altmodisch »Arbeitgebern« sagen, dabei sind Sie es ja, der eigentlich seine Arbeitskraft und Leistung gibt).

Ihr (neudeutsch) Auftraggeber, Ihr potenzieller Kunde, hat ein (Arbeits-)Problem (nur deshalb wird eine Position in einem Unternehmen ausgeschrieben) und sucht jetzt einen kompetenten, leistungsstarken und vertrauenswürdigen »Problemlöser«, dem man die Aufgaben zutrauen kann und der gut ins vorhandene Mitarbeiterteam passt.

Bedenken Sie: Mehrere berufliche Ausbildungen, deutliche Branchenwechsel ebenso wie immer wieder Zeiten der Arbeits- oder Auftragslosigkeit sind heutzutage die Arbeits-Alltagsrealität. Das bedeutet und erfordert – will man hier etwas Wirkungsvolles entgegensetzen – ein neues Gefühl, ein anderes Denken und ein viel stärkeres unternehmerisches Handeln.

Heute ist jeder, der sich auf dem Arbeitsmarkt bewegt, Unternehmer und muss unternehmerisch denken und auch handeln, ob sein Produkt nun eine greifbare Ware ist oder ob es um sein Know-how, seine Problemlösungs-Erfahrung, seine Ideen geht. Es ist egal, in welchem konkreten Arbeitsverhältnis Sie stehen, Sie müssen stets darauf achten, dass Ihre Kunden (beispielsweise Ihr Vorgesetzter) zufrieden mit Ihnen und Ihren Leistungen sind. Den Nutzen, den Sie dabei durch Ihre Arbeit »erwirtschaften«, sollten Sie für andere klar erkennbar machen. **Deshalb ist auch ein gutes Maß an Selbstdarstellungsfähigkeit** (insbesondere im Internetzeitalter und in diesem Medium) **ein besonders wichtiges und weichenstellendes Erfolgsmerkmal.**

> **Diese sechs Essentials verdeutlichen, was unternehmerisches Fühlen, Denken und Handeln ausmacht:**
> - sich selbst und andere immer wieder neu motivieren können
> - Sympathien gewinnen und seine Überzeugungskraft verbessern
> - kundenorientiertes Fühlen, Denken und Handeln
> - aktives Marketing in eigener Sache betreiben
> - ziel- und erfolgsorientiert die richtigen Prioritäten setzen
> - die eigene Problemlösungsfähigkeit ständig weiterentwickeln

2. Ein etwas anderes Rollenverständnis entwickeln

Hinzu kommt auch ein klares Rollenverständnis. Die doppeldeutige Frage hatten wir ja schon:

- Wie sieht es mit Ihrer Einstellung aus? Sie als Bewerber müssen von sich, von Ihren Qualifikationsmerkmalen überzeugt sein. Wenn nicht Sie, wer dann?!
- Was aber ist das genau, wovon Sie überzeugt sind?
- Was ist denn Ihr Alleinstellungsmerkmal (USP), und wie wollen Sie sich darstellen?
- In welcher Rolle wollen Sie auftreten und überzeugen? Und was sind Ihre Botschaften?

Eine Bewerbung ist immer auch Überzeugungsarbeit. Wer überzeugen will, braucht Kraft – Überzeugungskraft. Diese schöpfen Sie primär aus sich selbst, aber auch aus Ihrer Umwelt. Glauben Ihre wichtigsten Mitmenschen an Sie, an Ihre Fähigkeiten, oder wird Ihnen vermittelt, Sie seien noch unzureichend qualifiziert und daher eher ungeeignet? Ermitteln Sie die »Krafträuber«, die nicht an Sie und Ihre Leistungsfähigkeit glauben, und versuchen Sie, sich von diesen zu distanzieren, fernzuhalten. Überlegen Sie, wer Sie bei Ihrem Vorhaben unterstützen und motivieren kann. Frage: Auf wen können Sie für die Gewinnung zusätzlicher »Überzeugungskraft« zurückgreifen?

Früher hieß es *Klassenbewusstsein* – möglicherweise können Sie mit diesem Begriff überhaupt nichts anfangen. Was Sie jedoch jetzt brauchen, ist eine klar umschriebene Rolle (in Ihrem Bewusstsein), in der Sie sich persönlich präsentieren. Und Sie müssen sich schon jetzt überlegen, was Ihr Kommunikationsziel und daraus abgeleitet Ihre Botschaften sind. *Schwierige Frage:* Als was wollen Sie rüberkommen und im Vorstellungsgespräch auftreten? Als *strahlender Held (jung Siegfried),* als *böser Zauberer (Rumpelstilzchen),* als *Frau Holle,* als *das unschuldige, aber doch auch kluge und sehr engagierte, verlässliche Schwesterchen* (aus *Brüderchen und ...*) oder liegt Ihnen mehr die Rolle des *Captain Kirk* vom *Raumschiff Enterprise?*

Kurzum: Sehen Sie sich eher als *freundlich begleitenden Moderator, forschen An- und Aufgreifer,* als *Bulldozer* oder *reflektierten, bedächtigen Philosophen,* oder als *vorsichtigen, kostenbewussten Buchhalter* usw.

Es lohnt sich, darüber nachzudenken und für sich zu klären, wie und in welcher Rolle Sie sich bei diesem Vorstellungsgesprächs-Vorhaben präsentieren wollen. Überlassen Sie dies bitte nicht dem Zufall, sondern entscheiden und steuern Sie es ganz bewusst.

Wie soll der Einlader, Ihr Gegenüber im Vorstellungsgespräch, Sie erleben? Wie wollen S i e sich i h m vorstellen?
Gedanken in dieser Richtung helfen Ihnen bei der Vorbereitung und beim Vermitteln eines hoffentlich positiven, nachhaltigen Eindruckes. Hören wir da jemanden sagen: *Man solle sich doch aber besser ganz natürlich geben, so wie man wirklich auch sei...*
Oh ja, diese (ziemlich dumme, pardon, weil unreflektierte) Interview-Antwort können Sie auch aus ansonsten überaus kompetenten Mündern hören und in Interviews, im Net und als ernste bis mahnende Empfehlung immer wieder nachlesen.

Verzeihung, aber wie sind S i e denn nun wirklich ...
Z. B. in Ihrer Badewanne zu Hause, oder in einem Gespräch mit dem Vermieter einer Wohnung, die Sie und Ihre drei Freunde (mit Hund und Katze) gerne mieten möchten? Oder wenn Sie in einer Verkehrskontrolle angehalten werden und man Sie (weil am Steuer) fragt, ob Sie wissen, wie schnell Sie gefahren sind, Sie aber gerade zuvor ein kleines Bier getrunken haben (vor etwa 10 Minuten, aber wirklich nur eins und nur 0,2 ...), oder am Grab Ihrer ungeliebten Schwiegermutter, die jetzt mit 95 Jahren endlich verstorben ist ... oder auf der Hochzeit Ihres Freundes, der eine wunderbar bezaubernde Frau heiratet, die Ihnen leider damals, als Sie sie das erste Mal gesehen haben, einen Korb gegeben hat ... (das Ganze denken Sie sich bitte als Leserin mit der Hochzeit Ihrer besten Freundin, die einen bezaubernden Mann heiratet ...).

AUSEINANDERSETZUNG & VORBEREITUNG

JA, Sie sind immer S i e ! Aber in einer Rolle und Sie verhalten sich der Situation entsprechend angemessen, manchmal auch angepasst (und bisweilen vielleicht sogar auch leider ungeschickt, Pech!). Und genau das ist es, was auch jetzt von Ihnen erwartet wird, und deshalb lohnt es sich schon, darüber nachzudenken, wie Sie sich im Vorstellungsgespräch präsentieren wollen. Oder anders ausgedrückt: Wie und als was möchten Sie erlebt, wahrgenommen werden?
Äh, keine Idee!? Anregung gefällig? Natürlich fast nur positive Rollenbilder...

Nun, da gibt es den Macher (aber was für einer?), Veränderer (der w a s verändert?), Bewirker, den Organisator, den Initiator, Entwickler, Erfinder, Ermutiger, Betreuer, Helfer, den Denker und Theoretiker, Hinterfrager, Kritiker, den Abwäger und Vorsichtigen, den Kontrolleur, Bewahrer und und und. Denken Sie nach und finden Sie heraus, welche Rollen (es muss ja nicht nur eine sein!) für Sie infrage kommen, welche bestens zu Ihnen und Ihrem Vorhaben, Ihrem Mitarbeits-Angebot passen!
Erfinden Sie sich neu... wenn notwendig!

> **Aber Vorsicht!** Natürlich gilt schon auch: Sich dauerhaft zu verstellen fällt schwer, kostet viel Kraft; daher vielleicht die Message »Don't be yourself; be your best self«.

3. Kompetenz, Leistungsmotivation und Persönlichkeit

Und jetzt zu den Themen, an denen Sie gemessen werden und die über Ihre zukünftige Mitarbeit entscheiden. Das sind letztendlich die wirklichen Weichensteller für eine Zu- oder (leider) Absage: Kompetenz, Leistungsmotivation und Persönlichkeit (KLP).

Sie sind die Grundlagen jeder erfolgreichen Bewerbung. Hinterfragt wird auf Auswählerseite:

1. **Verfügt der Bewerber** über die erforderlichen generellen und fachlichen Qualifikationsmerkmale? (**K** = Kompetenz)

2. **Was bewegt den Bewerber**, was sind seine Motive für Arbeitsplatz- und Aufgabenwahl? Ist er motiviert, Außerordentliches zur Verwirklichung von Unternehmens- bzw. Institutionszielen zu leisten? (**L** = Leistungsmotivation)

3. **Mobilisiert der Bewerber** Sympathiegefühle, kann man sich mit ihm »wohlfühlen«, passt er zum Team, zum Unternehmen? Stimmt die »Chemie«, kann man ihm vertrauen? (**P** = Persönlichkeit)

Vertraut man dem Bewerber, traut man ihm auch etwas zu, was uns zurück zur Kompetenz bringt.

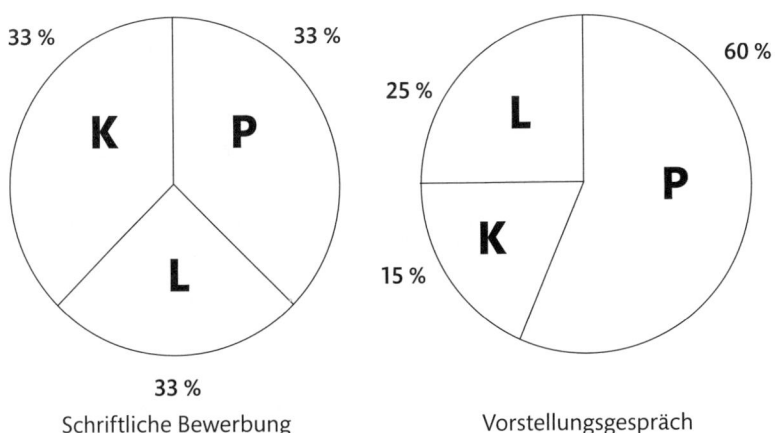

Schriftliche Bewerbung   Vorstellungsgespräch

Neben **Kompetenz** sind vor allem in der Vorstellungsgesprächssituation **Sympathie** (Persönlichkeit) und **Leistungsmotivation** sehr wichtig. Abgesehen vom fachlichen Können, bei dem Sie noch am Anfang stehen, sind die absoluten wichtigen »Weichensteller« für Ihren Einstieg in die Arbeitswelt Ihr sympathischer, vertrauenswürdiger Auftritt und die Leistungsmotivation, die man Ihnen zutraut.

Während Sympathie (wie auch Antipathie) bei einer ersten Begegnung sofort spontan spürbar ist, werden die Schlüsselmerkmale Leistungsmotivation und Kompetenz kognitiv zugeschrieben. Es sind Merkmale, die sich nicht unmittelbar affektiv mitteilen. Dennoch: Es geht gerade bei der Leistung und dem Können auch um Zutrauen in Ihre Potenziale und das bedeutet Vertrauen, also doch wieder auch die Beteiligung von Gefühlen.

Hauptziel Ihres Bewerbungsvorhabens muss es sein, die drei alles entscheidenden Weichensteller (KLP) als Signale so prägnant »auszusenden«, dass sie beim potenziellen Arbeitgeber wirklich gut »ankommen«. Das gilt ganz besonders für das erste persönliche Auftreten (im Telefonat ebenso wie) im Vorstellungsgespräch.

ZUSAMMENGEFASST

Darauf kommt es zuallererst an

Begreifen Sie, dass der wichtigste Schlüssel zum Menschen in der Kommunikation und in den Gefühlen liegt. Beides können Sie lenken und beeinflussen.

1. **Stärken Sie Ihr Selbstbewusstsein**
   Werden Sie sich der eigenen Fähigkeiten und Fertigkeiten, Talente und Erfolge bewusst. Erstellen Sie ein »Erfolgsregister« Ihrer bisherigen beruflichen und privaten Leistungen. Was hat Sie bei welcher Aufgabe und deren Problemlösung besonders gereizt? Diese Motivations-Faktoren gehören in den Fokus Ihrer beruflichen Überlegungen.

2. **Entwickeln Sie neue stabile Selbstwirksamkeitskräfte**
   Wenn Sie sich Ihrer Stärken und bisherigen Erfolge bewusst sind, entfaltet sich Ihre Selbstwirksamkeit, das Bewusstsein für Ihre Veränderungskräfte. Das wirkt sich positiv auf Ihre Aktivitäten aus!

3. **Trainieren Sie erfolgsorientiertes Denken und Handeln**
   Sehen Sie sich nicht als »Opfer«! Stellen Sie das Positive in den Mittelpunkt Ihres Denkens. Ihre optimistische, selbstbewusste Ausstrahlung wird Ihnen Türen öffnen!

4. **Das richtige Bewusstsein für Vorbereitung und Recherche**
   Bei wem und warum Sie sich bewerben, aber auch: was Sie anzubieten haben und was Ihre Gehaltsvorstellung ist. Um Antworten auf diese Fragen vorzubereiten, ist eine Recherche im Internet – auch auf den Seiten Ihres Einladers – ein absolutes Muss!

5. **Sympathie wecken, Vertrauen und Zutrauen wachsen lassen**
   Stimmt die »Chemie« zwischen Ihnen und Ihrem künftigen Chef? Kann man Ihnen vertrauen und damit auch etwas zutrauen?

6. **Vergegenwärtigen Sie sich Ihre Sozialkompetenz**
   Wie gut kommen Sie mit Ihren Mitmenschen klar? Berichten Sie auch von Ihren Rollen, die Sie bisher in Gruppen eingenommen haben. Ihr persönliches Auftreten spiegelt etwas von Ihrer Sozialkompetenz (ganz altmodisch ausgedrückt: Ihrem Benehmen) wider.

7. **Verstehen Sie Ihre neue Rolle und sich als Unternehmer**
   ..., der auf dem Arbeitsmarkt Kunden (Arbeitsplatzanbieter) sucht, um sein Mitarbeits-Problemlösungs-Know-how anzubieten. Was zeichnet Ihre Kompetenz, was Ihren Leistungswillen, was Ihre Wesensart aus (KLP)? Präsentieren Sie sich als Problemlöser!

8. **Erkennen und entwickeln Sie Ihr USP (Alleinstellungsmerkmal)**
   Unterscheiden Sie sich positiv von anderen, indem Sie wissen, über welche besonderen Eigenschaften und Fähigkeiten Sie verfügen. Üben Sie das Vermitteln Ihres USP und bauen Sie es weiter aus!

Sie sind Dienstleister / Problemlöser und um Ihre Persönlichkeit für Ihren Kunden noch besser nachvollziehbar zu machen, hilft die intensive Auseinandersetzung damit, in welcher Rolle (s. S. 16 ff.) Ihr Charakter am besten beschrieben wird. Ein Bewusstsein für die Spielregeln und die richtigen Geschichten aus Ihrem (Arbeits-)Leben werden den Auswähler erkennen lassen: Sie verfügen über Schlüsselmerkmale, die im Job gebraucht werden.

ANGEBOT & NACHFRAGE

Verstehen Sie sich als Unternehmer. Auf dem Arbeitsmarkt bieten Sie jetzt Ihrem »Kunden« Ihre Mitwirkung bei der Bearbeitung der für Sie vorgesehenen Aufgaben an. Falls Sie Bedenken oder gar Sorgen haben wegen Ihrer mangelnden beruflichen Erfahrung – ein paar Praktika werden Sie vorweisen können, vielleicht auch Joberfahrung zur Finanzierung Ihres Studiums und Lebensunterhaltes, und immerhin haben Sie einige bedeutsame Bildungsabschnitte erfolgreich gemeistert. Auch das zählt!

Worauf Sie sich unbedingt vorbereiten sollten

Mit der Einladung zu einem Vorstellungsgespräch haben Sie eine entscheidende Hürde Ihres Bewerbungsvorhabens erfolgreich genommen. Und ohne Umschweife: Das Vorstellungsgespräch ist eine weitere mündliche Test- und Prüfungssituation in Ihrem Leben.

Wichtig: Sie können und sollten sich unbedingt gut darauf vorbereiten. Diese Vorbereitungszeit nimmt mindestens die gleiche, wenn nicht sogar doppelt so viel Zeit in Anspruch wie die schriftliche Bewerbung. Planen Sie dafür also mindestens zwei Tage ein. Deutlich mehr Vorbereitung benötigen Sie, wenn es um Ihr allererstes Vorstellungsgespräch geht.

Ihre Vorbereitung sollte folgende vier Bereiche (Rollenbewusstsein, Informationsrecherche, Gesprächstechniken/-psychologie und Organisatorisches) unterteilt in sieben Aspekte umfassen:

- die Kenntnis des Hintergrundes und der Intention von Vorstellungsgesprächen
- das Erfassen Ihrer eigenen Ausgangsposition und der Ihres Gegenübers
- das Bewusstsein über das, was Sie von sich und Ihrem potenziellen Beitrag für das Unternehmen erzählen und in die Köpfe und Herzen Ihres Gegenübers bringen wollen
- die gründliche Informationsrecherche zum Gesamtkomplex Beruf/Branche/Arbeitsplatzanbieter
- die Kenntnis wichtiger Grundlagen der Gesprächspsychologie – vor allem von Frage- und Antworttechniken, Körpersprache und Ausdruckspsychologie
- die Kenntnis des gängigen Gesprächsablaufes sowie des dabei verwendeten Repertoires von Fragen
- die Vorbereitung des organisatorischen Teils (Anreise, Kleidung usw.)

Für alle Aspekte gilt: Wissen ist Macht, und Übung macht den Meister. Je besser Sie sich auf die Prüfungssituation Vorstellungsgespräch vorbereiten, desto gelassener können Sie auf heikle und schwierige Fragen reagieren.

Worauf kommt es jetzt an? Arbeitgeber wollen im Vorstellungsgespräch herausfinden, ob Sie als Bewerber zum Unternehmen und in das vorhandene Team passen.
Wer und wie sind Sie ... (Persönlichkeit)?
Was treibt Sie an ... insbesondere für diese Tätigkeit (Motivation)?
Was können Sie für das Unternehmen tun, was hat das Unternehmen von Ihnen?
Was ist Ihr USP (Alleinstellungsmerkmal)?

Dabei geht es um persönliche und anforderungsbezogene Eignungsmerkmale, um genau diese fünf »Kompetenzbereiche«:

Wie gehen Sie mit Menschen um?
Soziale Kompetenzen = Kontakt- und Kommunikationsfähigkeit, Auftreten und Umgang, Repräsentationsfähigkeit und Konfliktverhalten

Wie lösen Sie Probleme?
Problemlösungskompetenzen = analytisches, logisches, systematisches Denken und Handeln, Entscheidungsverhalten, geistige Flexibilität und Kreativität

Wie klug, zielgerichtet und nutzenorientiert können Sie denken und handeln?
Strategische Kompetenzen = unternehmerisches sowie vernetztes Denken und Handeln, organisatorische Fähigkeiten, Initiieren, Fördern und Steuern von Veränderungsprozessen sowie generelle Erfolgsorientierung

Wie sind Sie »gestrickt«?
Persönliche Kompetenzen = Motivation und Antrieb, Ehrgeiz, Frustrationstoleranz und Durchhaltevermögen, Mut zum Risiko, Querdenken, Wandlungs- und Lernfähigkeit, Gewissenhaftigkeit und Verträglichkeit

Verfügen Sie über Fähigkeiten, andere zu beeinflussen?
Führungskompetenzen = Führungsanspruch, Delegationsfähigkeit, Durchsetzungsvermögen, Kooperations- und Integrationsfähigkeit sowie Leistungsorientierung

ANGEBOT & NACHFRAGE

Wie Sie sich von Ihrer besten Seite präsentieren

Das Auswahlgremium auf Arbeitgeberseite möchte seine Informationen aus den vorliegenden Bewerbungsunterlagen ergänzen und einen persönlichen Eindruck von Ihnen bekommen. Dabei werden zunächst Persönlichkeitszüge und Eigenschaften wie Sympathie, Vertrauenswürdigkeit, Leistungswille, Motivation, Anpassungsfähigkeit, Einordnungsbereitschaft und last, but not least Ihre Kompetenz unter die Lupe genommen.

Ebenso konzentriert man sich auf äußere Merkmale wie Aussehen, Auftreten, Manieren sowie auf das sprachliche Ausdrucksvermögen.

Im Mittelpunkt: Persönlichkeit, Leistungsmotivation und Kompetenz

Der Arbeitgeber bzw. Ihr Interviewer will im Vorstellungsgespräch vor allem drei Aspekte überprüfen, die Ihnen nach der bisherigen Lektüre dieses Buches bereits bestens vertraut sind: Ihre **K**ompetenz, Ihre **L**eistungsmotivation und Ihre **P**ersönlichkeit (KLP).

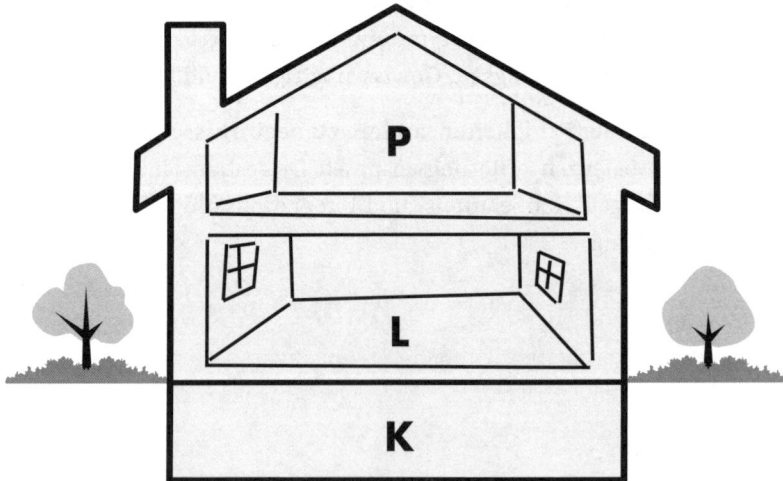

Unser Bild zeigt ein Haus, dessen Fundament der Keller (**K**) ist, darüber den Lebensbereich (**L**) und das Dach (Dachstübchen **P**).

Alle drei Dinge sind wichtig, aber die Persönlichkeit spielt eine etwas größere Rolle als die Leistungsmotivation und Kompetenz. Trotzdem ist die Ausgangsbasis, also das Fundament, die Kompetenz, und so bevorzugen wir in der Abkürzung die Variante KLP und nutzen das Haus mit seinem Keller und Dach als Gedächtnisstütze.

Beim Kennenlernen Ihrer Wesensart, dem wichtigsten Aspekt (entscheidet etwa zu 65 Prozent, ob Sie den Job angeboten bekommen), geht es vor allem darum:
- Wirken Sie sympathisch und vertrauenswürdig?
- Sind Sie anpassungs- und teamfähig?
- Passen Sie zur Institution oder zum Unternehmen?

Ihre Leistungsmotivation (etwa zu 20 Prozent entscheidend) soll durch Fragestellungen erhellt werden, aus denen hervorgeht:
- Bringen Sie Engagement und Enthusiasmus für die angestrebte Position mit?
- Sind Sie lernfähig und arbeitswillig?
- Werden Sie sich mit der Firma oder Institution und Ihrer Aufgabe in hohem Maße identifizieren?

Kompetenz (etwa 15 Prozent) meint vor allem:
- fachliche Qualifikation und
- Vorhandensein berufsrelevanter Eigenschaften.

Es geht um die Frage: Kann der Arbeitgeber Ihnen die Bewältigung des Jobs/der Aufgaben zutrauen (im Sinne von: Sie werden es schon schaffen, weil Sie so und so sind oder das und das können …)?

Im Folgenden möchten wir Ihnen die einzelnen Gesprächsphasen ausführlich erläutern. Zunächst aber ein kleiner Exkurs zum absolut wichtigen **Thema Arbeitspersönlichkeit**, dann noch zur Zeitschiene, dem VGZ-Modell, und zum zentralen Aspekt, zur Sympathie.

Was Ihre Arbeitspersönlichkeit ausmacht (SOAP)

Galt bis vor 25 Jahren die fachliche Qualifikation als der entscheidende Weichensteller, ob man Karriere machte oder Führungsverantwortung übertragen bekam, gilt seit etwa 20 Jahren die Erkenntnis: Ausschlaggebend sind die **sozialen Komponenten**, die **Persönlichkeit** und **Art des Umgangs mit den Mitmenschen**. Die soziale, emotionale oder auch Erfolgsintelligenz entscheidet über berufliche Leistung, Produktivität, Erfolg und Zufriedenheit (die eigene und die Ihrer Kunden/Vorgesetzten).

Wichtigster Untersuchungsgegenstand ist Ihr Verhalten im Umgang mit anderen Menschen. Deshalb beschäftigen sich viele Themen, insbesondere in Vorstellungsgesprächen und Assessment-Centern, genau mit diesem Komplex. Neben der sehr einfachen KLP-Formel beleuchten **vier große Fragethemen** Ihre persönliche Eignungsvoraussetzung und beschäftigen sich mit Ihren Persönlichkeits- und Leistungsmerkmalen: **Sozialverhalten, berufliche Orientierung, Arbeitsverhalten, Psyche**.

1. Ihr gezeigtes Sozialverhalten (soziale Kompetenz, Benehmen)
Wie gehen Sie mit anderen um? Wie kommen Sie mit anderen klar und die mit Ihnen? Genauer: Wie steht es um ...
- Ihre Kontakt- und Kommunikationsfähigkeit
- Ihre Verträglichkeit und Auseinandersetzungsbereitschaft
- Ihr Einfühlungs- und Mitfühlvermögen
- Ihre Teamorientierung und -fähigkeit

2. Ihre zukünftige berufliche Orientierung
(Macht-, Verantwortungs- und Leistungsanspruch)
Was für berufliche Ziele haben Sie? In welcher »Liga«, auf welcher Ebene wollen Sie spielen? Genauer: Wie steht es um ...
- Ihren Anspruch und Ihre Leistungsmotivation
- Ihre Einflussnahme und Gestaltungsmotivation
- Ihre Willenskraft und Durchsetzungsfähigkeit
- Ihre Anleitungs- und Führungsmotivation

3. Ihr konkretes Arbeitsverhalten (Arbeitsweise)
Problemlösungskompetenz: Wie ist Ihr Arbeitsstil? Wie gehen Sie an Aufgaben heran? Genauer: Wie steht es um ...
- Ihre Planungs- und Handlungsorientierung
- Ihre Bearbeitungsgeschwindigkeit und Ihren Einfallsreichtum
- Ihre Zuverlässigkeit, Gewissenhaftigkeit und Sorgfalt
- Ihre Gebundenheit und Flexibilität

4. Ihre zu beobachtende psychische Konstitution (Seelenzustand)
Persönliche Kompetenz: Wie normal, wie stabil, wie gesund sind Sie? Genauer: Wie steht es um ...
- Ihr Selbstbewusstsein und Selbstvertrauen
- Ihre emotionale Stabilität und Stressresistenz
- Ihre Belastbarkeit und Ausdauer
- Ihr Sympathie- und Vertrauens-Mobilisierungs-Potenzial

Diese vier Themen lassen sich gut unter der Kurzbezeichnung **SOAP** *(engl. Seife) einprägen.* Wir wenden uns diesem interessanten Untersuchungspanorama später noch intensiver zu und stellen Ihnen die Fragen vor, die Ihnen helfen werden, Ihre Selbstpräsentation darauf abzustimmen, dass Sie die Informationen weitergeben, die anderen schnell verdeutlichen: Das ist ein Gewinner und sich mit ihm näher zu beschäftigen, ist auch für mich ein Gewinn!

> Wichtig ist zunächst, dass Sie sich mit diesen vier großen Themenblöcken (und den Unterthemen) intensiv auseinandersetzen. Wie steht es um Ihr Sozialverhalten, Ihren persönlichen Macht- und Leistungsanspruch, wie schätzen Sie diesen ein und wie vermitteln Sie Ihre Arbeitsweise und Ihren Seelenzustand?

Es ist gut zu wissen, worauf es bei der beruflichen Selbstdarstellung wirklich ankommt und worum es inhaltlich geht. Denn: kein Imagezuwachs ohne vorherige genaue Analyse.

Der folgende, kurze Leitfaden hilft Ihnen dabei, sich und Ihre Persönlichkeit optimal zu präsentieren und die »neuralgischen Punkte« (hat der Kandidat auch dieses und jenes drauf?) gezielt zu bedienen:
- Googeln Sie Ihren Namen (Beispiel: »Fabian Mustermann«, wichtig: Namen in Anführungszeichen setzen)!
- Funde erheben, analysieren, bewerten
- Gegenmaßnahmen gegen schlechte Eindrücke überlegen
- Verstärkungen für gute Eindrücke überlegen
- Eigenes Profil anlegen (LinkedIn, XING, Facebook etc.)

Vereinfacht ausgedrückt: Wen wollen Sie wie beeindrucken? Warum und welche Konsequenzen soll das haben? Ohne ein Konzept, ohne fundierten Hintergrund gibt es kein klares Auftreten, keine glaubwürdigen Botschaften, die schnell und nachhaltig verstanden werden.

Fazit: Mehr Schein als Sein?!
Das wird auf Dauer nicht gelingen. Strohfeuer werden schnell als solche erkannt und vergehen. Für den Aufbau von Reputation ist **Substanz**, unabhängig vom Kommunikationskanal, **unabdingbar**.

Mit Vergangenheit argumentieren, Gegenwart und Zukunft (VGZ)

Hätte man im Unternehmen (egal wie klein oder groß) keine Aufgaben bzw. Probleme, würde man sich nicht um neue Mitarbeiter bemühen. Natürlich will man von Ihnen hören, woher Sie kommen, was Sie bisher gelernt und geleistet haben (Vergangenheit), wofür Sie stehen (Wertewelt – Gegenwart), womit Sie gerade beschäftigt sind und was Sie glaubhaft versprechen zu leisten, zur Lösung welcher aktuellen und auch zukünftigen Probleme Sie im und für das Unternehmen beitragen wollen (Zukunft).

Je besser Ihnen das zu vermitteln gelingt, desto erfolgreicher (weil überzeugender) sind Sie im Vorstellungsgespräch. Für alle Bereiche, die Ihre Arbeit betreffen, sollten Sie Ihr Problemlösungsverhalten reflektieren.

MIT VERGANGENHEIT ARGUMENTIEREN, GEGENWART UND ZUKUNFT (VGZ)

Stellen Sie sich dazu die Fragen:
- Wie ging/gehe ich Probleme an?
- Wie plante/plane ich meine Vorhaben?
- Wie setzte/setze ich meine Ideen und Vorhaben in die Tat um?
- Wie und was lernte/lerne ich daraus für zukünftige Probleme?

Vergangenheit	Gegenwart	Zukunft	
Woher Sie kommen und was Sie bisher geleistet haben	Was Sie aktuell machen und wofür Sie stehen	Was Sie einbringen werden und versprechen, zukünftig zu leisten	
Ausbildung/ Entwicklungen, Hintergrund/Motive, erste Herausforderungen und (Lern-)Erfolge	Kompetenz/Werte, mit Spezialisierung auf …, aktuelle Herausforderungen, Problemlösungspraxis	Ziele/Weiterentwicklung, Problemlösungspotenzial, innovatives, kreatives Potenzial, Visionen	KOMPETENZ
Leistungsmotivation, strategische Kompetenz, auf welcher Ebene, (Miss-)Erfolge Durchhaltevermögen	Leistungsmotivation, strategische Kompetenz, in welcher Verantwortung, Ausdauer, (Miss-)Erfolgsaussichten	Leistungsmotivation strategische Kompetenz, zukünftige Rolle, langer Atem, Vision	LEISTUNG
Charakterlich prägende Erfahrungen, Kritikfähigkeit, Frustrationstoleranz, Niederlagen, soziale Kompetenzen, Teamfähigkeit	Sozialkompetenz, Kommunikationsvermögen, weitere soziale Kompetenzen, Integrationsfähigkeiten	Führungskompetenz, Mitarbeiterentwicklung, Zusammenarbeit, Sympathiemobilisierungspotenzial, Optimismus	PERSÖNLICHK.

Mit welchem Kommunikationsziel?
Wie lauten Ihre Botschaften?
Mit welchen Argumenten belegen Sie das?
Bilder
Geschichten

Dies ist die **konzeptionelle Basis Ihrer Selbstdarstellung** in der persönlichen Begegnung. Sie wollen einer Person eine Botschaft näherbringen und die Person dazu bringen, Ihnen den Job anzubieten.

Wie gehen Sie vor? Aus der Welt der Werbung kennen wir eine besondere Vorgehensweise, die Ihr Bewerbungsvorhaben positiv unterstützen kann. Sie sollten nur zuerst Ihr **K**ommunikationsziel definieren, Ihre **B**otschaften formulieren und Ihre **A**rgumente zusammenstellen. Es sind also drei aufeinander abgestimmte Schritte (KBA) zu beachten:

1. **Was wollen Sie Ihrem Gegenüber, dem Arbeitgeber, kommunizieren?** Was ist Ihr Anliegen, Ihr Ziel? Dies ist der fast wichtigste und leider auch schwierigste Baustein, der wohl die längste Bearbeitungszeit in Anspruch nehmen wird. → **K**ommunikation

2. **Wie formulieren Sie aus den sorgfältigen Überlegungen zu Ihrem Kommunikationsziel verständliche, schnell begreifbare, überzeugende Botschaften?** Hier kommt es besonders auf Ihre Fähigkeit an, etwas auf den Punkt zu bringen. → **B**otschaften

3. **Wie untermauern Sie diese sorgfältig ausgewählten und präzise formulierten Botschaften**, um deren Glaubwürdigkeit und Überzeugungskraft ebenso zu stärken wie deren Erinnerungsgehalt? → **A**rgumente

Zunächst sollten Sie sich also mit der Frage auseinandersetzen, was Sie Ihrem Gesprächspartner von sich vermitteln wollen. Den meisten Bewerbern fällt jetzt spontan ein: Ich will diesen Job! Dieses Kommunikationsziel haben aber auch alle anderen Mitbewerber und allein die Tatsache, dass Sie einen Job haben wollen, ist für die am Auswahlprozess Beteiligten kein zwingender Grund, sich für Ihre Person zu entscheiden, Ihnen die Aufgabe zu geben.

Bei der weiteren Beschäftigung mit dieser Frage neigen viele Bewerber dazu, mehr oder weniger stark zu argumentieren, Sie seien nun mal der/die Beste für bestimmte Aufgaben.

Schön und gut, aber was glauben Sie, wie argumentieren Ihre Mitbewerber? Hier wird von den meisten schnell erkannt, dass ihre Argumentation, dass ihr Kommunikationsziel – ich bin der/die Beste, ich will den Job, geben Sie mir die Chance – für sich allein noch ziemlich schwach ist.

Wie kann man es besser machen? Zunächst geht es darum, ein besonderes Kommunikationsziel zu entwickeln. Sie haben die schwierige Aufgabe, sich genau zu überlegen, was für besondere Fähigkeiten Sie haben (K), was Sie damit für Ihren möglichen Auftraggeber erreichen wollen (L) und was für ein Mensch Sie eigentlich sind (P).

ZUSAMMENGEFASST

Die Spielregeln besser verstehen

1. **Zeigen Sie, dass Sie wirklich wollen – Ihre Motivation**
   Wofür Sie brennen, was Sie motiviert, Außerordentliches zur Verwirklichung von Unternehmenszielen zu leisten.

2. **Nochmals: Präsentieren Sie sich als Problemlöser**
   Welche Aufgaben reizen Sie besonders? Sind Sie der technische Tüftler oder können Sie gut überzeugen und verkaufen? Packen Sie tatkräftig an und zu oder liegen Ihre Stärken in einem ganz anderen Bereich? Die Frage bleibt: Auf welche Art von Problem-Lösungen haben Sie sich oder sind Sie spezialisiert oder werden sich spezialisieren (VGZ)?

3. **Denken Sie unternehmerisch und in Lösungen**
   Sehen Sie schwierige Aufgaben als Herausforderung und geben Sie auch dann nicht auf, wenn Hindernisse im Weg stehen. Konzentrieren Sie sich auf das Ergebnis und verstehen Sie sich als Unternehmer, der sich für seinen Auftraggeber in Sachen Problembewältigung engagiert!

4. **Agieren Sie mit hoher Sozialkompetenz (Persönlichkeit)**
   Wie gehen Sie mit Ihren Mitmenschen um? Welche Rolle haben Sie in einer Gruppe? Zeigen Sie durch Ihr persönliches Auftreten, dass Sie über ausgeprägte soziale Kompetenzen verfügen. Beschäftigen Sie sich mit der Beschreibung Ihrer Arbeitspersönlichkeit (SOAP)!

5. **Vermitteln Sie gute Kontakt- und Kommunikationsfähigkeit**
   Drücken Sie sich verständlich aus? Bringen Sie Dinge klar auf den Punkt? Und können Sie auch gut zuhören? All dies macht Sie zu einem geschätzten Gesprächspartner im Arbeitsleben!

6. **Vermitteln Sie Ihre hohe Lern- und Leistungsbereitschaft**
   Wissen ist Macht und Übung macht den Meister. Sie wollen sich und anderen etwas beweisen! Zeigen Sie, dass Sie wissen, worauf es ankommt; wissen, wer und wie Sie sind (Persönlichkeit), was Sie antreibt – insbesondere für diese Tätigkeit (Motivation), was Ihr USP (Alleinstellungsmerkmal) ist. Sie wissen die richtigen Prioritäten zu setzen!

7. **Die VGZ-Formel in Kombi mit KLP ist ein guter Leitfaden ...**
   ... für Ihre Vorbereitung und Orientierung. Reflektieren Sie über Fragen zu Ihrer Vergangenheit – Gegenwart – Zukunft (VGZ).

8. **Ihre wichtigste Vorbereitung umfasst vier Bereiche**
   die Kenntnis über Hintergründe, den Ablauf und die Intention von Vorstellungsgesprächen, das Erfassen Ihrer eigenen Ausgangsposition und der Ihres Gegenübers, die Informationsrecherche zum Gesamtkomplex Beruf/Branche/Arbeitsplatzanbieter, ein Bewusstsein über das, was Sie von sich und Ihrem potenziellen Beitrag für das Unternehmen erzählen wollen.

9. **Das Wichtigste zuletzt: Ihre Wesensart**
   Es geht um Sympathie, Vertrauen und Zutrauen. Wie gelingt es Ihnen, dieses bei Ihrem Gegenüber zu wecken? Passen Sie mit ins Team, zum Unternehmen? Stimmt die »Chemie« zwischen Ihnen und Ihrem künftigen Chef? Machen Sie sich die Spielregeln bewusst – was sich ein *Arbeitgeber* wünscht. Berichten Sie entsprechende Geschichten aus Ihrem Arbeitsleben!

KONTAKT & BEZIEHUNG

Wenn etwas in der Arbeitswelt zählt, wenn etwas von ganz besonderer Wichtigkeit und Bedeutung ist und wenn Sie über ein Kapital, vielleicht sogar schon einen gewissen Reichtum verfügen, **dann ist es Ihr Kontakt- und Kommunikations-Vermögen.**

Stichwort Vermögen! Mit Menschen in Kontakt zu treten, eine Beziehung herzustellen, zu entwickeln und zu pflegen, bedeutet sich mitzuteilen, zu kommunizieren.

Paul Watzlawik hat einmal gesagt: *Man kann nicht nicht kommunizieren.* So gesehen kommt es jetzt darauf an, was Sie aus diesem Kapital, aus dieser Ihrer Fähigkeit machen.
Hoffentlich ein Vermögen.

Reflektieren, trainieren und diskutieren Sie ...

Beziehungsmanagement – Ihr Gegenüber für sich einnehmen

Perfekte Bewerbungsunterlagen sind das eine, der persönliche Kontakt, von Angesicht zu Angesicht oder auch nur akustisch am Telefon, das andere. Erst in der persönlichen Begegnung wird sich herausstellen, ob die Chemie zwischen Ihnen und Ihrem Gegenüber stimmt, ob Sie einen **sympathischen, motivierten** und dadurch **vertrauenswürdigen Eindruck** machen. Es geht uns jetzt um Ihre Vorbereitung, um Ihr Verständnis für die Wichtigkeit der mentalen Einstimmung auf Ihr Vorhaben.

Einfacher ausgedrückt: Es geht um Ihr **Kontakt- und Kommunikationsverhalten.**

Was macht einen zwischenmenschlichen Kontakt »erfolgreich«?
Wann fühlen Sie sich mit Ihrem Gegenüber wohl und warum? Was können Sie persönlich dafür tun, dass Ihre Geschäfts- und Arbeitsbeziehungen bestens funktionieren? Mit diesen Fragen lohnt es sich zu beschäftigen, wenn man durch sein persönliches Auftreten erfolgreich sein will, wenn man bei seinem Gegenüber etwas bewirken möchte wie beispielsweise die Eroberung eines Arbeitsplatzes.

Natürlich stellt all dies eine Herausforderung an Ihr Selbstvertrauen dar, an Ihre Fähigkeit, Menschen für sich zu gewinnen, an Ihre kommunikativen und selbstdarstellerischen Begabungen. Gerade in Situationen, in denen Sie auf Ihnen noch nicht bekannte Menschen treffen, die etwas für Sie tun sollen (nämlich sich für S i e entscheiden!), ist es besonders wichtig, dass Sie den von Ihnen gewünschten überzeugenden Eindruck hinterlassen.

> Dieser erste Eindruck wird vor allem von Ihrem Auftreten (Äußeres!) geprägt. Was Sie sagen, ist dabei etwas weniger bedeutsam als das *Wie*. Entscheidend ist, so etwas wie positive Energie und Optimismus auszustrahlen.

Sie bekommen keine zweite Chance für einen ersten Eindruck.
Was da hilft? Vorbereiten und »bezaubern«. Sie kennen sicher Menschen, die sowohl im Beruf als auch im Privatleben andere spielend für sich einnehmen. Diese Menschen motivieren andere so, dass sie den eigenen Wünschen entsprechend agieren. Wir nennen das »Zaubern« und es hat viel mit Sympathie zu tun. Lernen auch Sie zu »zaubern« und Sie werden Ihre Ziele einfacher und schneller erreichen.

Zur Entstehung von Sympathie

Herzen öffnen, Menschen gewinnen! Sympathie ist die Basis von Vertrauen und wenn Ihnen jemand erst einmal vertraut, dann traut er Ihnen auch gewisse Kompetenzen und Leistungen zu, ist bereit, an Ihre Fähigkeiten, an *S i e* zu glauben und in der Konsequenz Ihnen eine Chance zu geben, es zu beweisen. Sie bekommen den Job!

Psychologische Studien zeigen, dass im ersten Moment der Begegnung zu etwa 45 Prozent der äußere Eindruck, zu etwa 30 Prozent der Klang der Stimme, die Art wie jemand spricht, und nur zu etwa 25 Prozent der Inhalt des Gesagten wirklich zählt. Dies ist vor allem evolutionstechnisch sowie sozialpsychologisch begründet. Menschen versuchen vom Äußeren einer Person auf deren innere Werte zu schließen.

Zu Sympathiegefühlen bei Ihrem Gegenüber für Sie als Bewerbungskandidat kommt es vor allem dann, wenn Sie den (ersten) Eindruck und die Hoffnung erwecken, seine Bedürfnisse (z. B. Mithilfe bei der Problemlösung) zumindest zum Teil befriedigen zu können. Ein weiterer verbindender Faktor sind gemeinsame Werte (Interessen etc.). Neben reinen Äußerlichkeiten werden insbesondere biografische Gemeinsamkeiten für den Sympathiecheck herangezogen (z. B. frühere Wohnorte, Ausbildungsstätten und -inhalte, Arbeitgeber, gemeinsame Bekannte, Freunde, Hobbys, Interessen, Engagements etc.).

Finden Sie diese Gemeinsamkeiten heraus und betonen Sie sie.

Das Gelingen eines Vorstellungsgesprächs hängt entscheidend davon ab, wie sympathisch Sie auf den Auswähler wirken. Auch wenn es gern geleugnet wird: Es geht um den ersten Eindruck, bei dem die Weichen in Richtung einer positiven (Sympathie) oder negativen Gefühlsreaktion (Antipathie) gestellt werden. Daher sind die ersten Minuten eines Vorstellungsgesprächs von ganz entscheidender Bedeutung (Stichwort Gesprächseinstieg & Small Talk, wir kommen gleich dazu).

Verständlich: *Sympathie entsteht umso leichter, wenn Ihr Gegenüber die Hoffnung gewinnt, Sie könnten durch Ihre Mitarbeit einen wichtigen Beitrag zur Problemlösung leisten.* Und andersherum: Das Gefühl der Antipathie basiert auch mit auf dem Eindruck, dass das Gegenüber keinen oder einen zu geringen Beitrag zur eigenen Bedürfnisbefriedigung leisten wird.

> Sympathie fördernd sind dabei vor allem Identifizierungsprozesse (»Mein Gegenüber ist ja genauso/ähnlich wie ich«) und biografische Gemeinsamkeiten (»wir kommen aus der gleichen Stadt/Bezirk«).

Beispiel: Stellen Sie sich vor, Sie seien Formel-1-Fan. Ist Ihnen jemand, der Formel-1-Rennen ablehnt, sympathischer als jemand, der Ihre Neigungen teilt?

Die Antwort ist klar: Es geht darum, eine ähnliche Ebene, gemeinsame Werte zu finden. Das führt dazu, dass sich Menschen sympathisch sind. Je mehr Parallelen es zwischen dem Auswähler und Ihnen gibt, umso sympathischer werden Sie ihm, desto besser werden Ihre Chancen. Parallelen im Werdegang, gleiche oder ähnliche Interessen, Hobbys oder auch biografische Ähnlichkeiten: Ihr Gegenüber beginnt sich in Ihnen wiederzuerkennen, sich mit Ihnen und Ihrer Wertewelt zu identifizieren.

Während *Sympathie* (wie auch Antipathie) bei einer ersten Begegnung spontan affektiv spürbar ist, werden die Schlüsselmerkmale *Leistungsmotivation* und *Kompetenz* attribuiert (zugeschrieben). Da es sich hier um Merkmale handelt, die sich nicht unmittelbar mitteilen, sind wiederum Zu- und Vertrauen mit im Spiel. Leistungsmotivation und Kompetenz offenbaren sich nicht so schnell wie das zentrale, auf die Persönlichkeit bezogene und durch unbewusste Faktoren gesteuerte Sympathiegefühl.

Wer jedoch leistungsmotiviert und kompetent wirkt, macht sich zusätzlich zu seinen sonstigen Persönlichkeitsmerkmalen sympathisch und trägt beim Interviewer und Auswähler dazu bei, sein Bedürfnis nach Erfolg zu realisieren. Für den Interviewer besteht Erfolg bereits darin, einen Kandidaten empfohlen zu haben, der den Posten bekommt und sich später bewährt. Aus Bewerbersicht muss Ihr Ziel sein, die drei Prüfungskriterien Persönlichkeit, Leistungsmotivation und Kompetenz (KLP) so auszustrahlen, dass Sie bei Ihrem Gegenüber gut »an- und rüberkommen«.

Sympathie mobilisierende Faktoren

 **Sympathie generiert Vertrauen und aus Vertrauen entsteht Zutrauen.**
Zuallererst geht es dem Arbeitsplatzanbieter um persönlichkeitsbezogene und erst an zweiter Stelle um anforderungsbezogene Eignungsmerkmale.

Das Gelingen eines Vorstellungsgesprächs hängt entscheidend davon ab, dass Sie sympathisch und vertrauenswürdig wirken. Kann man Ihnen vertrauen und damit den Job auch zutrauen? Wer leistungsmotiviert (fleißig) und kompetent (wach, lern- und leistungsbereit) wirkt, macht sich sympathisch.

Sympathie- oder Antipathiegefühle werden stark durch unser Auftreten hervorgerufen und beeinflusst. Hierbei spielt insbesondere unser Aussehen und unsere Körpersprache eine große Rolle.

Ihr Aussehen und Outfit

Mit gepflegter Kleidung und ansprechendem Erscheinungsbild signalisieren Sie Ihrem Gegenüber Wertschätzung und drücken aus, wie wichtig Ihnen diese Begegnung ist. Versuchen Sie, Ihr Äußeres auf den Dresscode Ihres potenziellen Arbeitgebers sowie auf die von Ihnen zu vermittelnden Werte abzustimmen: kreativ oder konservativ, Einzelkämpfer oder Teamplayer, durchsetzungsstark oder zurückhaltend. Hier kommt es darauf an, die Wirkung gemäß Ihrer beruflichen Positionierung auch durch ein entsprechendes Äußeres zu kommunizieren.

> Ihre Kleidung sollte zum Anlass, zum Umfeld und zur Person passen. Schlichte Eleganz, seriöse, qualitativ hochwertige und nicht zu modische Kleidung wirkt professionell; zusätzlich steigert Kleidung, in der Sie sich wohlfühlen, Ihr Selbstbewusstsein und hebt Ihre Laune. Orientieren Sie sich daran, was in dem von Ihnen anvisierten Unternehmen in der Regel auf der Ebene, um die es für Sie geht, getragen wird.

Ihre Körpersprache

Schon bei der Begrüßung (und wieder bei der Verabschiedung) sollten Sie beim Händedruck darauf achten, dass er kräftig ist (ohne zu übertreiben), da Sie so Ihrem Gegenüber »Aufrichtigkeit und Sicherheit« signalisieren. Viele Personalentscheider beobachten und interpretieren sehr gezielt die Körpersprache von Bewerbern. Erhobener Zeigefinger, hochgezogene Augenbrauen, gerümpfte Nase und eine in Falten gelegte Stirn geben deutliche Signale. Wer die Hände im Schoß faltet oder hinter dem Kopf verschränkt, signalisiert seiner Umwelt bewusst oder unbewusst etwas.

Welche Bedeutung eine bestimmte Haltung, Geste oder Mimik hat, ist vielschichtig, d. h. nicht immer eindeutig zu interpretieren. Im Wesentlichen geht es um ...

- Blickverhalten
- Mimik
- Gesten
- Körperhaltung
- Sprechweise
- Geruch

Ihre Haltung

Wer sich unwohl fühlt, verschränkt häufig die Arme vor der Brust und baut damit eine Barriere auf, die kaum jemand durchbrechen möchte. Aufrecht und mit geraden Schultern wirken Sie selbstbewusster als mit hängendem Kopf und krummem Rücken. Ganz weit vorn auf dem Stuhl platziert machen Sie eher den Eindruck, gleich flüchten zu wollen. Zurückgelehnt, die Beine weit von sich ausgestreckt lassen Sie jede Spannung vermissen und wirken ebenso wenig überzeugend.

Ihr Blick

Mit intensivem Blickkontakt können Sie sowohl starke Sympathie- als auch Antipathiegefühle erzeugen. Wenn Sie Ihr Gegenüber während des Gesprächs freundlich, offen und interessiert anschauen, zeigen Sie, dass es in diesem Moment für Sie niemand Wichtigeres gibt.

Wollen Sie Ihrem Gegenüber durch Blickkontakt Interesse und Sympathie signalisieren, verdrängen Sie negative Gedanken wie Misstrauen, Nervosität oder Schüchternheit. Profis empfehlen, nicht direkt hypnotisch in die Augen, sondern genau dazwischen (Nasenwurzel) oder sogar ein Stück weit darüber zu blicken. Ihr so angeschautes Gegenüber wird dies nicht erkennen, sondern sich angenehm gewertschätzt fühlen.

Ein angenehmes Lächeln ist ein weiterer Pluspunkt. Dabei sollten Sie nicht dauerhaft grinsen, sondern gezielt und im entscheidenden Moment lächeln: Schauen Sie Ihr Gegenüber zunächst für eine Sekunde an, bevor Sie lächeln, das verstärkt nochmals die positive Wirkung!

Ihre Stimme

Wichtiger als die Wortwahl ist die Ausstrahlung der Stimme. Studien belegen: Viel entscheidender als das, was gesagt wird, ist, wie es gesagt wird.

Mobilisieren Sie die Sympathie Ihres Gegenübers, indem Sie Ihren Gesprächspartner gelegentlich namentlich anreden.

Der Zusammenhang zwischen Sprechgeschwindigkeit und Überzeugungskraft ist komplex. Wenn Sie schnell sprechen, hat der Zuhörer kaum die Möglichkeit, das Gesagte kritisch zu analysieren. Sind Ihre Thesen schwach, ist dies durchaus ein wünschenswerter Effekt; sehr überzeugende Ideen bekommen beim Schnellsprechen allerdings nicht das notwendige Gewicht. Passen Sie Ihre Sprechgeschwindigkeit an die Inhalte an: Bringen Sie starke Argumente, sprechen Sie langsamer, um Ihrem Gegenüber die Chance zu geben, Ihre Gedankengänge bestens nachzuvollziehen. Schwächere Passagen fallen weniger ins Gewicht, wenn Sie diese etwas zügiger vortragen.

Mit Worten gewinnen, nicht besiegen

Eigentlich gibt es keine überzeugenderen und einfacheren Instrumente der Beeinflussung als Komplimente. Jeder Mensch hört es gern, dass er oder das Unternehmen, für das er arbeitet, erfolgreich, einzigartig und besonders attraktiv ist. Wenn Sie Komplimente einfließen lassen, wird Ihr Gegenüber Sie dafür schätzen. **Starten Sie unbedingt mit einem Dank für die Einladung und die Chance, sich hier vorstellen zu dürfen, und loben Sie die gute organisatorische Unterstützung im Vorfeld!**

Bei einer ersten Begegnung hat der häufig unterschätzte Small Talk zu Anfang des Vorstellungsgespräches das Ziel, Gesprächsthemen und Gemeinsamkeiten zu finden, über die sich nett plaudern lässt, um auch die erste Anspannung (übrigens auf beiden Seiten!) abbauen zu helfen. Eine wunderbare Chance, Sie in den Augen des Gegenübers sympathisch, offen und interessiert erscheinen zu lassen. Unverbindliche und angenehme Kommunikation macht Sie für andere zum souveränen und sympathischen Gesprächspartner und hilft Ihnen beim Kontaktaufbau.

Wer zuhören kann, kluge Fragen vorbereitet hat und sich selbst zurücknehmen kann, der wird sich beim Small Talk selber ganz locker und gut fühlen und erreichen, dass sich auch sein Gegenüber wohlfühlt. So fördern Sie einen Sympathieentstehungsprozess, aus dem dann Vertrauen erwachsen kann, das dazu führt, Ihnen auch etwas zuzutrauen: den Job!

ZUSAMMENGEFASST

7 Top-Tipps für den gelungenen Small Talk

1. **Anschauen**
   Nehmen Sie Ihren Gesprächspartner bewusst wahr. Nur so erkennen Sie, ob er auch wirklich an Ihren Ausführungen interessiert ist.

2. **Zuhören**
   Zeigen Sie, dass Sie Ihrem Gegenüber aufmerksam zuhören (durch Blickkontakt, gelegentliches Kopfnicken und Kommentare wie »Das klingt sehr interessant!« oder auch nur »Hm…« sorgen Sie für ein gutes Gesprächsklima.

3. **Lächeln**
   Wenn Sie mit jemandem sprechen, insbesondere wenn Sie Kontakt aufnehmen wollen, schauen Sie ihn kurz an und lächeln Sie dann!

4. **Interesse signalisieren**
   Interessieren Sie sich für andere Menschen. Mit (Nach-)Fragen können Sie Ihrem Gegenüber vermitteln, wie wichtig Sie ihn nehmen.

5. **Ausreden lassen**
   Lassen Sie den Gesprächspartner ausreden und unterbrechen Sie nicht. Kurze Bestätigungen sind in Ordnung, aber eben nur kurze.

6. **Komplimente machen**
   Ein Kompliment ist immer ein guter Small-Talk-Einstieg. Man kann damit auch ein Gespräch verlängern. Vorsicht – **nicht übertreiben!**

7. **Zusammenfassen**
   Fassen Sie gelegentlich die Aussage des anderen in eigenen Worten zusammen. Zeigen Sie, dass Sie seine Worte verstanden haben und auch die Botschaft, die dahintersteht. Z. B.: »Ich habe den Eindruck, dass Sie mit der augenblicklichen Situation gar nicht zufrieden sind. Ist das richtig?«

Störungen: Die Vergangenheit in der Gegenwart

Wenn Menschen aufeinandertreffen, spielen immer Gefühle mit. Ob Liebe auf den ersten Blick, spontane Antipathie oder etwas irritierend Diffuses dazwischen – nicht immer ist es leicht, eine Erklärung zu finden. Bisweilen können mobilisierte Gefühle am Äußeren oder an Funktion und Rolle der betreffenden Person festgemacht werden. Diese Faktoren haben einen starken Einfluss auf den weiteren Verlauf der Kommunikation.

Die Wurzel für diese spontanen Gefühle liegt oft in der Kindheit. Wir neigen dazu, Gefühle, Wünsche, Einstellungen und Erwartungen, die wir als Kind gegenüber wichtigen Personen (primär den Eltern, aber auch Geschwistern, Lehrern etc.) hatten, unbewusst auf Personen der Gegenwart zu transferieren. Ohne diesen Mechanismus bewusst zu steuern, übertragen wir im Vorstellungsgespräch Gefühle und Wünsche aus der Vergangenheit.

Während wir mit dem tatsächlichen Gegenüber reden, ist gleichsam eine Person aus der Vergangenheit imaginär anwesend. So könnte Ihr leicht verkrampftes Bemühen, den als reserviert erlebten zukünftigen Chef im Vorstellungsgespräch von Ihren Qualitäten zu überzeugen, die kindliche Anstrengung widerspiegeln, mit der Sie früher Ihren skeptisch-distanzierten (Stief-)Vater zur Anerkennung Ihrer Leistungen bewegen wollten. Ihre emotionalen Erfahrungen übertragen Sie auf den potenziellen Chef. Die Folge ist zum einen eine Wahrnehmungsverzerrung (der Chef erscheint wahrscheinlich kühler, als er in Wirklichkeit ist) und zum anderen eine unangemessene Verkrampfung in Ihrem eigenen Auftreten.

Auch bei Ihrem Gesprächspartner kann es im Vorstellungsgespräch zu derartigen Übertragungsphänomenen (ein Begriff aus der Psychoanalyse) kommen. Machen Sie sich bewusst: In der Bewerbung als einer klassischen Prüfungssituation sind solche (hier nur kurz skizzierten) unbewussten Wiederholungen und Neuinszenierungen von früheren einschlägigen Erfahrungen und Verhaltensmustern möglich.

Solche Überlegungen und das Bemühen, unter diesen Aspekten tief in sich hineinzuhorchen, sollten Teil Ihrer mentalen Vorbereitung auf ein Vorstellungsgespräch sein. Überprüfen Sie, welche Beziehungsmuster und Konstellationen aus der Kindheit sich bei Ihnen unbewusst wiederholen und damit das Gespräch auf emotionaler Ebene ungewollt verkomplizieren könnten.

ZUSAMMENGEFASST

Die wichtigsten Fähigkeiten in der Arbeitswelt

1. **Ihre Kontakt- und Kommunikationsfähigkeit**
   Trainieren Sie diese Fähigkeiten und insbesondere das aufmerksame Zuhören.

2. **Impression Management**
   Sie bekommen keine zweite Chance für einen ersten Eindruck. Vorbereitung hilft! Small Talk ist ein erlernbares Zaubermittel.

3. **Sympathie-Mobilisierung**
   Neben reinen Äußerlichkeiten werden Gemeinsamkeiten für den Sympathiecheck herangezogen. Zu Sympathiegefühlen kommt es umso leichter, wenn Ihr Gegenüber die Hoffnung gewinnt, Sie könnten einen wichtigen Beitrag zur Problemlösung leisten.

4. **Sympathie generiert Vertrauen und daraus entsteht Zutrauen**
   Zuallererst geht es dem Arbeitsplatzanbieter um persönliche und erst dann um anforderungsbezogene Eignungsmerkmale. Erst kommt die Frage: Kann ich dem Bewerber vertrauen? Dann: Kann ich ihm die Aufgabenbearbeitung und -lösung auch zutrauen?

5. **Körpersprache, Aussehen und Outfit**
   Wie Du kommst gegangen, so wirst Du auch empfangen ... Äußerliche Attribute wie Figur, Kleidungsstil, Frisur oder Make-up setzen Signale. Danach wird sehr bewusst geschaut!

6. **Die wirkungsvollsten Waffen in Ihrer Charmeoffensive**
   Danken und Komplimente machen! Starten Sie unbedingt mit einem Dank für die Einladung und die Chance, sich hier vorstellen zu dürfen. Loben Sie die gute organisatorische Unterstützung durch die Sekretärin, das helle freundliche Gebäude etc.!

THEORIE & PRAXIS

Vorbereitung konkret: Baumaterial – Bauvorhaben – Bauort

Ausgangsmaterial. Was wollen Sie Ihrem Gegenüber, den Entscheidern vermitteln? Dass Sie bestgeeignet sind, hoch motiviert ...
Schön und gut, aber das behaupten alle und wird kaum reichen.

Zielvorhaben. Sie sind ambitioniert, wollen gleich eine höchst verantwortungsvolle Aufgabe verbunden mit Personalführung und das mindestens auf Geschäftsführungsebene?
Bleibt nur die Frage: Wird man Sie lassen? Wohl kaum ...

Ausgangsort. Am besten gleich in einem internationalen Konzern ... Sie sind interkulturell erfahren und mutig. Ihr Gegenüber vielleicht nicht ...

Genauso wie es einen Unterschied macht, ob man aus Beton oder Holz etwas baut, ob es sich dabei um ein Fabrikgebäude oder Krankenhaus handeln soll und ob dieses in Alaska oder in Südafrika entstehen wird, geht es auch in der Selbstdarstellung beim Auswahlverfahren um die Beachtung der richtigen Weichensteller.

Übersetzt: Was haben Sie Besonderes anzubieten, was ist Ihr berufliches Ziel und in welchem Arbeitsumfeld (unter welchen Bedingungen) soll das alles möglichst stattfinden? Das alles bestimmt den Verlauf des Gespräches.

Ausgangspositionen – Ihre und die Ihres Gegenübers

Zuerst Ihre:
- Ihr Arbeitsplatzwunsch und die aktuelle Arbeitsmarktsituation
- Ihr Hochschulabschluss und die Abschlussnote
- bisherige Tätigkeiten und Erfahrungen
- Ihre bisherige Bewerbungserfahrung
- »Vitamin B«-Beziehungen (haben Sie diese?)
- Ihre Persönlichkeitsmerkmale (kommunikativ oder kontaktscheu)
- Ihr äußeres Erscheinungsbild (gepflegt und vorzeigbar oder ...?)
- Ihr Alter (noch ganz jung, Anfang 20, oder über 30)

Welche Plus- und Minuspunkte bringen Sie als Bewerber mit ins Vorstellungsgespräch ein? Eine kritische Reflexion über die eigene Person und Ihre typischen Charaktereigenschaften gehört mit zur Vorbereitung (s. a. Störungen S. 45).

Die Ausgangsposition Ihres Gegenübers
- Die Arbeitsmarktsituation: Hat der Personalentscheider viele oder wenige Angebote von Jungakademikern?
- Handelt es sich um eine eher große oder kleine Firma?
- Hat man es mit einem wirklichen Ausleseprofi einer Personalberatungsgesellschaft oder eher mit einem Personal-Amateur zu tun?
- Hat der Interviewer gute oder schlechte Laune, erinnern Sie ihn an jemand, den er mag oder den er nicht leiden kann? Denn auch der Interviewer ist ein Mensch mit wechselnden Stimmungen, Schwächen und besonderen Vorlieben.

Die Vorab-Unternehmensrecherche

Eine gründliche Vorbereitung auf den potenziellen Arbeitgeber und sein Umfeld ist absolut notwendig, egal ob Sie sich bei einer kleineren Firma oder bei einem multinationalen Konzern bewerben.

Erste Informationen über das Unternehmen können Sie dem Anzeigentext entnehmen, der Art und Weise, wie der Kontakt mit Ihnen aufgenommen wird, sowie dem Einladungsschreiben und den eventuell beigefügten Informationen. Weitere erhalten Sie bei dem jeweiligen Unternehmen selbst (Pressestelle). Ansonsten sind Industrie- und Handelskammer sowie Fachzeitschriften (Bibliotheken) hilfreich; ferner liefert das Internet eine schier unendliche Flut an Informationen. Aber auch Personen, die bereits in dem Beruf, in der Branche, in der Firma/Institution arbeiten, können Ihnen Insiderinformationen liefern.

Folgende Basiskenntnisse sind für ein Vorstellungsgespräch erforderlich:
- Hauptsitz und Niederlassungen im In- und Ausland
- Branche und Position auf dem Markt (Marktanteile)
- wichtige Tochterunternehmen/Beteiligungen
- Produktpalette
- Geschäftsleitung, Zahl der Mitarbeiter im In- und Ausland
- Umsatz/Gewinn, wirtschaftliche Entwicklung der letzten fünf Jahre, aktueller Aktienstand
- wichtigste Mitbewerber auf dem in- und ausländischen Markt
- Firmengeschichte und zukünftige Entwicklungschancen
- aktuelle Probleme u. Ä.

Daneben benötigen Sie Spezialwissen über die Abteilung oder den Unternehmenszweig, für den Sie sich beworben haben:
- Aufgabengebiet und Umfeld des angestrebten Arbeitsplatzes
- Brancheninformationen: Arbeitsmarktsituation und neuere Entwicklungen
- wichtige Eckdaten zur Position des Unternehmens oder der Institution: Wer tut was? Wie lange bereits? Mit welchem Erfolg?

THEORIE & PRAXIS

Googeln Sie Ihren zukünftigen Chef und die Kollegen ...

Warum googlen Sie nicht auch mal Ihre potenziellen Gesprächspartner, bevor Sie sich bewerben bzw. auf ein Vorstellungsgespräch einlassen?

Stichwort: gezielte Vorbereitung via Net! Insbesondere bei Großunternehmen bietet deren Internetseite reichhaltiges Material mit Namen ihrer Hauptverantwortlichen, aber auch Mitarbeiterinterviews und Blogs. Sie gelangen an Namen, mit denen Sie dann gezielt auf die Suche gehen können, um im Net weitere Infos und Kontaktchancen an Land zu ziehen.

LinkedIn, Xing, Twitter und sogar Facebook liefern Ihnen Einblicke und Anknüpfungspunkte. Wie sympathisch erscheinen Ihnen die so identifizierten potenziellen neuen Vorgesetzten und Kollegen? Überlegen Sie, ob sich eine Kontaktaufnahme lohnt, und finden Sie einen unverfänglichen Anknüpfungsgrund. Kommen Sie in Kontakt, lässt dieser sich auch ausbauen. So bekommen Sie Fragen beantwortet und Hintergrundinfos, die Ihnen nützlich sein können für Vorstellungsgespräch, Auswahlverfahren, und überhaupt, ob sich ein Einstieg für Sie lohnt.

Auch mittels Dritter, Freunden von Freunden und Ex-Mitarbeitern gelangen Sie an die richtigen Gesprächspartner und Informanten. Ganz wichtige Vorbereitungsquellen sind neben Google und Yahoo die Online-Archive der Wirtschaftsredaktionen. Mit ein paar mehr Infos, die sich im Vorstellungsgespräch leicht einstreuen lassen (einfachste Variante: »In meiner Vorbereitung auf ... habe ich gelesen ...«), punkten Sie durch Hintergrundwissen, können aber vielleicht auch selbst besser die Gesamtlage und Branchenverfassung einschätzen und für sich entscheiden: zukunftstauglich oder nicht. Noch spannendere Rechercheergebnisse versprechen gezielte Besuche auf den einschlägigen Arbeitgeber-Bewertungsportalen Kununu, BizzWatch, Jobvoting oder Kelzen. Hier lesen Sie, wie (Ex-)Mitarbeiter ihre (Ex-)Arbeitgeber beurteilen, und bekommen einigen Stoff zum Nachdenken.

... und vor allem sich selbst

Das wussten oder ahnten Sie: Bald **jeder 2. Personalentscheider googelt** zunächst die ihn interessierenden Bewerber, um dann zu entscheiden: Vorabtelefonat und/oder Einladung zum ersten Kennlerngespräch. Deshalb wird Ihr guter Ruf im Netz immer wichtiger.

Sie sollten bei Ihren Inhalten in sozialen Netzwerken daher darauf achten, dass dort keine anstößigen und peinlichen Bilder und Texte, Kommentare oder Gruppen auftauchen. Beachten Sie genau, wie die Sicherheitseinstellungen bei den von Ihnen verwendeten Netzwerken funktionieren. So haben sie es selbst in der Hand, was ein Personaler über Sie vorab erfährt. Achten Sie während eines Bewerbungsprozesses auf Anfragen von Leuten, die Sie nicht kennen. Es könnte dahinter der Versuch eines HR-Mitarbeiters stecken, Informationen über Sie zu erhalten. Googeln Sie sich regelmäßig (und recherchieren Sie alternativ auch in anderen Suchmaschinen wie Bing). Schauen Sie sich auch regelmäßig die Daten und Fakten in den von Ihnen verwendeten Social-Media-Netzen an. Sie können so sehr gut steuern, was über Sie zu finden ist.

Wenn Sie etwas Unpassendes über sich entdecken, haben Sie folgende Möglichkeiten: Sie können durch eigenes Entfernen von Inhalten auf Ihren sozialen Profilen Abhilfe schaffen. Oder Sie bitten einen Dienst wie Google darum, die Einträge zu löschen oder Ihnen zu helfen, den Verantwortlichen zum Löschen zu bewegen. Wenn Sie ehrverletzende oder sogar strafrechtlich relevante Inhalte finden, empfiehlt sich der Gang zum Anwalt. Es gibt inzwischen auf das Reputationsmanagement im Netz spezialisierte Agenturen. Diese Anbieter sind wegen der hohen Kosten aber eher unattraktiv für Einzelpersonen. Falls Sie zu einem Gespräch eingeladen werden, Ihre »virtuelle Weste« nicht ganz blütenrein ist und der Personaler Sie darauf anspricht, ist ein offensiver Umgang die beste Verteidigung. Überlegen Sie sich vorher, was Sie auf solche Fragen antworten können, um dem Ganzen etwas den Wind aus den Segeln zu nehmen.

Aus diesen Gründen ist es für Bewerber schon heute wichtig und wird künftig noch wichtiger sein, ein **strategisches Reputationsmanagement** zu betreiben. Kein Job-Kandidat kann es sich leisten, negative Einträge und Kommentare oder anderes rufschädigendes Material über sich im Netz zu finden: Die Aussichten auf die ersehnte Stelle bzw. zunächst eine Einladung zum Vorstellungsgespräch sinken erheblich. Sie können allerdings bei positiven Fundstücken auch deutlich steigen.

Was entscheidend bleibt

Jetzt geht es um **Ihre Vorbereitung auf das Vorstellungsgespräch**, die persönliche Begegnung mit dem Personalauswähler. Klar, dass Sie sich intensiv vorbereiten wollen. Das Gespräch muss gut werden. Der vielleicht wichtigste Aspekt: Setzen Sie Ihren Schwerpunkt auf die Vermittlung Ihrer Wesensart, auf die »Erklärung« Ihrer Persönlichkeit.

Im Vorstellungsgespräch sind es genau diese Themen (etwa 50 bis 70 Prozent), die die Jobweiche für Sie wunschgemäß stellen werden. Was hier jetzt so einfach klingt, ist gar nicht leicht oder gar selbstverständlich in der Umsetzung. Dennoch leuchtet es sofort ein. Wenn Ihr Gegenüber Sie mag, Ihnen vertraut, brauchen Sie nicht auf der Ebene der Fachkompetenz zu kämpfen – ein Terrain, wo es Ihnen ohnehin (jetzt noch) nicht leichtfallen dürfte, zu überzeugen.

Und auch Ihre hohe Leistungsmotivation sammelt mehr Punkte, wenn Sie glaub- und vertrauenswürdig erscheinen, statt immer wieder zu behaupten: »Ich bin so motiviert …« In Ihren schriftlichen Unterlagen waren alle drei Aspekte etwa gleich bedeutsam: **K**ompetenz, **L**eistungsmotivation, **P**ersönlichkeit (KLP). Jetzt in der Vorbereitung auf die persönliche Begegnung ist vor allem entscheidend, wie Sie auftreten, wie Sie sich als Mensch und zukünftiger Mitarbeiter darstellen, welche Geschichten Sie erzählen.

Frage: Welche Gefühle sind Sie in der Lage durch Ihr Auftreten und Erzählen zu mobilisieren?

So gelingt Ihnen die Überzeugungsarbeit viel besser

Wie bereits bei der Erstellung Ihrer Bewerbungsunterlagen liegt Ihre Herausforderung darin, zu überlegen, wer und wie Sie sind und wie Sie in diesem Zusammenhang Ihr hoch motiviertes Mitarbeitsangebot (Stichwort Problemlösungskompetenz) dem potenziellen »Arbeitgeber«, Ihrem zukünftigen Auftraggeber, überzeugend vermitteln können.

Ihre schriftliche Bewerbung war – wenn Sie dadurch Ihre Einladung zum Gespräch erhalten haben – bereits erfolgreich. Jetzt in der persönlichen Begegnung möchte man Sie näher kennen lernen, um zu überlegen, ob man den Arbeitsplatz mit Ihnen besetzt. Nach der ersten schriftlichen Arbeitsprobe ist diese Begegnung eine zweite Probe (nach einem vorab geführten Telefonat und/oder Test), eine weitere Arbeitsprobe, die ganz wesentlich darüber entscheidet, ob man Ihnen die Lösung der anstehenden Probleme (Mitarbeit) zutraut. Ihre gute Vorbereitung ist dabei die beste Grundlage.

> **Angenommen, Sie wären Gründer einer neuen Partei** und wollten andere für Ihre politischen Ziele begeistern: Auch in diesem Fall müssten Sie sich gut überlegen, durch welche Argumente Sie potenzielle Wähler überzeugen können, Sie und Ihre neue Partei zu wählen, statt die Stimme einer anderen, etablierten Partei zu geben. Nicht sehr viel anders ist Ihr Problem als Bewerbungskandidat. Wie gelingt es Ihnen, in wenigen kurzen Sätzen auf den Punkt zu bringen, wofür Sie stehen und was man davon hat, Sie auszuwählen?

THEORIE & PRAXIS

Was Sie vermitteln wollen ...

Das Vorstellungsgespräch stellt eine besondere Herausforderung dar, sich selbst und sein Leistungsangebot überzeugend zu präsentieren, ja, sogar dafür zu werben: **Was sind Ihre Argumente** (Verkaufs-, Überzeugungs-Botschaften, Ich-Aussagen), warum sollte sich der Personalauswähler für Sie entscheiden? **Womit wollen Sie überzeugen?**

Bitte notieren Sie innerhalb der nächsten drei Minuten Ihre Argumente:

_____

_____

_____

_____

_____

Fragen Sie sich:
- Sind Sie mit Ihren skizzierten Argumenten zufrieden?
- Sind dies wichtige und auch (zahlenmäßig) genügend Argumente?
- Werden diese Ihre Zuhörer und Entscheider für Sie einnehmen?
- Überlegen Sie erneut, was Sie beruflich und charakterlich auszeichnet!

Wie leicht oder schwer fiel es Ihnen, Argumente in eigener Bewerbungssache auf das Papier zu bringen? Haben Sie mehr als drei wirklich gute Argumente? Mehr als: »Ich habe gute Abschlussnoten, kann auf ein, zwei erfolgreiche Praktika verweisen, bin hoch motiviert und ein netter, umgänglicher Mensch ...«?

Sie fragen sich, wie das gehen soll, eine überzeugende Argumentation, Verkaufsbotschaften?

... und wie Sie darauf kommen

Starten wir mit einer einfachen, aber effektiven Übungsaufgabe: Finden Sie die wichtigsten 3 (es dürfen auch 4 sein) Adjektive, die Sie und Ihre Wesensart gut beschreiben. Unterscheiden Sie dabei bewusst die berufliche von der privaten Ebene!

Also bitte: 3–4 Adjektive, die Sie beruflich, und dann 3–4, die Sie privat gut beschreiben!

Das machen Sie mit 3–4 Hauptworten – **Haupt**-Worte (nicht einfach Substantive!), weil diese Ihre Werte repräsentieren, auf beiden Ebenen.

Und dann mit 3–4 Verben. Hier geht es um Ihre Dynamik (und wenn Ihnen jetzt schlafen, träumen und abhängen einfällt, wäre das aus beruflicher Sichtweise, na ja ... urteilen Sie selbst).

Der nächste Schritt wäre darüber nachzudenken: Sind dies die richtigen Worte? Welche Geschichten tauchen bei Ihnen auf, worin sich diese Begriffe widerspiegeln. Und was sagt Ihre Umgebung dazu? Wie erklären und rechtfertigen Sie diese ausgewählten Worte? Was passiert, wenn Sie diese gegenüber Ihren Freunden vertreten und ausprobieren, wie diese darauf reagieren, wenn Sie sich so vorstellen, anderen von sich ein Bild vermitteln wollen? Ernten Sie Zustimmung oder Widerspruch?

Dies ist eine erste wichtige Vorbereitung, die Sie unbedingt ausprobieren sollten. Das ist das »Baumaterial«, das Sie auswählen, zusammengestellt auch in Hinblick auf Ihr Vorhaben und die Rahmenbedingungen. Hieraus entwickeln Sie Ihr Kommunikationsziel, die Botschaften und die Argumente, mit denen Sie dies alles unterfüttern ... (s. S. 56).

Eisblöcke in Alaska sind für den Iglubau sehr wohl angemessen, in der Wüste jedoch völlig ungeeignet ... Sie verstehen, was wir damit vermitteln wollen.

THEORIE & PRAXIS

Kommunikationsziele, Botschaften und Argumentation (KBA)

Wer weiß, was er von sich vermitteln möchte, tritt anders auf und wird anders wahrgenommen. Wer vermitteln möchte, er/sie sei aus diesem oder jenem Holz geschnitzt (Persönlichkeit), habe diese besonderen Beweggründe (Leistungsmotivation) und sich auf die zukünftigen beruflichen Herausforderungen (Kompetenz) bestens vorbereitet, kommt besser an und hilft der Auswahljury, sich für ihn/sie zu entscheiden.

Dabei geht es uns um das Wie, um den gelungenen Transfer, also: Nach »Was wollen Sie von sich vermitteln?« kommt jetzt »Wie kommunizieren Sie es erfolgreich?«. Und vor allem »Wie verankern Sie es in den Köpfen Ihrer Zuhörer und Entscheider?«.

Sie wollen einen Gedanken, eine Idee oder Botschaft einer Person näherbringen. Sie möchten eine Entscheidung beeinflussen. Sie soll so fallen, wie Sie es sich wünschen. Dabei müssen Sie ähnlich vorgehen, wie wir es aus der Welt der Werbung kennen. Darauf basiert das **KBA-System**.

Drei aufeinander abgestimmte Schritte sind dafür zu beachten:

1. **Was wollen Sie** Ihrem Gegenüber, z. B. dem Arbeitgeber, kommunizieren? Was ist Ihr Anliegen, Ihr Ziel? Dies ist der wichtigste und schwierigste Baustein, der die längste Bearbeitungszeit in Anspruch nimmt: die Definition Ihres **Kommunikationsziels**.

2. **Wie formulieren Sie** aus den sorgfältigen Überlegungen zu Ihrem Kommunikationsziel verständliche, schnell begreifbare, überzeugende **Botschaften**? Hier kommt es besonders auf Ihre Fähigkeit an, etwas auf den Punkt zu bringen.

3. **Wie untermauern Sie** die ausgewählten und präzise formulierten Botschaften, um deren Glaubwürdigkeit und Überzeugungskraft (mittels **Argumentation**) ebenso zu stärken wie deren Erinnerungsgehalt?

Wir stehen am Anfang eines Drei-Schritte-Systems: **Kommunikationsziel definieren – Botschaften formulieren – Argumente zusammenstellen.** Diese drei Schritte sind ein Leitfaden oder eine Art Struktur, mit der Sie sich inhaltlich so organisieren können, dass bei Ihrem Gegenüber auch wirklich etwas ankommt (abgekürzt KBA).

Vielen fällt als **Kommunikationsziel** – wenn überhaupt – spontan ein: »Ich will diesen oder jenen Job, denn: Ich bin der Beste, Kompetenteste, ganz besonders motiviert…« – so die häufigste Argumentation. Ziemlich schwach; auch andere Mitbewerber behaupten, für den Job/die Trainee-Stelle am besten geeignet zu sein.

Jetzt geht es für Sie darum: Wie können Sie es besser machen und sich damit von anderen positiv abheben?

Ihr Kommunikationsziel

Zunächst entwickeln Sie ein Kommunikationsziel. Sie haben die Aufgabe, sich genau zu überlegen:
- Was für ein Mensch sind Sie beruflich und privat?
- Was für besondere Fähigkeiten und Leistungsmerkmale zeichnen Sie aus?
- Was können und wollen Sie damit zum Wohle eines Unternehmens, dass Sie einzustellen wünscht, beitragen?

Als Leitlinie können Sie die Betrachtungsebenen nutzen, die Sie bereits kennen (siehe Seite 26 ff.): Kompetenz, Leistungsmotivation, Persönlichkeit, das dreiteilige **KLP-Modell**, das **SOAP-Modell:** Sozialverhalten, berufliche Orientierung, Arbeitsverhalten, psychische Konstitution.
In einem zeitlichen Kontext geht es dabei immer um **Vergangenheit, Gegenwart** und **Zukunft**, das **VGZ-Modell:**
- Woher kommen Sie und was haben Sie dort gelernt/geleistet?
- Wofür stehen Sie, aus was für einem Holz sind Sie geschnitzt?
- Was können Sie für das Unternehmen zukünftig leisten, was ist Ihr Versprechen?

Mit diesen Modellen können Sie Ihr Kommunikationsziel und Ihre Botschaften inhaltlich füllen und dann **durch konkrete Berichte unterfüttern**, um deren Glaubwürdigkeitsgehalt zu steigern. Ihr definiertes und niedergeschriebenes Kommunikationsziel könnte z. B. so aussehen:

»*Mein Kommunikationsziel ist es, zu vermitteln, dass ich ein Mensch bin, der über außergewöhnliche kommunikative Begabungen verfügt. Ich bin sehr gut in der Kontaktaufnahme, kann mich schnell und gewandt ausdrücken und ohne große Hemmungen mit anderen leicht ins Gespräch kommen, und das mit Menschen aller Ebenen. Andere vertrauen mir auffällig schnell. Ich wirke ermutigend und bin ein guter und aufmerksamer Zuhörer. Trotz meiner Freude am Austausch und gezielten Gesprächen kann ich mich abgrenzen und agiere überlegt.*«

Ihre Botschaften

In einem zweiten Schritt sollten Sie aus Ihren Zielvorstellungen klare und schnell zu verstehende Botschaften entwickeln. In unserem Beispiel wären das folgende:

»*Meine drei wichtigsten Botschaften lauten: Ich bin ein kommunikativ begabter Mensch, der mit anderen mühelos ins Gespräch kommt und dadurch nachhaltige Beziehungen aufbaut. Ich gewinne schnell das Vertrauen anderer Menschen und bin ein guter und aufmerksamer Zuhörer, aber auch ein präziser Beobachter. Dadurch gelingt es mir, Probleme und deren Ursachen schneller zu erkennen und einer Lösung zuzuführen. Bei aller Kontakt- und Kommunikationsfreudigkeit kann ich mich auch abgrenzen, bleibe souverän und unabhängig, vernachlässige keinesfalls das Nachdenken und Handeln.*«

Ihre Argumentation (Geschichten)

In einem dritten Schritt ist es wichtig, die Argumente zu finden, die aus den Behauptungen Fakten werden lassen. Denken Sie also darüber nach: Mit welchen beispielhaften Anekdoten, durch welche Detailbeschreibungen können Sie Ihrem Gegenüber verdeutlichen, dass Ihre in den Bot-

KOMMUNIKATIONSZIELE, BOTSCHAFTEN UND ARGUMENTATION (KBA)

schaften enthaltenen Aussagen glaubwürdig sind? Welche Situationen, Begebenheiten in Ihrem (Berufs-)Leben verdeutlichen, was Ihre Botschaften als Kurzformeln transportieren sollen? Wenn Sie hier den richtigen Erzählstoff beisammen haben, stehen Ihre Argumente. Sie können damit die Glaubwürdigkeit Ihrer Botschaften untermauern. In unserem Beispiel könnten die Argumente so aussehen:

»*In meinem Job als Teamleiter für eine PR- und Eventagentur verfügte ich über ein großes Netzwerk. Ich wurde und werde immer noch zu vielen privaten Veranstaltungen meiner Kollegen und sogar von Vorgesetzten eingeladen, bin mit einigen von ihnen in verschiedenen Interessengruppen zusammen. So hatte ich immer einen gewissen Informationsvorsprung, der mir oft geholfen hat, besser zu verstehen, was die besonderen Herausforderungen sind.*«

Anhand dieses Beispiels vermitteln Sie auch Ihre...

- **Kompetenz:** Ausbildung, Werdegang (konkret, aber kurz benennen), die Schwerpunkte und Erfolge (dito), »ein gewisses Geschick im Umgang mit Menschen.«
- **Leistungsmotivation:** Ziele, die Sie sich selbst gesetzt und erreicht haben, im Ausbildungskontext und im beruflichen Sinne (2 – 3 Beispiele), aber auch im Privaten (dito).
- **Persönlichkeit:** »Ich bin ein kontakt- und kommunikationsstarker Typ, dem Menschen schnell vertrauen. Ich erweise mich als dieses Vertrauens würdig.«

Und Sie können so Ihre Vergangenheit, Gegenwart und Zukunft mit einbeziehen:

Woher komme ich, was habe ich dort bisher geleistet:
»*Nach meinem Abitur habe ich ein Studium... absolviert und bin dann wegen eines Praktikums nach... gegangen. Ich lernte auf diese Weise... Dadurch gelang es mir, dies und das zu begreifen... und so konnte ich... Ich habe dadurch...*«

Dafür stehe ich, so funktioniere ich:
»Neulich erfuhr ich von einem Kommilitonen, dass er an mir dies besonders schätzt. Ich kann nur sagen, ich stehe für ... Meine wichtigsten Werte sind ... Als mein Leitbild habe ich immer ... angesehen. Dieser/jener hat mich besonders beeindruckt, weil/durch ... Das hat mich entscheidend geprägt ... .«

Was verspreche ich zukünftig für meinen Auftraggeber zu leisten: »*Aus meiner Sicht sehe ich in dieser Problemkonstellation/bei dieser Aufgabe ... eine besondere Herausforderung für mich insoweit, als ...*«

Wie Sie mehr und bessere Wirkung erzielen

Beispiel Parteigründung und was Sie daraus lernen

Angenommen, Sie würden eine neue Partei gründen für mehr Gerechtigkeit, mehr Umweltschutz usw. Wenn Sie Ihre Nachbarn um ihre (Wähler-)Stimme bitten, sind Sie auf die Frage vorbereitet: Erklären Sie uns doch, was diese Partei anders und besser machen will.

Das trifft auch auf Ihre Bewerbungssituation zu. Geben Sie fundiert Auskunft, wofür Sie stehen und warum man Sie wählen sollte. Sie **werben um Vertrauen und Zutrauen**. Sie wollen, dass man sich für Sie entscheidet, dass Sie vom Arbeitgeber als **Problemlöser** (aus)gewählt werden.

Warum sollte man sich für Sie entscheiden?

Geben Sie dem Entscheider Auskunft, wofür Sie stehen, was Ihr besonderes **Alleinstellungsmerkmal** (USP, unique selling proposition) ist. Und das sollten Sie sich vorab genauestens überlegen. Nicht nur vor dem Vorstellungsgespräch, sondern auch schon bei der Erstellung Ihrer schriftlichen Unterlagen.

Was wollen Sie vermitteln?

Wieder kommen wir an den Punkt: Was wollen Sie von sich, von Ihrer Kompetenz, Ihrer Leistungsfähigkeit und Ihrer Persönlichkeit präsentieren? Was soll Ihr Gegenüber von Ihnen denken? Wofür stehen Sie? Nicht einmal fünf Prozent aller Bewerber bereiten sich in diesem Sinne vor. Und doch trägt gerade dies maßgeblich zum Bewerbungserfolg bei.

Sie wollen ein **Kommunikationsziel** formulieren, **Botschaften** entwickeln und **Argumente** (Geschichten) finden, die dies alles anschaulich und glaubhaft vermitteln. Der dritte Schritt für eine überzeugende (Selbst-)Darstellung ist die Formulierung von guten Argumenten.

Bringschuld: Sie liefern Entscheidungsvorlagen
Ihr Kommunikationsziel, Ihre Botschaften und Argumente ergeben in einem idealen Dreiklang die Grundlage, auf der man sich für Sie entscheiden kann. Nutzen Sie diese Chance! Kommunizieren Sie erfolgreich, bewegen Sie Ihr Gegenüber dazu, sich für Sie als den besten Kandidaten zu entscheiden und Ihr Problemlösungsangebot anzunehmen.

1. Schritt
Bringen Sie Ihre Argumente in eine Rangfolge nach Wichtigkeit und Bedeutung. Bilden Sie drei (zunächst einmal) gleich große Gruppen: Die erste Gruppe mit den besonders wichtigen Hauptargumenten, dann ein bedeutsames Mittelfeld, und als dritte Gruppe alle restlichen Argumente, die für Sie als den richtigen Kandidaten sprechen.

2. Schritt
Ordnen Sie Ihre Argumente den bei der Bewerbung so wichtigen Kriterien Kompetenz (**K**), Leistungsmotivation (**L**) und Persönlichkeit (**P**) zu. Worum es dabei geht, haben Sie bereits gelesen. Es kann durchaus vorkommen, dass ein Argument mehrere Aspekte umfasst.

Nehmen wir an, Ausdauer und Durchhaltevermögen sind wichtige Argumente für Sie als Bewerber. Das betrifft nun in erster Linie Ihre Leistungsmotivation, aber auch ein bisschen Ihre Persönlichkeit – je nachdem, wie Sie es verstehen und den anderen vermitteln können.

Noch ein Beispiel: Entscheidungsfreude und Mut sprechen als Argumente für Sie. Hier können neben der Persönlichkeit auch Kompetenz und Leistungsmotivation betroffen sein. Sie allein bestimmen, wie Sie die Buchstaben (KLP) zuordnen. Dabei spielt die Rangfolge durch die eben beschriebenen drei Gruppen schon eine bedeutsame Rolle.

Konkrete Beispiele und Vorgehensweisen

1. Beispiel
Der Arbeitsplatzanbieter ist ein mittelständisches Unternehmen in der Heimwerkerbranche mit etwa 100 Mitarbeitern. Dieses bietet erstmalig einen Job für Werbe- und Öffentlichkeitsarbeit an.

Die Bewerberin ist Charlotte Rembrandt, 24 Jahre alt, unverheiratet, keine Kinder, seit einem Jahr mit Bachelorabschluss (Germanistik und Geschichte, vier Praktika im PR-Bereich), leider immer noch ohne Job.
Auf die Frage, warum das Unternehmen gerade ihr die Position anbieten sollte, bekommt der Geschäftsführer folgende Argumente zu hören:

- Ich habe langjährige Erfahrung in Büroorganisation und PR-Arbeit.
- Ich verfüge über sehr gute PC-Kenntnisse.
- Ich bin hoch motiviert, fleißig und zuverlässig.

Was meinen Sie: Werden diese Argumente den Geschäftsführer überzeugen?

Antwort: Eher nicht. Begründung: Auch die Kandidaten vor und nach unserer Bewerberin haben sich als erfahren und damit kompetent, fleißig und zuverlässig, mit reichlich Büro- und PC-Erfahrung empfohlen. Das ist nichts Außergewöhnliches.

Was Charlotte leider alles nicht gesagt hat: Sie ist **sehr selbstständiges, eigenverantwortliches Arbeiten gewöhnt**: Ihr letzter Chef hatte ihr – obwohl es nur ein Nebenjob war – die gesamte Werbe- und PR-Arbeit in hoher Eigenverantwortung überlassen, und sie blieb über 2 Jahre bei ihm, bis sie ihr Studium endgültig beendet hatte. Hinzu kommt, dass Charlotte flexibel ist, was die Arbeitszeit anbelangt. Sie wäre bereit, auch nur 4 Tage à 6 Stunden zu arbeiten, jederzeit aber auch mehr, wenn es die Geschäftslage erfordert. Mit ihren 24 Jahren hat Charlotte einen Hochschulabschluss und bereits erste praktische Erfahrungen im PR-Bereich. Kinder sind aktuell kein Thema, jetzt kommt erst einmal der richtige berufliche Einstieg... Zudem ist ihr Vater gelernter Tischler mit einem eigenen kleinen Betrieb. Sie hat also seit ihrer Kindheit die Probleme eines Kleinbetriebs mitbekommen, hat in den Schul- und Semesterferien mitgeholfen und daher einen echten handwerklichen Bezug...

Schauen wir uns nochmals Charlottes Argumente an und ordnen wir diesen die drei Schlüsselbegriffe KLP zu:
- **1.** hoch motiviert, fleißig und wirklich zuverlässig (L, P)
- **2.** langjährige Erfahrung in Büroorganisation (K)
- **3.** sehr gute PC-Kenntnisse (K)

Zwei Argumente betreffen klar die Kompetenz, eines die Leistungsmotivation und nur eines ein bisschen auch die Persönlichkeit. Die Verteilung/Gewichtung der Schlüsselbegriffe verdeutlicht nicht nur die »Schieflage«, sondern ist insgesamt ein recht mageres Ergebnis.

Da beim Vorstellungsgespräch der persönliche Eindruck um ein Vielfaches wichtiger als Leistungsmotivation und Kompetenz ist, wird Charlotte kaum überzeugen. Mit anderen Worten: Will Charlotte im Vorstellungsgespräch erfolgreich sein, braucht sie deutlich mehr und bessere (Verkaufs-)Argumente.

2. Beispiel

Wenden wir uns einem anderen Beispielbewerber zu. So könnte die Argumentationsliste eines Marketingfachmannes in der Automobilbranche aussehen. Lassen wir dabei zunächst einmal offen, wie sinnvoll seine Argumente sind, die Rangfolge sortieren wir später:
- Ich besitze erste Erfahrungen im Automobil-Marketing.
- Ich habe spezielle Kenntnisse der neuen Modellreihe.
- Ich bin hoch motiviert und ehrgeizig.
- Ich habe Überzeugungskraft.
- Ich bin sehr flexibel, was die Arbeitszeit betrifft.
- Meine Umgangsformen sind gut.
- Ich komme gut mit Kunden und Entscheidern klar.
- Ich bin sehr kommunikativ.
- Ich liebe Automobile.

Bringen wir diese Argumente noch etwas prägnanter auf den Punkt und in eine erste Rangfolge (Hauptargumente, Mittelfeld, Rest):

Hauptargumente
- **1.** Ich verfüge über eine gute Überzeugungskraft. P
- **2.** Ich komme gut an bei Kunden und Entscheidern. P
- **3.** Ich bin hoch motiviert und ehrgeizig. L

Mittelfeld
- **4.** Ich bin ein sehr kommunikativer Mensch. P
- **5.** Ich habe gute Umgangsformen und weiß, worauf es ankommt. P
- **6.** Ich habe spezielle Kenntnisse der neuen Modellreihe. K

Rest
- **7.** Ich besitze erste Erfahrungen im Automobil-Marketing. K
- **8.** Ich bin flexibel, was die Arbeitszeit betrifft. L, P
- **9.** Ich liebe Automobile! P

Bei den Hauptargumenten zählen K, L, und P dreifach, im Mittelfeld doppelt, alle restlichen Argumente nur einfach. Jetzt können Sie klar erkennen, dass die Gewichtung stimmt. In diesem Beispiel: K = 3, L = 4, P = 12

Kommunikationsziel, **Botschaften** und **Argumentation** ergeben so die Grundlage, auf der sich ein Arbeitgeber für Sie als den richtigen Kandidaten entscheiden kann. Ihre Aufgabe ist es, eine griffige Werbebotschaft in eigener Sache zu entwickeln, die überzeugend und glaubwürdig Ihre Kompetenz, Leistungsmotivation und Persönlichkeit vermittelt.

Vermitteln Sie plausibel, dass Sie etwas Besonderes für »Ihren Kunden«, den Arbeitsplatzanbieter, tun können. Dabei sollte es sich möglichst um etwas handeln, was dieser dringend benötigt.

Diese Fragen bringen Sie voran:
- Was ist Ihr besonderer Nutzwert?
- Warum soll man sich für Sie entscheiden?
- Was können Sie besser als andere Bewerber?

Arbeiten Sie Ihren USP (unique selling proposition), Ihre besonderen Fähigkeiten, Ihr Alleinstellungsmerkmal) deutlich heraus. Was unterscheidet Sie vorteilhaft von anderen Bewerbern?

Sie werden als Problemlöser gebraucht! Entwickeln Sie Ihre Botschaften und Argumente zu diesen fünf »Kompetenzbereichen«:

- Berichten Sie von Ihren **Problemlösungskompetenzen**.
  Stichworte: analytisches, logisches, systematisches Denken und Handeln, Entscheidungsverhalten, geistige Flexibilität, Kreativität.
- Erklären Sie Ihre **sozialen Kompetenzen**.
  Stichworte: Kontakt- und Kommunikationsfähigkeit, Auftreten und Umgang, Repräsentationsfähigkeit und Konfliktverhalten.
- Verdeutlichen Sie, über **strategische Kompetenzen** zu verfügen.
  Stichworte: unternehmerisches sowie vernetztes Denken und Handeln, Kundenorientierung, organisatorische Fähigkeiten, Initiieren, Fördern und Steuern von Veränderungsprozessen sowie eine generelle Erfolgsorientierung.
- Vermitteln Sie auf angenehme, sympathische Weise Ihre **persönlichen Kompetenzen**.
  Stichworte: Motivation, Ehrgeiz, Frustrationstoleranz, Durchhaltevermögen, Mut zum Risiko, Querdenken, Lernfähigkeit, Gewissenhaftigkeit und Verträglichkeit.
- Vielleicht haben Sie sogar bereits erste **Führungskompetenzen**.
  Stichworte: Führungsanspruch, Delegationsfähigkeit, Durchsetzungsvermögen, Kooperations- und Integrationsfähigkeit sowie Leistungsorientierung z. B. in der Zeit Ihrer Ausbildung (Schule, Uni) oder im privaten Bereich, Verein o. Ä.

ZUSAMMENGEFASST

Bessere Wirkung durch prägnante Formulierungen

1. **Das Parteigründungsbeispiel und was Sie daraus lernen:**
   fundiert Auskunft zu geben, wofür Ihre neu gegründete Partei steht und warum man diese wählen sollte. Sie werben um Vertrauen und Zutrauen! Bezogen auf Ihre berufliche Situation wollen Sie ja als Problemlöser vom Arbeitsplatzanbieter auch (aus-)gewählt werden!

2. **Warum sollte man sich für Sie entscheiden?**
   Teilen Sie dem Entscheider mit, wofür Sie stehen, was Ihr Alleinstellungsmerkmal (USP) ist.

3. **Was genau wollen Sie Ihrem Gegenüber vermitteln?**
   Wie präsentieren Sie Ihre Kompetenz, Leistungsfähigkeit und Persönlichkeit? Was soll man von Ihnen denken, wofür stehen Sie?

4. **Kommunikationsziel – Botschaften – Argumente entwickeln!**
   1. Definieren Sie Ihr Kommunikationsziel, was Sie vermitteln, bewirken, welchen Eindruck Sie entstehen lassen wollen.
   2. Entwickeln Sie daraus klare, schnell zu verstehende Botschaften, drei bis maximal sechs (alles Wichtige zu KLP).
   3. Für eine überzeugende (Selbst-)Darstellung brauchen Sie gute Argumenten, Geschichten, Beispiele, die dies alles unterfüttern, um die Glaubwürdigkeit Ihrer Botschaften, Aussagen zu unterstreichen.

5. **Zusammengefasst: So liefern Sie Entscheidungsvorlagen**
   All dies (KBA) ergibt den idealen Dreiklang, damit sich ein Arbeitsplatzanbieter für Sie entscheiden kann. Nutzen Sie diese Chance, erfolgreich zu kommunizieren, um Ihr Gegenüber zu bewegen, Sie als den besten Bewerbungskandidaten auszuwählen, also Ihr Problemlösungs-/Mitarbeitsangebot anzunehmen.

INHALT & FORM

Das Vorstellungsgespräch stellt die (vor)letzte* Hürde dar. So weit gekommen zu sein sollte Sie schon mal mit Stolz erfüllen und doch spüren neun von zehn Bewerbern jetzt Unsicherheit bis Angst in sich aufsteigen. *Was werde ich gefragt? Kann ich überzeugen? Werden schwierige Themen berührt, mir unangenehme Fragen gestellt? Was antworte ich, wenn ...*

Alles verständlich, umso wichtiger, sich jetzt inhaltlich gut vorzubereiten. Die meisten Fragen stehen fest, es kommt nur darauf an, dass Sie sich darüber im Klaren sind, was Sie vermitteln wollen (und was nicht!). Also was wollen Sie sagen? Wenden wir uns zunächst einmal dieser Frage zu!

Darum geht es:
Zeigen Sie sich sympathisch, vertrauenswürdig und hoch motiviert ...
Finden Sie Gemeinsamkeiten mit Ihrem Gegenüber, hören Sie gut zu, lächeln Sie zustimmend. Mit etwas Glück stimmt die Chemie zwischen Ihnen und Ihrem potenziellen Vorgesetzten bzw. Personalentscheider. So entsteht Vertrauen und damit das Zutrauen, dass Sie Probleme im Sinne des Unternehmens erfolgreich lösen können. Das ist schon mehr als nur die halbe Miete!

---

* *vorletzte, weil es ja auch noch die Probezeit gibt*

Verdeutlichen Sie, welche Probleme Sie besonders gerne, gut und erfolgreich lösen.
Auf welche Art von Problemlösungen sind Sie spezialisiert und was ist an Ihrer Vorgehensweise das Besondere (Ihr Alleinstellungsmerkmal, USP).

Was Sie sich selbst und Ihren Gesprächspartnern verdeutlichen sollten

Wir Menschen sind ambivalente Wesen. Einerseits möchten wir unbedingt mit dazugehören und gleichzeitig doch etwas ganz Besonderes sein. Es ist nicht einfach, diesen diametralen Wünschen gerecht zu werden. Und wenn es ums Bewerben geht, ist dies eine echte Herausforderung. Hier unsere inhaltlichen Anregungen getragen von den Gedanken: Was wünscht sich ein Arbeitsplatzanbieter – Auftraggeber – Kunde...?

Ihre sichere Ausgangsbasis ist ein gutes Maß an Selbstvertrauen. Dies ist die entscheidende Grundlage, um erfolgreich zu sein, egal, was Sie tun. Wer selbstbewusst ist, strahlt dies auch nach außen.

Sie verfügen über **ein Bewusstsein dafür, wie wichtig es ist, vor allem s i c h   s e l b s t** und **andere immer wieder motivieren zu können.** Wenn Sie glaubhaft vermitteln, dass Sie sich selbst gut motivieren können, wird das positive Auswirkungen haben. Wer motiviert arbeitet, wirkt flexibler und offener für Neues. Er entwickelt eigene Ideen und denkt weiter als bis zum Feierabend. Das werden Ihre Gesprächspartner und zukünftigen Vorgesetzten zu schätzen wissen!

Sie haben ein Gespür dafür, **wie man Sympathien gewinnt und überzeugt.** Arbeiten Sie daran, in der Kommunikation mit anderen einen angenehmen, vertrauenserweckenden Eindruck zu machen. Ihre Körperhaltung, Gestik, Mimik und Sprache sollten optimistisch-positiv ankommen. Üben Sie sich im Small Talk, entwickeln Sie Ihre kommunikativen Fähigkeiten. In Ihrer zukünftigen Arbeitswelt werden Sie umgeben sein von Personen, die über Ihre berufliche Laufbahn entscheiden – und diese gilt es für sich einzunehmen und für Ihre Vorhaben zu gewinnen. Zeigen Sie Sensibilität, Gespür, ein Wissen um die wichtige Bedeutung dieser Soft Skills und beweisen Sie Charme! So gewinnen Sie die Herzen, erhalten Sympathie und Vertrauensvorschuss und damit auch das notwendige Zutrauen Ihrer Entscheider.

Sie haben **ein Bewusstsein dafür, wie wichtig Kundenorientierung ist**. Wenn Sie Ihren Chef so behandeln, wie Sie selbst als Kunde gerne behandelt werden möchten, und Ihnen das im Auswahlverfahren zu vermitteln gelingt, gewinnen Sie!

Zudem können Sie (quasi auf Knopfdruck) **ein bewusst ziel- und erfolgsorientiertes Handeln, das auf die richtigen Prioritäten setzt,** zeigen. Die einzige verlässliche Konstante in der (Arbeits-)Welt ist die Veränderung. Umso mehr kommt es darauf an, sich den Herausforderungen mit der richtigen Strategie zu stellen und sich auf wenige Ziele zu konzentrieren. Die Kosten-Nutzen-Relation muss stimmen, Sie setzen Ihre Ressourcen, Ihre Energie so effektiv, so nutzbringend wie möglich ein. Diese Fähigkeit, ein optimales Ergebnis durch einen klugen und kräftesparenden Einsatz zu erreichen, nennt man Erfolgsintelligenz. Und danach wird im Vorstellungsgespräch gefahndet.

Insbesondere aber geht es darum – und das gilt es immer klar vor Augen zu haben –: Sind Sie vertrauenswürdig, kann man sich auf Sie verlassen …? Wirken Sie sympathisch, kann man sich vorstellen, mit Ihnen zusammenzuarbeiten. Alles ist vergeblich, wenn das Gefühl aufkommt, man könne Ihnen nicht sicher vertrauen. Da spielen Ihre Intelligenz, Ihr Können, Ihre ganze wertvolle Erfahrung keine Rolle mehr. Nichts fürchtet der Mensch so wie den Betrug (nach Tod und Krankheit). Wenn man Sie für sympathisch hält, Sie mag, ist das Vertrauen nicht mehr weit.

Und **vertraut** man Ihnen, dann **t r a u t** man Ihnen den Job, die Herausforderung auch zu (in der Regel!).

Zweitwichtigste Voraussetzung ist ein Bewusstsein für:
Was Erfolgsintelligenz und Problemlösungsfähigkeit ausmacht

Erfolgsintelligenz hat wenig mit objektiv abfragbarem Wissen zu tun – sie setzt sich vielmehr aus menschlichen Fähigkeiten zusammen, die es zu beherzigen und vor allem zu üben gilt.

Im Folgenden stellen wir Ihnen *die wichtigsten zehn Aspekte* »erfolgsintelligenter« Handlungsweise vor. Vieles davon wenden Sie bereits an. In der Bewerbungssituation kommt es darauf an, schnell und präzise zu zeigen oder angemessen zu beschreiben, was und wie Sie etwas machen/machten. Nicht irgendwas, sondern genau d i e s   h i e r zählt ganz besonders:

1. Können Sie zwischen wichtigen und unwichtigen Dingen unterscheiden?
2. Ergreifen Sie die Initiative und setzen Sie Ihre Ideen in Taten um?
3. Schieben Sie Dinge nicht auf die lange Bank und erledigen Sie angefangene Arbeiten?
4. Wie gut können Sie berechtigte Kritik akzeptieren und sich konstruktiv streiten?
5. Verfügen Sie über die Fähigkeit, sich nicht (lange) selbst zu bedauern, und können Sie persönliche Schwierigkeiten schnellstmöglich überwinden?
6. Können Sie Ihre Impulse auch in schwierigen Situationen kontrollieren?
7. Haben Sie die Fähigkeit, sich auf Ihre Ziele konzentrieren zu können, ohne sich zu verzetteln?
8. Bewahren Sie Ihre Unabhängigkeit (bei aller Loyalität gegenüber Ihrem Vorgesetzten)?
9. Haben Sie Angst vor Fehlschlägen?
10. Gelingt es Ihnen, das richtige Maß zwischen Überbelastung und Unterforderung zu finden?

Und natürlich ist auch das von ganz besonderem Interesse:
Ihre ganz konkrete Problemlösungsfähigkeit
... und wie Sie diese (sprachlich und glaubwürdig) im Vorstellungsgespräch präsentieren. Natürlich ist diese Eigenschaft und Qualität ebenfalls von entscheidender Bedeutung für Ihren Erfolg. Für alle Bereiche, die Ihre Arbeit betreffen, sollten Sie Ihr Problemlösungsverhalten reflektieren.

Stellen Sie sich dazu die Fragen:
- Wie gehe ich Probleme an?
- Wie plane ich meine Vorhaben?
- Wie setze ich meine Ideen und Vorhaben in die Tat um?
- Wie und vor allem was lerne/lernte ich daraus für zukünftiges Problemlösen?

Verschiedene Situationen im Leben erfordern unterschiedliches Denken. Nur so können mannigfache Aufgaben bewältigt werden. Manchmal ist analytisch geprägtes Denken von Vorteil, ein anderes Mal ein kreatives Herangehen oder eine praxisorientierte Handlungsweise. Üben Sie sowohl Ihre analytischen als auch kreativen und praktischen Denkfähigkeiten. Versuchen Sie einzuschätzen, in welcher Situation welche Art des Denkens die richtige ist. Erst dadurch sind Sie in der Lage, Anforderungen besser gerecht zu werden.

Last, but not least: Sind Sie vertrauenswürdig ...?
Aber jetzt wiederholen wir uns wirklich ...

Eine Übersicht über die 24 wichtigsten beruflichen Merkmale, egal, wofür Sie sich bewerben, finden Sie im **Onlinecontent**.

ZUSAMMENGEFASST

Was zählt – bevor Sie anfangen, von sich zu erzählen

1. **Je besser Sie sich vorbereiten,** umso gelassener können Sie auf schwierige und heikle Fragen reagieren. Vier Hauptaspekte sind:
   - die eigene Ausgangsposition
   - Infos, Details über die Firma/die Institution
   - der Gesprächsablauf und die zu erwartenden Fragen
   - der organisatorische Teil (Anreise, Kleidung usw.)

2. **Stimmen Sie sich mental ein und recherchieren Sie**
   Zunächst geht es um die Frage, bei *wem*, das heißt bei *welcher Firma*, Sie sich nun persönlich präsentieren. Ferner geht es um Sie: Was haben *Sie* Besonderes anzubieten, weshalb sollte man Sie auswählen?

3. **Was genau bieten Sie an?**
   Was zeichnet Ihre Kompetenz, Ihren Leistungswillen, Ihre Wesensart (KLP) aus? Was bringen Sie an Erfahrung mit, was haben Sie schon geleistet, was versprechen Sie zukünftig zu tun?

4. **Definieren Sie Ihr Kommunikationsziel, finden Sie die richtigen Botschaften!** Erzählen Sie dazu die passenden Geschichten (Argumente), die dies alles glaubhaft unterfüttern (KBA).

5. **Welche Probleme lösen Sie gerne, gut und erfolgreich?**
   Verdeutlichen Sie, auf welche Art von Problemlösungen Sie spezialisiert sind (bzw. sich zukünftig konzentrieren wollen) und was das Besondere ist, worin Sie Ihr Alleinstellungsmerkmal (USP) sehen.

6. **Zeigen Sie sich sympathisch und vertrauenswürdig**
   Bemühen Sie sich, Vertrauen entstehen zu lassen und damit das Zutrauen, dass Sie Probleme im Sinne des Unternehmens erfolgreich lösen können. Das ist schon mehr als nur die halbe Miete!

7. **Fair Play – wie Sie sich gegenüber Ihren Mitmenschen verhalten**
   Beweisen Sie, dass Sie ein Teamplayer sind. Zeigen Sie insgesamt mit Ihrem Auftritt und Benehmen, dass Sie eine Bereicherung für das Unternehmen und insbesondere das Team darstellen.

GESPRÄCHSFÜHRUNG & GESPRÄCHSPSYCHOLOGIE

In Ihrem Vorstellungsgespräch ist es für Sie als Bewerber wichtig, möglichst geschickt und gut überlegt die gestellten Fragen zu beantworten.

> Beruhigend zu wissen: Wie ein Vorstellungsgespräch abläuft, können Sie zwar nicht allein bestimmen, aber doch ganz wesentlich durch Ihre Antworten, Bemerkungen und eigenen Fragen steuern.

Dabei ist für Sie zunächst die Information wichtig, wie viel Zeit für Ihr Vorstellungsgespräch vorgesehen ist. Ob Sie lediglich 20 Minuten oder zwei Stunden haben, macht einen wesentlichen Unterschied.

Da Sie gut vorbereitet sind, können Sie auf die wichtigsten Fragen (siehe Fragenkatalog ab S. 120 ff.) überzeugend und relativ knapp antworten. Bis zu 80 Prozent der Gesamtzeit verbringen Sie mit Zuhören, das heißt, Ihr Gegenüber spricht. Profis schaffen es aber auch nur 10–30 % selbst zu reden und für den Rest sind Sie zuständig!

In jedem Fall: Lassen Sie den Interviewer reden und hören Sie aufmerksam zu. Machen Sie einige verständnisvolle, kurze Zwischenbemerkungen oder nicken Sie bestätigend. Gelingt es Ihnen, Ihrem Gegenüber das Gefühl zu vermitteln, ihn zu verstehen, wird er Ihnen das mit entsprechenden Sympathiepunkten honorieren.

Alle Frage- und Antworttechniken

Generell gilt: Führen Sie das Gespräch defensiv. Sie sind der Bewerber, der Fragen zu beantworten hat. Versuchen Sie nicht, die Rollen umzukehren und immer wieder mit Gegenfragen zu kontern.

> Spricht Ihr Gegenüber gerne und viel, nutzen Sie die Technik der positiven Verstärkung. Diese können Sie sehr gut bei Fernsehjournalisten beobachten, die ihre Interviewpartner durch beständiges, zustimmendes Kopfnicken ermuntern, in ihrem Redefluss fortzufahren – mag der Inhalt auch noch so fragwürdig sein ... Wichtig ist, Ihr Gegenüber soll sich mit Ihnen wohlfühlen.

Es kann aber auch umgekehrt kommen, weil man ja Sie zum Erzählen bringen will. Seien Sie auch darauf gefasst und vorbereitet.

Oftmals besteht die Möglichkeit, Ihnen gestellten Fragen (insbesondere bei den kniffligen Themen) von zwei Ebenen aus zu begegnen. Die eine ist die *berufliche*, die andere ist die *private* Ebene, von der aus Sie antworten können.

Die Standardfrage »Was sind Ihre Stärken?« würden Sie in einer Vorstellungsgesprächssituation intuitiv mit etwas Beruflichem (also von der *beruflichen Ebene* aus) beantworten (z. B.: »Ich bin ehrgeizig«). Sie kämen wohl kaum auf die Idee, mit »Ich bin ein guter Liebhaber ...« zu antworten (was ja wohl die private Ebene wäre).

Anders ist es bei einer Frage wie: »Was sind Ihre Schwächen?« Da ist es viel geschickter, mit einer harmlosen, eher privaten Schwäche anzufangen (beispielsweise: »Ich hebe gerne viele Dinge auf, man weiß ja nicht, wann man so etwas doch mal wieder gebrauchen kann ... Manche sagen, zu viele Dinge ...«), statt gleich zuzugeben, dass die PC-Kenntnisse oder Fremdsprachenkenntnisse zu wünschen übrig lassen ...

Und natürlich werden Sie auf die Frage »Wo tanken Sie auf?« nicht »Bei Shell oder Aral« antworten und auch nichts von Ihren Tagträumen bei langweiligen Besprechungen erzählen (die berufliche Ebene!), sondern die private Ebene ansteuern, indem Sie hier z. B. auf Ihren Sport hinweisen.

Überlegen Sie, bei welchen Fragen Sie bewusst auf eine andere Ebene ausweichen können als die, die man von Ihnen erwartet. Das ist Ihr gutes Recht und so gewinnen Sie Zeit, bleiben keine Antwort schuldig und machen eine gute Figur, ohne sich – in heiklen Bereichen – offenbaren zu müssen.

Unter Rhetorikfachleuten gilt die Frage als Königin der Dialektik. Denn: Gute Fragen zu stellen ist schwieriger, als sie zu beantworten. Mit Fragen kann man ein Gespräch hervorragend lenken. So erfreut sich die offene Frage besonderer Beliebtheit. Sie erlaubt dem Gefragten nicht, einfach mit Ja oder Nein zu antworten (wie die geschlossene Frage), sondern provoziert längere Antwortsätze und eine ausführlichere Darstellung, mit der der Fragende umfangreichere Informationen zu bekommen hofft.

Als Beispiel:

- **Hatten Sie in Ihrem letzten Studienabschnitt (persönliche) Schwierigkeiten?**

Diese (geschlossene) Interviewerfrage: ist heikel (Fragehintergrund: Stressresistenz? Prüfungsangst? Arbeitsstörungen? Hypothese: psychisch instabiler, schwieriger Mensch), lässt den Bewerber aber wahrscheinlich schnell mit Nein antworten.

- **Mit welchen (persönlichen) Schwierigkeiten mussten Sie sich in Ihrem letzten Studienabschnitt auseinandersetzen?**

Diese Frage hat den gleichen Hintergrund, ist aber als offene Frage gestellt. Niemand kann hier mit »Nein« antworten. Diese Frage provoziert Antwortsätze oder ganze Erklärungen und schnell verfängt sich der Bewerber in Rechtfertigungen, Entschuldigungen oder (Selbst-)Anklagen. Der Befragte wird sich möglicherweise hinreißen lassen, mehr zu erzählen, als er ursprünglich wollte. Und das ist in der Regel mehr, als gut für ihn ist.

Wenn diese Fragetechnik professionell angewandt wird, der Befragte Raum und Zeit hat, ausführlich zu berichten, und der Interviewer ihn durch Kopfnicken und zustimmendes »Mmh« oder »Ja, sehr interessant« motiviert, werden in der Regel optimale Informationsgewinne erzielt. Alternativ kann Ihr Interviewer die Frage nach den persönlichen Schwierigkeiten am Studienende auch so formulieren:

- **Wie haben Sie es erfolgreich geschafft, persönliche Schwierigkeiten, die man mit dem Abschluss des Studiums so allgemein hat, gut zu überwinden?**

Wer wüsste nicht als Hochschulabsolvent von solchen Problemen ein Lied zu singen? Trotzdem ahnen Sie bereits, wie heikel diese Frage ist. Die eben beschriebene Fragetechnik stellt einen kritischen Sachverhalt (persönliche Schwierigkeiten) in den Hintergrund und verkauft dessen erfolgreiche Überwindung dem Gefragten als gute Gelegenheit, sich selbst vermeintlich positiv darzustellen.

Auf diese Art von »Verführung« fallen viele Bewerber herein. Der Verschiebung der Aufmerksamkeit auf ein weniger heikles Besprechungsthema – in diesem Fall auch noch positiv verpackt (Probleme überwunden, erfolgreicher Abschluss) – ist nur schwer zu widerstehen. Entscheidend bleibt aber trotz aller frage- und gesprächstechnischen Raffinessen, was Sie von sich und über Ihre Erfahrungen (z. B. auch im Studium) erzählen wollen. Das bedarf einer intensiven Vorbereitung und Reflexion.

Ein weiteres Beispiel:

- **Wo sehen Sie für sich noch weiteres Entwicklungspotenzial?**

Wer wüsste hier nicht einiges aufzuführen! Nicht so bei der Frage:

- **Wo sehen Sie für sich noch größere, ernst zu nehmende Defizite und wann wollen Sie sich diesen stellen?**

Zur Problematik der »heiklen Fragen« finden Sie ausführliche Hinweise in nachfolgenden Kapiteln (ab S. 80 ff., 90 ff., 228, 254 f.)

Achtung! Ausgebuffte Ausfragetechniken

Mithilfe eines gezielten Abfragemodells, abgekürzt **STARS-Methode**, versucht man durch eine systematische Befragung, bestimmten Verhaltens-, Kompetenz- und Persönlichkeitsmerkmalen auf die Spur zu kommen.

- Wie war die **S**ituation bzw. Ausgangslage?
- Was war der **T**ask oder die besondere Herausforderung?
- Wie sah Ihre **A**ktion, Ihre Vorgehensweise (Handlung) aus?
- Was war das **R**esultat/Ergebnis?
- Wie beurteilen **S**ie im Nachhinein die Situation und was würden Sie heute anders machen, was haben Sie daraus gelernt?

Die Auseinandersetzung mit den eigenen Handlungsweisen nach diesem Muster ist für alle Bewerbungskandidaten sinnvoll. Ziel ist es u. a.:

- zukünftige Leistungsträger zu identifizieren und mögliche »Störer und Problemfälle« auszusortieren,
- vorhandene/ausbaufähige Managementkompetenzen zu überprüfen,
- potenzielle Führungskräfte zu entdecken und durch nachfolgende Trainingsmaßnahmen zu fördern.

Es gibt eine Reihe weiterer Fragetypen:

- **Faktenfragen**
- **Erzählfragen**
- **Beurteilungs-/Bewertungsfragen**
- **Handlungsfragen**

Faktenfragen

- Wo haben Sie während Ihres Studiums gearbeitet?
- Wo haben Sie Ihre Praktika gemacht?
- Was sind aktuell Ihre wichtigsten Vorhaben?

Hier sollten Sie kurz und knapp auf den Punkt kommen. Also nicht: »Ach ja, die Firma XYZ. Kennen Sie da den Abteilungsleiter, Herrn Schmidt ... bla, bla, bla.« Ermüden Sie Ihr Gegenüber nicht und verhindern Sie, dass man Sie als Schwätzer einstuft.

Erzählfragen
- Erzählen Sie uns doch einmal etwas von sich. Wir möchten Sie gern näher kennenlernen.
- Wie kam es denn eigentlich nun zu Ihrer Bewerbung bei unserem Unternehmen?
- Was sind Ihre größten Stärken und Schwächen?

Anders als beim ersten Typ geht es bei der Erzählfrage darum, etwas ausführlicher zu werden und nicht nur kurz und knapp ein, zwei Sätze anzubieten. Wenn man meint, genug von Ihnen gehört zu haben, signalisiert man das. Man will abchecken, wie leicht oder schwer es ist, mit Ihnen ins Gespräch zu kommen, kurz, wie es um Ihre kommunikativen Fähigkeiten bestellt ist. Ein paar Minuten sollten Sie schon am Stück erzählen können.

Beurteilungsfragen
- Was glauben Sie, wie wird sich der Benzin-/Energiepreis langfristig entwickeln?
- Welche Maßnahmen sind geeignet, um den weiteren Preisverfall bei... einzudämmen?
- Wie beurteilen Sie die wirtschaftliche Lage unserer Branche?

Mit Bewertungs- und Einschätzungsfragen möchte man herausfinden, wie gut entwickelt Ihr Urteilsvermögen ist, ob Sie ein Gespür für Trends und Entwicklungen haben. Antworten wie »Tja, gute Frage. Muss man mal sehen...« bringen Ihnen keine Pluspunkte. Erläutern Sie, wie Sie die Lage einschätzen und wie Sie zu Ihrer Beurteilung gekommen sind.

Bewertungsfragen
- Wie sehen Sie unsere Marktposition im Vergleich zu Mitbewerbern/zur Konkurrenz?
- Stichwort Umweltschutz – sind Sie für eine Sonderabgabe?
- Was halten Sie von unserem neuen Produkt?

Es ist wichtig, dass Sie klar und deutlich Ihre Meinung kundtun. Seien Sie mutig und stehen Sie zu Ihrem vorgetragenen Standpunkt. Aber denken Sie daran, dass es sich wirklich nur um eine Meinung handelt. Geben Sie keine Statements ab, die den Eindruck vermitteln, nur Sie hätten den Durchblick. Bringen Sie zum Ausdruck, eine eigene Ansicht zu haben, aber nicht rechthaberisch zu sein und auch andere Haltungen als die Ihre zu dulden.

Handlungsfragen
- Wie würden Sie die Marketingkampagne für einen neuen ... (z. B. Joghurt) planen?
- Was kann man tun, um die interne Kommunikation innerhalb eines Unternehmens zu verbessern?
- Was müsste unternommen werden, um unsere Kunden noch fester an uns zu binden?

Fragen dieser Art sind typisch, um zu testen, wie Ihre analytischen und konzeptionellen Fähigkeiten sind. Denken Sie beim Antworten daran, nicht alles im Alleingang zu bewältigen. Delegationsbereitschaft und -fähigkeit sowie Teamorientierung könnten von Ihnen erwartet werden. Wie gelingt es Ihnen, andere miteinzubeziehen und zu motivieren? Auch daraufhin wird Ihre Antwort abgeklopft. Oft geht es bei derlei Fragen weniger um Inhalte und ihre tatsächliche Umsetzbarkeit, viel interessanter ist es, herauszufinden, was für ein Typ Mensch Sie sind. Sind Sie kooperativ, verträglich und passen Sie gut ins vorhandene Team oder ist zu befürchten, dass Sie eher ein schwieriger Mensch, gar ein »Querulant« und eigenwilliger Kauz sind und womöglich Unruhe ins Unternehmen bringen könnten?

Neben den aufgeführten vier Fragetypen existieren noch weitere, die im Vorstellungsgespräch eingesetzt werden:
- Nach- und Konkretisierungsfragen
- Widerstands- bzw. Kontrapunktfragen zum gängigen Stereotyp
- Enthüllungsfragen (zirkuläre, projektive, abstrakte Fragen) und Kettenfragen

Konkretisierungsfragen

Darunter sind Nachfragen zu verstehen, die es dem Personalentscheider erleichtern sollen, abzuschätzen, ob der Kandidat sich nur oberflächlich vorbereitet hat und eventuell flunkert oder ob das von ihm Gesagte mehr persönliche Substanz enthält und somit der Wahrheit und Arbeitsalltagsrealität entspricht. Ein Beispiel hilft, dies zu verdeutlichen.

Wie Sie bereits wissen, kommt es garantiert zu der Frage:
»Warum bewerben Sie sich heute bei uns?«
So oder ähnlich gefragt, bekommt der Personalauswähler eine Antwort des Bewerbers in Richtung:
»Ich suche den beruflichen Einstieg..., sah Ihre Anzeige..., habe gehört, ... kenne die Produkte/Dienstleistungen Ihres Unternehmens und möchte gerne bei Ihnen die Herausforderung annehmen...«

Meistens wird hierauf wenig eingegangen. Nun folgt eine nächste Frage an den Bewerber, wie etwa:

- Helfen Sie mir bitte, wie muss ich mir Ihre Situation vorstellen?
- Warum suchen Sie..., lesen Sie die Stellenanzeigen?
- Wieso suchen Sie eigentlich jetzt erst den Einstieg?
- Was verstehen Sie unter dem Begriff Einstieg?
- In welcher Situation befinden Sie sich arbeitsmäßig momentan?
- Was konkret kennen Sie von uns, haben Sie über uns gehört?

Die inhaltliche Qualität der Antworten auf solche Nachfragen ist für die Prüfer ein Hinweis, ob es sich um »ehrliche« oder um eher »taktische« (besser: einstudierte) Antworten handelt. Durch sorgfältige Vorbereitung und Flexibilität im Denken begegnen Sie solchen Nachfragen souverän und auch inhaltlich glänzend. Dies gelingt Ihnen umso besser, je mehr Energie Sie in die Vorbereitung und vor allem in das, was Sie als Botschaft vermitteln wollen, investieren.

Widerstands- bzw. Kontrapunktfragen

Eine Frage wie »Wie stehen Sie zur Teamarbeit?« wird zumeist stereotyp mit einer positiven Bewertung beantwortet. Um herauszufinden, wie Sie wirklich darüber denken, muss sich der Interviewer mehr einfallen lassen:

- Wo sehen Sie die Grenzen für Teamarbeit?
- Welche Rahmenbedingungen müssen nach Ihrer Erfahrung vorhanden sein, damit Teamarbeit erfolgreich sein kann?
- Teamarbeit bringt auch immer wieder Probleme mit sich. Wo sehen Sie die Hauptprobleme, die Knackpunkte?
- Kann man wirklich in vielen Fällen von Teamarbeit sprechen oder lügt man sich da nicht oftmals in die eigene Tasche?

Sie merken, dass Sie hier nicht mit einem einfachen Statement davonkommen. Sollten Sie dennoch stereotyp reagieren, wird man Sie bestenfalls für unerfahren in diesem Bereich halten. Hier ist eine differenzierte Beantwortung notwendig und dabei werden Sie – wenn Sie unvorbereitet sind – einiges von sich und Ihrer Wertewelt preisgeben. So sollten Sie nicht von Ihrer negativen Erfahrung im jetzigen Lern- oder Arbeitsteam sprechen.

Kluge Antwortmöglichkeiten sind etwa:

- *Der Koordinierungsaufwand ist bei Teamarbeit nicht unerheblich.*
- *Teams benötigen eine längere Anlaufzeit, um produktiv zu werden.*
- *Es besteht immer die Gefahr, dass Einzelne ein Team dominieren.*
- *Konformitätseffekte können leichter in einer Gruppe auftreten.*
- *Entscheidungsprozesse können länger dauern, verschoben werden.*
- *Ein Einzelner kann sich als Trittbrettfahrer verstecken.*
- *Ein Profilneurotiker kann ein ganzes Team sprengen.*
- *Die Risikobereitschaft kann ungünstig erhöht sein.*

Das Konstruktionsprinzip dieses Fragetyps lautet: Auf welche Frage antwortet der Bewerber stereotyp wie alle Bewerber mit in etwa den gleichen Inhalten und Wertungen? Und wie reagiert er, wenn er genötigt wird, eine konträre Position zu formulieren oder mindestens zu kommentieren?

Hier wird nicht nur die Glaubwürdigkeit der Aussagen überprüft, sondern auch die geistige Flexibilität. Grund genug, sich vorher mit dieser Frageform zu beschäftigen. Entscheidend bleibt: Was wollen Sie von sich vermitteln und wie geschickt positionieren Sie Ihren Standpunkt?

Enthüllungsfragen

Die folgenden drei Fragetypen gehören zu den Enthüllungsfragen, denn durch den gedanklichen Umweg verführen sie unvorbereitete Kandidaten dazu, unreflektiert zu plaudern:

Zirkuläre Fragen

- Was schätzen Ihre Kommilitonen/Kollegen an Ihnen, was Ihr Professor/Vorgesetzter?
- Was würde mir Ihr Professor/Chef über Sie nicht gerne so offen sagen?
- Was könnte ich in einem Arbeitszeugnis, das Ihr Professor/Betreuer/Vorgesetzter schreibt, über Sie lesen?
- Was mögen Ihre Kommilitonen an Ihnen (nicht) so besonders gerne?
- Wie würde Ihr Professor/Vorgesetzter, wie würden Ihre Kollegen etc. Sie beschreiben?
- Was meinen/glauben Sie, würde diese/jene Person über Sie sagen/denken/meinen in Bezug auf …?
- Warum glauben Sie, würde man Sie so und so einschätzen?

Fragen dieser Art können unvorbereitete Kandidaten dazu verführen, unreflektiert zu plaudern. In einer Stresssituation wie im Vorstellungsgespräch kann dieser kleine gedankliche Umweg (Was würde XY über Sie zum Thema ABC sagen?) einen Bewerbungskandidaten weit »öffnen«.

Projektive Fragen

Diese Art ähnelt den eben beschriebenen zirkulären Fragen. Hierbei will man etwas von Ihnen erfahren und fragt Sie vordergründig, was Sie glauben oder zu wissen meinen, wie der/die/das … denkt, handeln würde oder beispielsweise etwas einschätzt.

Statt Sie direkt zu fragen, bietet man Ihnen an, dies stellvertretend über bzw. durch eine dritte Person zu äußern:
- Womit sind Ihre Kommilitonen/Arbeitskollegen zurzeit besonders unzufrieden?
- Welche Prioritäten bei der Arbeit haben Ihre Kollegen/hat der Vorgesetzte?
- Was denken Sie, kritisieren die Kunden an dem Unternehmen/ der Dienstleistung/den Produkten etc. gelegentlich/öfters/am häufigsten?
- Beschreiben Sie bitte die Werthaltung Ihres Professors/ Vorgesetzten.
- Wie stehen Sie dazu?
- Warum denken Sie dies bzw. das (im Kontext zur vorherigen Frage und Ihrer Aussage dazu)?

Auch hier können Ihre Antworten intensiv hinterfragt und Sie um Konkretisierung gebeten werden.

Abstrakte Fragen
- Was ist Ihr Lebenstraum?
- Wovor fürchten Sie sich?
- Welche Ziele verfolgen Sie?
- Was ist Ihr Lebensmotto?
- Was sind Ihre Grundwerte?
- Was bedeutet Erfolg/Arbeit/Qualität etc. für Sie?
- Was können Sie nicht leiden, was treibt Sie zum Wahnsinn etc.?
- Worüber können Sie sich so richtig schön ärgern?

Das Prinzip ist klar. Wer hier erzählt, macht in der Regel bedeutsame Aussagen über sich und seine »(Werte-)Welt«. Kurzum: der perfekte Persönlichkeitstest. Besonders mit der Mischung, erst eine konkrete, dann eine abstrakte Frage zu stellen, kann man Sie leichter aus der Reserve locken.

Kettenfragen
- Was war das bisher größte Problem in Ihrem (Arbeits-)Leben und wie sind Sie damit umgegangen?
- Wer oder was hat Ihnen dabei geholfen, wie lange haben Sie gebraucht, um das Problem zu lösen, und welche Lehren für die Zukunft können Sie daraus ziehen?

Mittels einer zwei- oder dreigliedrigen Frage will man sehen, welchen Teil Sie zuerst beantworten (Rangfolge) und welchen eventuell nicht. Angeblich soll damit die »Mehrgleisigkeit« des Denkens eines Bewerbers überprüft werden können. Gut vorstellbar, dass es in dieser durch Anspannung gekennzeichneten Situation bei Ihnen nur zu Teilantworten kommt. Daher: Bleiben Sie ruhig und widmen Sie sich nacheinander jeder Fragestellung.

> Lassen Sie sich nicht provozieren, fragen Sie zurück, ob Sie eine Frage, die Ihnen merkwürdig vorkommt, richtig verstanden haben, und reagieren Sie mit Gelassenheit. Möglicherweise will man herausbekommen, wie Sie reagieren, wenn man Sie persönlich angreift, kritisiert und/oder hinterfragt.

Und noch etwas sehr Wichtiges: Sprechen Sie nie schlecht über andere Menschen (z. B. frühere oder heutige Vorgesetzte, Ausbilder, Kollegen, Mitarbeiter, Kunden), auch wenn Sie allen Grund dazu hätten. Hier geht es um die Überprüfung Ihrer Loyalität und ein »Plaudern-aus-dem-Nähkästchen« wird kein potenzieller Arbeitgeber honorieren.

Grundsätzlich gilt: Höflichkeit, Freundlichkeit, Blickkontakt, Bemühtheit und Interesse tragen wesentlich dazu bei, die Sympathiegefühle Ihres Gegenübers zu mobilisieren.

Und: Behalten Sie beim Sprechen die Kontrolle über Ihren Körper. Wer mit der Hand vor dem Mund spricht, macht sich nur schwer verständlich und wer sich alle Augenblicke nervös durchs Haar fährt, überzeugt nicht.

ZUSAMMENGEFASST

Das Wichtigste beim Beantworten von Fragen

- Bereiten Sie sich gut vor und hören Sie stets aufmerksam zu.
- Erkennen Sie Fragehintergrund und zugrunde liegende Intention.
- Nehmen Sie sich Zeit zum Überlegen und fragen Sie nach.
- Überlegen Sie, was Sie mit der Beantwortung erreichen wollen.
- Wägen Sie ab: Was spricht für Sie, was eventuell gegen Sie?
- Überlegen Sie: Welche Beweise (Geschichten, Beispiele) können Sie für Ihre Behauptungen bieten?
- Bereiten Sie sich auf mögliche Einwände vor und überlegen Sie, wie Sie diese entkräften können.

Hier ein konkretes Beispiel, wie Sie souverän wirken und Zeit gewinnen:

- Was machen Sie, wenn wir in der Probezeit feststellen, dass wir uns in Ihnen getäuscht haben?

Ihre Taktik: Warten Sie einige Sekunden und vermitteln Sie den Eindruck, dass Sie nachdenken. *»Mmh ... habe ich Sie richtig verstanden? Sie wollen von mir wissen, wie ich für den Fall, dass Sie sich für mich als Ihren Kandidaten entschieden haben, mit dem Problem umgehe, in der Probezeit nicht Ihre Erwartungen getroffen zu haben ... «*

Sie spiegeln die Frage, gewinnen so Zeit, klären gleichzeitig, ob Sie die Frage richtig verstanden haben, und geben Ihrem Gegenüber die Chance, Ergänzungen und Erklärungen dazu loszuwerden. Sehr wahrscheinlich wird jetzt Ihr Interviewer wieder das Wort ergreifen und – je nachdem, ob er Profi ist oder nicht – seine Frage kürzer oder länger wiederholen.
Nicht selten sogar bis hin zu sehr ausführlichen, deutlichen Hinweisen, die Ihnen seine Frageintention verdeutlichen – beispielsweise mit dem Zusatz, ob Sie daran denken würden, zunächst einmal zu promovieren. Nun wissen Sie, worum es geht, und können gezielt darauf eingehen.

Sicherlich hätten Sie auch so reagieren können:
- *Das ist eine interessante Frage ...*
- *Über diese Frage muss ich erst mal nachdenken ...*
- *Zugegeben, mit dieser Frage habe ich mich noch nie beschäftigt ... Ist das jetzt sehr wichtig? Das hängt von ... ab. Usw.*

Sie könnten auch auf eine allgemeinere Ebene ausweichen:
- *In dieser Situation würden wohl viele Menschen so und so reagieren. Was meinen Sie? Würden Sie meine Einschätzung teilen?*
- *Interessant! Ist so etwas bei Ihnen im Unternehmen in der letzten Zeit vorgekommen?*

Wie und was auch immer Sie in dieser Situation antworten würden, die Beispiele sollen Ihnen zeigen, wie man sogar mit schwierigen Fragen in einer Stresssituation souverän umgehen kann.

> **Und noch etwas ist von enormer Bedeutung:** Ein Vorstellungsgespräch funktioniert immer von beiden Seiten: Nicht nur Sie stellen sich vor, sondern auch Ihr potenzieller Arbeitgeber. Wenn Ihnen die Art des Interviews nicht gefällt, Ihr Gegenüber Ihnen unsympathisch ist, die Stimmung zwischen den Beteiligten Ihnen schlecht vorkommt etc., sollten Sie überlegen, ob dies das richtige Unternehmen für Sie ist. Prüfen Sie, ob Sie sich auch wirklich vorstellen können, dort zu arbeiten. Besser, Sie suchen ein wenig länger, als jeden Tag mit negativen Gefühlen zur Arbeit zu gehen.

Richtig argumentieren – ein kleiner Rhetorikkurs

Dieses Buch ersetzt keinen Rhetorikkurs. Es ist aber von Nutzen, Techniken zu kennen, um möglichst geschickt mit auftretenden Fragen oder Einwänden umgehen zu können.

Vorab die Basisstrategie, die im Vorstellungsgespräch bei wechselseitigem Frage-und-Antwort-Spiel zum Erfolg führt:
- Sympathie, Vertrauen und Glaubwürdigkeit herstellen
- Informationsdefizite abbauen
- Übereinstimmungen deutlich werden lassen
- Ihre Person und Ihren Standpunkt erfolgreich vertreten

Auch wenn Sie nicht immer mit unangenehmen Fragen konfrontiert werden – **auf Arbeitgeberseite bestehen stets Bedenken, Vorurteile und Zweifel**, mit denen Sie rechnen müssen. Wie gehen Sie damit um?

Hier bietet die Fünfsatz-Argumentation ein gutes gedankliches Rüstzeug sowie praktische Hilfe und Orientierung. Sie leistet hervorragende Dienste, wenn Sie Ihre Statements situativ und hörerbezogen vortragen.

1. Benennen Sie klar und kurz Ihren Standpunkt:
   »*Ich bin davon überzeugt, der richtige Kandidat zu sein.*«
2. Präsentieren Sie Ihre Argumente:
   »*Meine Qualitäten für diese Position sind...*«
   (Fähigkeiten, Kenntnisse, Erfahrungen)
3. Untermauern Sie dies durch Beispiele und Beweise:
   »*Ich habe mit Erfolg z. B. ... gemacht. Als Nachweis kann ich anführen...*«
4. Begegnen Sie möglichen Einwänden oder kommen Sie ihnen zuvor:
   »*Sie werden jetzt denken ... Ich aber versichere Ihnen...*«
5. Ziehen Sie das Fazit:
   »*Aus diesen Gründen (1...., 2...., 3....) traue ich mir die Aufgabe zu und werde sie bestimmt erfolgreich bewältigen.*«

Berücksichtigen Sie bei dieser Vorgehensweise, dass ...
- Sie Ihre Munition, die Argumente, nicht zu früh »verschießen«,
- bei mehreren Argumenten das beste am Schluss, das zweitbeste am Anfang stehen sollte,
- sich Ihr Gegenüber auf das schwächste Argumentationsglied Ihrer Kette konzentrieren wird.

> **Wie Sie mit Einwänden umgehen**, ist oftmals wichtiger und bringt mehr Sympathiepunkte als der vermeintliche argumentative Sieg. Begreifen Sie also den vorgebrachten Einwand immer auch als Wunsch nach Verständnishilfe und unterstützen Sie das Orientierungsbedürfnis Ihres Gesprächspartners.

Einwänden erfolgreich begegnen

Standardtechniken der Rhetorik, die Sie kennen und anwenden sollten, sind die bedingte Zustimmung, die Umformulierungsmethode, die Verzögerungstechnik und die Vorteil-Nachteil-Methode.

Die bedingte Zustimmung

Sie greifen einen Teilaspekt des vorgebrachten Einwandes heraus, dem Sie aus taktischen Erwägungen (bedingt) zustimmen, um daraufhin Ihren eigenen Standpunkt umso besser zu präsentieren. Im Anschluss daran relativieren Sie den vorgebrachten Einwand insgesamt.

Beispiel: Der Interviewer wendet ein, Sie seien für die verantwortungsvolle Position noch zu jung. »Das ist ein wichtiger Punkt, den Sie da ansprechen. Sie haben recht. Ich bin XY Jahre alt. Sollte man aber die Vergabe dieser wichtigen Aufgabe alleine vom Alter des Bewerbers abhängig machen?« – »Nein, das sicherlich nicht ...«, wird die Antwort lauten ... »Sehen Sie ... ich bin ganz Ihrer Meinung. Es gibt andere, wichtigere Kriterien, die ... Wir sind uns also einig, dass ... viel größere Bedeutung hat.«

Die Umformulierungsmethode
Hierbei wird der Einwand durch eine (tendenziöse) Umformulierung weitestgehend entschärft. »Wenn ich Sie richtig verstanden habe, kommt es Ihnen auf die Erfahrung und – sagen wir mal – Reife an, die für die zu besetzende Position mit ausschlaggebend sein sollten ...« Jetzt können Sie wieder mit Ihren Erfahrungen argumentieren und andere Kriterien in den Vordergrund rücken oder als wichtig herausstreichen.

Die Verzögerungstechnik
Sie signalisieren, den Einwand verstanden zu haben, und bitten darum, zunächst noch dies und das sagen, erklären, zeigen, fragen zu dürfen, was Sie sofort tun und womit Sie die ganze Sache voranbringen. In jedem Fall kommt das Gespräch zu einem anderen Punkt, der den vorherigen Einwand vergessen oder nicht mehr interessant erscheinen lässt. »Eine interessante Frage, kann ich zunächst noch einmal darauf hinweisen, dass ...«

Die Vorteil-Nachteil-Methode
»Ich habe Sie doch richtig verstanden – bitte korrigieren Sie mich, wenn ich da jetzt falsch liege –, Sie meinen also, das Alter sei für diese Position von großer Bedeutung. Da gebe ich Ihnen natürlich recht. Der Vorteil eines jüngeren Kandidaten liegt bei ..., der Nachteil eines älteren bei ... Aus meiner Sicht ist der Vorteil eines älteren Kandidaten ..., der Nachteil eines jüngeren aber nicht so gravierend, sodass ich hier den Standpunkt vertreten möchte: Der Vorteil eines jüngeren Kandidaten überwiegt doch ganz deutlich ... und ist natürlich auch abhängig von anderen Faktoren ...«

Hier wird der gebotene Einwand scheinbar aufgenommen, Vor- und Nachteile abgewogen. Da Sie das selbst formulieren, liegt das Ergebnis in Ihrer Hand und ist damit für Sie gut steuerbar. Dies hilft, Ihre Position auszubauen, und in dem genannten Beispiel führen Sie – nicht völlig uneigennützig – gleich weiter zu anderen argumentativen Positionen.

Vom Umgang mit unangenehmen Fragen

Welche Fragen fürchten Sie im Vorstellungsgespräch? Machen Sie sich eine Liste mit für Sie unangenehmen Fragen (Ihren Angstfragen) und versuchen Sie, wie bei den anderen Themen auch, sich Antworten vorab zu überlegen.

Reagieren Sie beispielsweise im Vorstellungsgespräch sehr zurückhaltend auf die Frage:

- Was spricht gegen Sie als Kandidat für diese Aufgabe?

Denken Sie daran, wie Politiker es meisterhaft verstehen, auf unangenehme Fragen zu antworten. Heben Sie an dieser Stelle – bei der Frage, was gegen Sie als Bewerber spricht – eher noch einmal hervor, was für Sie spricht, und bieten Sie nach wohlkalkuliertem Zögern einen oder maximal zwei Punkte an, die aber nicht wirklich gegen Sie sprechen.

Häufige Standardeinwände gegen Bewerber sind:
- bereits zu alt, noch zu jung
- zu wenig erfahren, schon viel zu teuer
- über- oder unterqualifiziert
- zu lange und/oder an der falschen Uni studiert
- keine Auslandserfahrung/Fremdsprachenkenntnisse
- falsches Geschlecht (wird nicht direkt angesprochen!)
- gesundheitlich labil (wird eher gedacht als ausgesprochen)
- zu kritisch
- zu schüchtern
- falsche (auch ehemalige) politische Überzeugung und/oder Parteizugehörigkeit

usw.

Mal das eine und dann wieder das genaue Gegenteil – für Sie also nur bedingt kalkulierbar.

Mit zu den unangenehmen Punkten gehören auch Fragen wie:
- Was würden Sie machen, wenn ...?

Dann folgen Katastrophenszenarien, fast unlösbare Aufgaben und Situationsbeschreibungen, die Sie aus dem Stegreif lösen oder wenigstens bearbeiten sollen. Was immer Ihr Gegenüber gegen Sie einwendet (wenn überhaupt offen): Es kommt darauf an, wie Sie damit umgehen! Manche Interviewer leiten einen solchen Provokationstest so ein:
- Was würden Sie sagen, wenn wir Ihnen den Arbeitsplatz nicht anbieten, weil ...

Hier empfiehlt sich die folgende Strategie: »Darauf würde ich Ihnen antworten, dass ich Ihr Argument einerseits verstehe, andererseits aber doch anführen möchte, dass ...« Im Grunde geht es bei dieser Fragetechnik darum zu sehen, ob und wie Sie Gelassenheit bewahren und in der Lage sind, mit solchen Bemerkungen sachlich-professionell umzugehen.

TIPP:
Wirkliche Einwände gegen Ihre Person wird man nie direkt mit Ihnen diskutieren.

Offenheit kann sehr entwaffnend und sympathisch wirken. So können Sie sich ruhig dazu entschließen, den Vorwurf, Sie hätten zu lange studiert, einfach zu akzeptieren und nicht krampfhaft zu versuchen, sich herauszureden. Im Folgenden stellen wir Ihnen Antwortbeispiele für harmlos klingende Fragen vor, die es genauso in sich haben wie die bereits bekannten Fragestellungen:
- **ALT:** Was sind Ihre aktuellen (größten) Schwächen?
- **NEU:** Wo sehen Sie für sich noch (maximales) Entwicklungspotenzial?

Vorsicht, Falle! Mit dem positiv klingenden Wort »Entwicklungspotenzial« will man nur eins: Ihre Schattenseiten aufspüren. Bieten Sie zwei Beispiele an: zunächst ein privates, dann, wenn Sie weiter aufgefordert werden, ein harmloses aus dem beruflichen Bereich. Beispielsweise können Sie leider Brahms von Mozart nicht unterscheiden und sind auch kein ausgesprochener Metadaten-Computerfreak – können aber alle Programme bedienen, die Sie für Ihren Job brauchen. So räumen Sie etwas ein, relativieren es aber sofort wieder.

- ALT: Was bieten Sie uns? Warum sollten wir uns für Sie entscheiden?
- NEU: Wovon wollen Sie mich / uns eigentlich überzeugen?

Gehen Sie freundlich, aber bestimmt in die Offensive und antworten Sie, dass Sie hier sind, um Ihr Gegenüber von Ihren Fähigkeiten zu überzeugen. Dann zählen Sie diese der Reihe nach auf.

- ALT: Welche Probleme hatten Sie während des Studiums / am Praktikumsplatz bei XYZ?
- NEU: Was würde mir Ihr Professor/Betreuer/Vorgesetzter über Sie sagen, wenn ich ihn jetzt anriefe?

Geben Sie keine Unstimmigkeiten mit Ihrem Professor/Ex-Betreuer/Vorgesetzten etc. oder den Kommilitonen/Kollegen zu. Zeigen Sie, dass Sie nicht auf den Mund gefallen sind und sich in andere Menschen hineinversetzen können, ohne sich zu schaden. Fangen Sie etwa so an: Ich weiß es zwar nicht genau, aber er würde wahrscheinlich sagen... Und dann zählen Sie noch einmal Ihre Vorzüge auf...

- ALT: Warum haben Sie kein besseres Praktikums-/Abschlusszeugnis bekommen?
- NEU: Was steht aus Höflichkeits- und Kulanzgründen nicht in diesem Praktikums-/Abschlusszeugnis?

Weisen Sie den unterschwelligen Vorwurf zurück; geben Sie keine Schwächen zu, sondern ergänzen Sie Ihr Zeugnis. Z.B.: Eigentlich hätte noch der Erfolg dieses oder jenes Projekts erwähnt werden müssen.

Vor allem aber: Bleiben Sie trotz dieser Fragen stets freundlich und gelassen.

Provokationen und Stress im Interview angemessen begegnen

Nur noch relativ selten werden Bewerbungsgespräche als sogenannte Stressinterviews angelegt. Man konfrontiert Sie mit unangenehmen und unerwarteten Fragen, um Sie zu verunsichern und Ihr Selbstbewusstsein zu erschüttern, und beobachtet Sie und Ihre Nervenstärke. So kann es passieren, dass Sie mit schweren Beschuldigungen, Sarkasmen, Zynismen, ironischen Bemerkungen konfrontiert werden, die oft keinen oder einen nur geringen Bezug zum potenziellen Arbeitsplatz haben. Zwischendurch mal ein kleines Kompliment damit Sie bei der Stange bleiben und das böse Spiel weiter durchhalten.

Nach einer Aufwärmphase – sie dient der Entspannung und der Bereitschaft, sich dem interviewenden Gesprächspartner zu öffnen – wird beim Stressinterview gezielt versucht, Sie unter Druck zu setzen. Behauptet Ihr Gegenüber etwa mitten im Gespräch, Ihre gesamten Angaben und Aussagen seien »geschönt« und man solle jetzt mal »Klartext miteinander reden« – dann ist dies möglicherweise der Gong zur ersten Runde.

> **Wie reagieren Sie darauf?** *Vor allem: nicht zu heftig, auch wenn es schwerfallen sollte. Bleiben Sie sachlich, gelassen und warten Sie ab.* Versuchen Sie, alle Fragen so knapp wie möglich zu beantworten. Und stehen Sie auch unangenehme Schweigepausen durch – schweigen Sie einfach mit. Beispiel:
>
> *Interviewer:* »Finden Sie nicht auch, dass Sie für diese Position viel zu unerfahren sind, ohne ausreichende Kompetenz?«
>
> **Antwort:** »Nein, da bin ich anderer Meinung.« (Nun abwarten. Nur nicht aus Verunsicherung oder Verzweiflung anfangen zu argumentieren.)
>
> *Interviewer:* »Ich habe den deutlichen Eindruck gewonnen, dass die Professoren an Ihrer Hochschule recht froh darüber waren, als Sie endlich Ihren Abschluss gemacht haben.«

> **Mögliche Antwort:** »Das ist Ihr subjektiver Eindruck. Ich weiß nicht, wie Sie dazu kommen. Ich sehe das anders.« (Und STOPP – nicht weitererzählen, dass es schon mit dem einen oder anderen eine gewisse Unstimmigkeit gegeben hat ...)
>
> *Interviewer:* »Sie haben sich doch jahrelang in Ihrem Studium vor der Lösung konkreter Probleme gedrückt. Wie glauben Sie denn jetzt, bei uns mit den hier auf Sie wartenden praktischen Aufgaben und den damit verbundenen Schwierigkeiten klarzukommen?«
>
> **Mögliche Antwort:** »Ich teile nicht Ihre Einschätzung bezogen auf meine Erfahrungen im Umgang mit konkreten Problemen. Und was den Arbeitsplatz angeht: Ich traue es mir sehr wohl zu, die dort anstehenden Probleme lösen zu können.«
>
> *Interviewer:* »Sie machen den Eindruck, recht unbeherrscht und impulsiv zu sein. Das macht Ihnen sicher häufig Schwierigkeiten?«
>
> **Mögliche Antwort:** »Ich weiß nicht, wie Sie darauf kommen. Damit habe ich in der Regel keine Schwierigkeiten.«
>
> *Interviewer:* »Na, sehen Sie, Sie sagen es selbst: in der Regel. Es gibt also doch Ausnahmen.«
>
> **Mögliche Antwort:** »Eigentlich nicht. Aber wie Sie selbst sagen: Ausnahmen bestätigen die Regel. Im Allgemeinen ist das jedenfalls so. Und bei mir auch.«

Diese Kostprobe soll Ihnen die Tendenz der Antwortmöglichkeit aufzeigen. Ein geschulter Stressinterviewer wird Ihnen kaum die Möglichkeit lassen, ungeschoren herauszukommen. Wenn Sie sich also darüber im Klaren sind, dass diese Fragen nur Ihrer Provokation dienen und Sie gezielt verletzen sollen, können Sie entsprechend gelassen und angemessen defensiv reagieren. Sollten Sie das allerdings zu sehr übertreiben, also zu cool bleiben, wird es gegebenenfalls noch stärkere Provokationen geben. Möglicherweise erreicht das Gespräch einen Punkt, an dem Sie sich Frechheiten oder Unterstellungen von Ihrem Gegenüber in angemessen deutlicher – und dennoch höflicher – Form verbitten sollten. So zeigen Sie, dass Sie in der Lage sind, sich abzugrenzen. Das war dann auch eines der Ziele, die man prüfen wollte.

Neben dem gezielten Versuch, jemanden durch provokative und beleidigende Fragen aus der Reserve zu locken, lassen manche Interviewer den Bewerber durch Passivität auflaufen. Lange Schweigepausen oder eine abwartende, desinteressierte Haltung sollen ...

a) Sie in Zugzwang bringen, viel zu reden und damit möglichst viel von sich preiszugeben;

b) Ihr Verhalten – auch in puncto Körpersprache – in einer Schweigesituation testen und so Ihre Stressresistenz prüfen.

Halten Sie also durch und bleiben Sie gelassen. Auch Fragen wie ...

- Was sind Ihre größten Schwächen?
- Falls Sie überhaupt Freunde haben, wie kommen die eigentlich mit Ihnen klar?

... sollten Sie mit Gleichmut ertragen. Fängt man an, Ihnen Dummheit zu unterstellen, etwa nach dem Motto ...

- Sie bewerben sich hier um eine Position – ist die nicht wirklich drei Nummern zu groß für Sie?

... dürfen Sie ruhig darauf hinweisen, dass man sich mit Ihnen wohl nicht so viel Mühe geben würde, wenn man von vornherein davon überzeugt gewesen wäre, Sie passten nicht in diese Position.

Noch ein Provokationsbeispiel: *»Eigentlich sitzen mir hier sonst nur Leute gegenüber, die exzellente Leistungen aufzuweisen haben. Sie bringen in dieser Hinsicht nicht viel. Sicherlich haben Sie andere Qualitäten, sonst hätten Sie sich ja nicht bei uns beworben? Nun, die Zeit ist knapp, am besten Sie berichten mir jetzt etwas über sich. Ich werde Sie nicht unterbrechen.«*

Sogar auf solch eine breite und offene Frage kann man sich vorbereiten. Sie sollten immer in der Lage sein, fünf bis zehn Minuten das Gespräch allein zu bestreiten und dabei nicht zu langweilen. Erwarten Sie jedoch kein interessiertes oder gar begeistertes Gesicht von Ihrem Gegenüber. Der wird sich alle Mühe geben, gelangweilt auszusehen.

Ganz wichtig: *Wer kauft, darf, ja, sollte sogar vorher prüfen dürfen.* Natürlich soll das kein Freifahrtschein für alle Formen von Provokationen bis hin zu Geschmacklosigkeiten oder gar Gemeinheiten sein. Aber ein gewisses Verständnis, dass Ihr Gegenüber Sie auch mal testhalber etwas härter, kritischer hinterfragt, sollten Sie entwickeln und im Vorfeld auszuhalten üben. Sie wissen, dass es nicht wirklich darum geht, Sie »fertigzumachen«, selbst wenn es sich schon sehr schmerzlich danach anfühlt.

Übersicht: unangenehme Fragen
- Warum sollten wir Ihnen diese Position gerade nicht anbieten?
- Was spricht gegen Sie als Kandidaten?
- Welches sind Ihre Schwächen, Nachteile und Defizite?
- Was haben Sie in Ihrem Berufsleben trotz aller guten Vorsätze (noch) nicht erreicht?
- Was war Ihr größter beruflicher Misserfolg / Ihre größte Enttäuschung?
- Was haben Sie daraus gelernt und welche Konsequenzen haben Sie gezogen?
- Wovor fürchten Sie sich? / Was kann Sie richtig ärgerlich machen?
- Was mögen Sie nicht oder schätzen Sie an anderen (an der Arbeit, an Kollegen, Mitarbeitern, Vorgesetzten, sich selbst) nicht?
- Stellen Sie uns aus Ihrer beruflichen Laufbahn bitte Negativ-Vorbilder vor und erklären Sie uns Ihre Wahl.
- Wenn Sie noch mal ganz von vorn beginnen könnten – was würden Sie in Ihrem (Berufs-)Leben anders machen?
- Was wollen Sie wann und wie in Ihrem Leben erreicht haben?
- Haben Sie ein Lebensmotto?
- Wie und was denken Sie über den Sinn des Lebens?
- Wie definieren Sie für sich Leistung / Verantwortung / Schwäche?
- Wie sollte Ihr Stellvertreter sein? Worin sollte er Sie ergänzen? Was sollte er vorweisen, was Sie nicht haben?
- Was machen Sie, wenn wir Sie nicht nehmen?
- Was würden Sie tun, wenn Sie nicht zu arbeiten bräuchten?

ZUSAMMENGEFASST

Wie Sie auf schwierige Fragen und Situationen im Vorstellungsgespräch angemessen reagieren

1. **Unangenehme Fragen – nicht wirklich, wenn Sie gut vorbereitet sind**
   Was sind Ihre Schwächen, womit sind Sie bei sich selbst unzufrieden, was würde Ihr Vorgesetzter mir Kritisches über Sie berichten, wie sieht Ihr Entwicklungspotenzial aus ...? Sie wissen selbst am besten, was unangenehm für Sie sein könnte. Versuchen Sie, darauf im Vorfeld gute Antworten zu finden.

2. **Gelassenheit und Unerschrockenheit lassen sich trainieren**
   Wie unangenehm eine Frage ist, wird subjektiv erlebt. Wichtig ist, nicht bei der kleinsten Stressfrage sofort die Ruhe zu verlieren. Schreiben Sie sich vorab alle Fragen auf, die Sie in Bedrängnis bringen könnten, und überlegen Sie sich, was Sie darauf antworten wollen.

3. **Richtig zuhören können**
   Manche Reiz- und Schlüsselwörter blockieren uns. Deshalb gut zuhören und gegebenenfalls auch den Ball wieder zurückspielen. Warum nicht einfach fragen, was dieses Thema für die zu besetzende Stelle bedeutet, wie wichtig die zu lösende Aufgabe ist oder was der Hintergrund für diese Detailfrage ist.

4. **Integrität zeigen**
   Nicht bei heiklen Themen aus der Reserve locken lassen, beispielsweise schlecht über Ihre Kommilitonen, Professoren oder gar den Doktorvater reden. Ihre Integrität ist stets wichtig und sollte gerade beim ersten persönlichen Kontakt mit dem neuen Unternehmen klar erkennbar sein.

5. **Ruhig mal um kurze Bedenkzeit bitten**
   Nichts spricht dagegen, sich eine kurze Bedenkzeit für die Antwort zu erbitten, zeigt sie doch Ihre Ernsthaftigkeit im Umgang mit dem Thema. Etwa so: *»Eine interessante Frage, lassen Sie mich überlegen, habe ich Sie richtig verstanden, Sie wollen wissen ... In welchem Bezug steht Ihre Frage zu meinen möglichen Aufgaben ...?).*
   Ergo Bedenkzeit: kein Problem.

   ⟶

6. **Die richtige Ebene wählen**
Zwei Antwort-Ebenen, beruflich und privat, sind zu unterscheiden; auch die Unterteilung ist möglich, in eine Perspektive, die die Vergangenheit, die Gegenwart oder die Zukunft betrachtet. Wählen Sie in Ihrer Antwort die für Sie am besten passende Ebene aus. Beispiel: »*Was wünschen Sie sich für die Zukunft?*« Beruflich: »*Einen Job in der Chemieindustrie, gerne in Ihrem Unternehmen.*« Privat: »*Eine Familie und ein schönes Häuschen mit großem Garten.*«

7. **Keine deplatzierten Bemerkungen**
Kritische Einwände oder heikle Fragen lassen sich nicht durch deplatzierte Bemerkungen vom Tisch wischen. Bewahren Sie immer Haltung (Contenance). Ausweichmanöver – wie bereits gezeigt – sind erlaubt, aber kränken oder ärgern Sie nie Ihr Gegenüber.

8. **Die Rolle der Interaktion**
Viele Probleme entstehen, weil man sich in Monologe hineinsteigert, was meist noch viel tiefer ins rhetorische Aus führt. Reden Sie deshalb in kritischen Situationen nicht wie ein Wasserfall, sondern achten Sie auf die Reaktionen Ihres Gegenübers. Seine Signale sind wichtige Botschaften, die Ihre Worte beeinflussen sollten.

9. **Im Falle eines wirklichen Stressinterviews**
Weisen Sie nach einer gewissen Zeit (nicht vor etwa 15–20 Minuten) ruhig und gelassen darauf hin, wenn Ihre Grenzen an Toleranz und Geduld überschritten werden. Zeigen Sie, dass Sie sich abgrenzen können, verweigern Sie sich höflich (»*Darüber möchte ich bitte keine Auskunft geben und bitte um Verständnis ...*«) und weisen Sie Intimfragen zurück. Schweigepausen oder -momente ertragen Sie in freundlicher Gelassenheit.

10. **Achtung, aufgepasst! Wichtig!**
Verwechseln Sie nicht zwei, drei unangenehme Fragen mit einem Stressinterview und grenzen Sie dies auch gegenüber solchen Fragen ab, die man unter juristisch unzulässigen Fragen versteht. Wittern Sie auch nicht hinter jeder Frage eine Falle. Es geht darum, Sie kennenzulernen – und wer möchte nicht gerne wissen, mit wem er es zu tun hat?

BEGEGNUNGEN &
ERSTE HOFFNUNGEN

Um als Bewerber mit einem Arbeitsplatzanbieter (Ihren zukünftigen Kunden und Auftraggebern!) ins Gespräch zu kommen, gibt es viele Wege. Zu unterscheiden sind der direkte, unmittelbare Weg (live und in Farbe, hier können die Begegnungsorte fast überall sein, im Büro des potenziellen Arbeitgebers, in der Uni, am Praktikumsplatz, bei der Werksbesichtigung, einem Vortrags-, Workshop- und/oder **Messebesuch**...) und das indirekte, nur akustische **Telefonieren** oder das **Skypen**, also die Videoübertragung (o. Ä.). Nicht zu vergessen ist der Weg via **Internet**, durch schriftliche Beiträge oder Kommentare in Foren.

Effektiver, als auf den Zufall zu warten, ist es immer, selbst aktiv zu werden und sich seine Kontakte dort zu suchen, wo sie erwartungsgemäß sind. Neben dem virtuellen Raum sind das Fachmessen, Veranstaltungen zu den für Sie interessanten Themen, Kongresse oder Weiterbildungsmaßnahmen – überall dort finden Sie Leute, die ähnliche Ziele haben wie Sie oder die in der Lage sind, Ihnen bei Ihrem Weiterkommen behilflich zu sein. Fanden Sie einen Vortrag interessant, bitten Sie den Redner um ein kurzes (fachliches) Gespräch und bitten Sie darum, über Neuigkeiten zu dem Thema informiert zu werden. Viele Experten haben mittlerweile Blogs oder Foren und verschicken Newsletter. Außerdem veranstalten Verbände und Vereine Ihrer Branche häufig Treffen, bei denen sich die Mitglieder persönlich kennenlernen können, bieten aber auch im Netz die Möglichkeit des Austausches (und damit der Vernetzung).

Das A & O – Ihr sympathischer Auftritt ...

...als Beweis Ihres hohen Kontakt- und Kommunikationsvermögens. Eine gute Vorbereitung auf einen solchen virtuellen Kontakt oder sogar ein erstes reales Zusammentreffen ist hier von entscheidender Bedeutung. Es geht quasi um den ersten Eindruck, den Sie erzeugen. Überlegen Sie einfach, was Sie sich fragen würden, wenn Sie sich kennenlernen und mehr über sich und über das erfahren wollten, was Sie tun. Ein Rollenwechsel, der sehr hilfreich für Ihre Vorbereitung und Einstimmung ist!

Es macht immer einen besseren Eindruck, wenn Sie selbst um keine Antwort verlegen sind. Geben Sie erst einmal nicht zu viel von sich preis, »füttern« Sie Ihr Gegenüber sozusagen nur »an«. Denn sobald Sie Gefahr laufen, den Gesprächspartner totzureden, zu viel auf einmal »loswerden« wollen, Ihrem Gegenüber »das Ohr abkauen«, haben Sie sich selbst Chancen verdorben. Das kann bei einer Kurzbegegnung am Messestand schnell passieren.

Achten Sie darauf, ob Ihr potenzieller Kontakt wirklich interessiert ist oder nur aus Höflichkeit Ihren Ausführungen lauscht, Ihre Beiträge liest (was an einem Messestand schon eher die Ausnahme ist!), in Wahrheit aber nach der nächsten Fluchtmöglichkeit fahndet. Müssen Sie schon etwas länger auf Antwort warten bzw. reagiert Ihr Gegenüber nur sehr »einsilbig«, fragen Sie lieber nach der Visitenkarte, um sich nach der Messe bei ihm/ihr zu melden.

Kombinieren Sie aus dem, was Sie von Ihrem Gesprächspartner wissen, wie er Ihnen helfen könnte, und stellen Sie ihm diesbezügliche 1–3 Fragen. Je mehr Ihre Fragen darauf schließen lassen, dass Sie sich in Ihrem und seinem Metier auskennen, desto höher ist die Bereitschaft Ihres Gesprächspartners, sich wirklich mit Ihnen auseinanderzusetzen. Vielleicht nicht gleich hier am Messestand, aber danach. Und darauf kommt es an! Zusätzlich zu Ihrer fachlichen sollten Sie aber Ihre soziale Kompetenz ausspielen. Charmantes, nicht klebriges oder gar langweiliges Auftreten ...

Die genannten Voraussetzungen, ein guter Netzwerker zu sein, braucht es auch, um überhaupt erst in Kontakt zu kommen. Ein Sympathieträger wird es diesbezüglich immer leichter haben als ein Misanthrop, der seine gesellschaftliche Antipathie deutlich zur Schau stellt.

Im Alltag vermitteln Sie Sympathie bereits über ein gepflegtes Äußeres, eine aufrechte, dem Partner offen zugewandte Körperhaltung, ein gewinnendes Lächeln und große Aufmerksamkeit, die Sie Ihrem Gegenüber entgegenbringen. Dabei sind natürlich Ihr Fingerspitzengefühl und Ihre Selbsteinschätzung gefragt. Permanente Lobhudelei, ein Dauerlächeln oder übertriebene Selbstdarstellung sind für den sensiblen Vorgang einer Kontaktanbahnung der pure Tod. Deswegen ist eine anfängliche Zurückhaltung immer zu empfehlen. Sympathie überträgt sich auch durch Gemeinsamkeiten wie Hobbys, gemeinsame Herkunft, gemeinsame Bekannte etc. Man merkt relativ schnell, ob die »Chemie stimmt«. Da spricht dann auch nichts dagegen, ein bisschen Small Talk zu machen, einen lockeren Plauderton anzuschlagen. Achten Sie jedoch immer auf die Signale des Gegenübers, sollte er das Gespräch beenden wollen. Sie erlösen ihn aus seiner misslichen Lage, wenn Sie ihm von sich aus anbieten, das Gespräch vielleicht zu einem anderen Zeitpunkt fortsetzen zu wollen. Einem Austausch von Visitenkarten steht dann nichts mehr im Wege.

Im Netz ist die einzige Möglichkeit herauszufinden, wie der andere »tickt«, indem Sie auf das Foto (sofern vorhanden) und die Art seiner Kontaktaufnahme achten. Bei XING ist die schriftliche Begründung eines Kontaktwunsches Pflicht. Ist das Anliegen höflich und dezent formuliert oder gleicht es eher einer »Ruf mich an!«-Anzeige aus den einschlägigen Anzeigenabteilungen der Boulevardblätter? Auch ein Blick auf die Postings des anderen lohnt sich immer. Ausdrucksweise sowie Verhalten auch anderen Mitgliedern des Netzwerks gegenüber sind gute erste Indizien. Sollten Sie auf diese Weise geschlossene berufliche Kontakte vertiefen wollen, ist es unbedingt zu empfehlen, einen persönlichen Kontakt zu der betreffenden Person herzustellen.

Ihre Chancen auf Jobmessen und Recruiting-Events

Insbesondere Unternehmen wünschen sich einen frühen ersten Kontakt mit vielversprechenden, potenziellen Bewerbern und präsentieren sich auf Job-, Kontakt- und Einstiegsmessen, um Berufseinsteiger schon sehr früh auf sich aufmerksam zu machen.

Gern gesehen, gern gesprochen, aber auch gern wieder verabschiedet
Klar, so eine Messe ist anstrengend und nicht selten stößt man dann auch mal auf nicht mehr ganz so frisch und motiviert wirkende Gesprächspartner. Aber wer sich als Bewerber ordentlich vorbereitet und etwas anzubieten weiß, kann hier interessante erste Kontakte knüpfen. Bisweilen sogar mit festem Termin, denn auch das ist möglich, erfordert aber im Vorfeld die schriftliche Kontaktaufnahme.

Ganz kluge und gut organisierte Unternehmen, beispielsweise in der Hochtechnik oder internationalen Unternehmensberatung zu Hause, haben längst einen gut funktionierenden Draht direkt zur Uni oder Fachhochschule, zu interessanten und interessierten Profs, die ihnen aussichtsreiche Studenten zuführen. Da gibt es Einladungen zu Vorträgen und Workshops, Angebote, eine Haus- oder Semester- oder sogar Abschlussarbeit über ein spezielles Thema zu schreiben, und so lernt man sich kennen und erprobt schon mal die Zusammenarbeit. Nicht verkehrt, und wer da angesprochen wird und mitmachen darf, dem öffnen sich beizeiten bereits wichtige Entwicklungswege und Karrierechancen.

Entscheidend bleibt: Wie bekunden Sie Ihr Interesse, mit welchen Fragen haben Sie zu rechnen und wie bereiten Sie sich vor? Fangen wir genau damit an, hier zuletzt steht es am Anfang: die Vorbereitung. Was ist Ihr Ziel (Kommunikationsziel), welche Botschaften wollen Sie rüberbringen und wie können Sie diese inhaltlich unterfüttern durch Beispiele, Berichte, Anekdoten, die helfen, Ihr Gegenüber für sich aufzuschließen (Themen, die wir bereits behandelt haben, s. S. 25, 28, 58)?

Erfolgreicher Erstkontakt am Messestand

Vorausgesetzt, Sie haben sich inhaltlich und äußerlich vorbereitet (man nimmt Sie in Augenschein und Sie wollen auch optisch einen guten Eindruck hinterlassen!) und besuchen jetzt den Ort, wo Sie mit interessanten Unternehmensvertretern hoffen ins Gespräch zu kommen. Entscheidend bleibt Ihre Initiative, Ihr Kontakt- und Kommunikationsgeschick, auf jemanden zuzugehen und ins Gespräch zu kommen. Das wäre am Ende des letzten Messetages unglücklich und auch ein früher Versuch, noch vor 10 Uhr vormittags, könnte sich als ungünstig herausstellen. Es kommt also auf den richtigen Moment an und wenn Sie das Standpersonal (um mal bei der Messe zu bleiben) ein wenig beobachten und sich die Exponate (was immer das ist) interessiert anschauen, kann sich das vielleicht doch günstig auf den Erstkontakt, den Beginn Ihres Gespräches auswirken.

Was nicht bedeuten soll: Sie legen sofort los, fallen mit der Tür ins Haus, erklären, dass Sie sofort für eine interessante und gut bezahlte Aufgabe zur Verfügung stehen ... bis auf gelegentlich freitags, weil Sie einem Hobby nachgehen ... Sie rechnen sich jedoch beste Karrierechancen aus ...

Alles klar, verstanden! So geht es nicht! Aber wie denn?
Kurz und knapp: Sie finden einen Anknüpfungspunkt, um dann zu erklären:

- *Ich bin ... und habe ... (max. 30–45 Sek., bitte üben und prüfen!)*
- *Mich interessiert ... aus diesem/jenem Grund ... (max. 30 Sek.)*
- *Ich kann mir gut vorstellen ... (max. 15 Sek.)*

Spätestens jetzt (wenn nicht schon früher) wird auch Ihr Gegenüber mit Fragen und Anmerkungen einsteigen und Sie haben ein kleines Gespräch, an dessen Ende Sie eine Visiten-/Profilkarte oder eine Kurzbewerbung (es kann auch ein Flyer sein) überreichen und hoffentlich auch etwas von Ihrem Gegenüber entgegennehmen, um dann nach diesem ersten Kurztreffen und Gesprächsstart weitere Unterlagen zu schicken bzw. wenigstens zu telefonieren.

Überzeugende Telefon- und Skype-Interviews

Was für eine merkwürdige Mischung aus Freude und Verunsicherung. Nach dem Versand Ihrer Bewerbungsunterlagen meldet sich doch tatsächlich das Unternehmen, bei dem Sie sich beworben haben, per Mail und signalisiert: Man möchte zunächst einmal mit Ihnen telefonieren oder sogar gleich skypen. Noch vor einem in Aussicht gestellten Vorstellungsgespräch ein erstes telefonisches oder Skype-Gespräch.

Erstaunen?! Für Sie ist dieses Vorauswahlverfahren neu und eine Überraschung. Was wird man da wissen wollen? Wie kann man sich am besten vorbereiten? Und darf man dabei auch eigene Fragen stellen? Fragen, die sich wohl jeder in so einer Situation stellen würde.

Ihre Unsicherheit ist verständlich. Aber auch diese Bewerbungshürde kann mit der richtigen Vorbereitung erfolgreich genommen werden. Doch zunächst einmal: Warum werden Vorab-Telefon-/Skype-Interviews überhaupt geführt?

Aus Sicht des Unternehmens spricht eine Reihe von Gründen dafür; beispielsweise der Kostenfaktor. Gerade wenn zwischen dem Wohnort des Bewerbers und dem Firmensitz eine größere Entfernung liegt, kann so ein Vorab-Telefonat helfen, Zeit und Geld zu sparen. Als Test vor einer aufwendigen Vorstellungsgesprächs-Einladung lässt sich so klären, wer von den interessanteren Bewerbern in die engere Auswahl gehört. Um das Risiko einer falschen Auswahl zu verringern, können auf telefonischem Wege oder per Skype beispielsweise Lebenslaufdetails hinterfragt werden. Nebenbei lassen sich Soft Skills wie z. B. Kontakt- und Kommunikationsfähigkeit direkt im Gespräch erleben und fachliche Kompetenzen lassen sich relativ schnell überprüfen. Nicht zu vergessen die angegebenen Fremdsprachenkenntnisse. Kann der Bewerber tatsächlich verhandlungssicheres Englisch? Ein paar Telefon-/Skype-Minuten später weiß man's besser. Nicht selten wird ein Drittel bis die Hälfte des Telefonats in Englisch oder einer anderen von Ihnen angegebenen Sprache geführt.

Mit Telefon-/Skype-Interviews lassen sich Bewerber für ein späteres persönliches Gespräch fundierter vorauswählen. So hofft man jedenfalls auf Unternehmensseite, weshalb dieses Verfahren immer häufiger (etwa bei jedem 2. Bewerber) bei der Vorauswahl eingesetzt wird. Was auch Vorteile und Chancen für Sie bietet. **Hier kann man sich gekonnt verbal präsentieren, den roten Faden im Lebenslauf noch verständlicher vermitteln und natürlich viel unmittelbarer für sich selbst werben.**

Vorbereitung vorab

Konzentrieren wir uns erst einmal auf das Telefon-Interview, am Ende kommen wir zum Skypen. Zunächst lassen sich unangekündigte von fest vereinbarten Telefonaten unterscheiden. Wichtig in beiden Fällen: Melden Sie sich in der Bewerbungsphase am Telefon immer freundlich-neutral mit vollem Vor- und Nachnamen. Keinesfalls mit Ihrem Kose- oder Spitznamen, nicht genervt und möglichst ohne Hintergrundgeräusche. Vermeiden Sie vermeintlich witzige Sprüche auf Ihrer Mailbox. Momentan ist Ihre Priorität, einen Job zu erobern. Da gilt es, sich seriös zu präsentieren.

Wird man von einem unangekündigten Anruf überrascht, hat man durchaus das Recht, sich eine kleine Besinnungsphase zu erbitten: »*Ich verabschiede gerade wichtigen Besuch. Können wir in fünf Minuten telefonieren?*« oder »*Ich habe gerade Handwerker in der Wohnung. Wäre auch ein späteres Gespräch möglich? Darf ich Sie gleich/in zehn Minuten zurückrufen? Wie lautet Ihre Durchwahl?*«

In der nun gewonnenen Zeit sollten Sie Ihre Bewerbung und das Anschreiben durchgehen, sich das Firmen- und Stellenprofil in Erinnerung rufen und überlegen, warum Ihr Profil optimal auf die Stelle passt.

Ist das Telefoninterview zu einem festen Termin vereinbart, bieten sich vielfältige Vorbereitungsmöglichkeiten. Ähnlich wie beim Vorstellungsgespräch empfehlen wir eine Recherche zu relevanten Firmeninformationen, z. B. aktuellen Unternehmensprojekten, Markenstrategien, Zukunftsvisionen, und ein paar eigene Übungen zur Darstellung Ihres beruflichen Profils (im nächsten Abschnitt mehr dazu). Zusätzlich sollten alle wichtigen Bewerbungsunterlagen griffbereit liegen, ebenso wie Stift und Papier.

Das passende Umfeld beim Telefontermin spielt ebenfalls eine wichtige unterstützende Rolle. Organisieren Sie eine möglichst ruhige Umgebung, wenn notwendig sogar eine Kinderbetreuung. Reservieren Sie ausreichend Zeit für diese besondere telefonische Prüfungssituation. Sie benötigen bereits vorab etwas Ruhe zur inneren Sammlung, dann Ruhe während des Telefonats für die nötige Konzentration auf die ausgetauschten Informationen und nach dem Gespräch nochmals Zeit für Notizen zu wichtigen Inhalten sowie etwas Manöverkritik und Reflexion.

Ihre Kleidung sollte trotz des fehlenden visuellen Kanals nicht zu leger sein. Wer im Schlafanzug oder Bademantel ein Telefoninterview führt, überträgt diese Lässigkeit wahrscheinlich auf das Gespräch, was problematisch werden könnte. Wichtig ist auch der Aspekt Ihrer Körperhaltung während des Telefonats. Versuchen Sie, aufrecht zu sitzen, so als ob Ihr Gesprächspartner tatsächlich vor Ort wäre. Wenn Sie nämlich zu locker im Sessel hängen, wird dies Ihre Antworten eher negativ beeinflussen.

Ihre Botschaften

Wichtig ist, dass Sie hinsichtlich Ihrer Botschaften fit und sicher sind und Ihr Profil passend zur Stellenausschreibung überzeugend darstellen können. **Orientieren Sie sich an den drei wichtigsten Auswahlfaktoren: Kompetenz, Leistungsmotivation und Persönlichkeit (KLP).**

Im Telefonat sollte Ihre Kompetenz, beispielsweise durch Ausbildungen oder erfolgreiche Berufspraxis (auch Praktika gehören dazu), deutlich werden. Des Weiteren gilt es, die eigene Leistungsmotivation glaubhaft darzustellen. Diese zeigt sich z. B. in Weiterbildungen oder einer gewissen Zielstrebigkeit bei der beruflichen Entwicklung.

Ihre Persönlichkeit ist besonders wichtig. Agieren Sie freundlich, sympathisch und mit einer positiv-optimistischen Ausstrahlung. Versuchen

Sie, gut zuzuhören und in Ihren Antworten weder zu stürmisch noch zu schüchtern »rüberzukommen«. Beachten Sie das VGZ-Prinzip (s. S. 32).

- **V** steht für Vergangenheit: Welche Informationen sind aus Ihrer beruflichen Vergangenheit besonders interessant?
- **G** steht für Gegenwart: Was sollte aus Ihrer aktuellen Situation hervorgehoben werden?
- **Z** steht für Zukunft: Welche Ziele und Perspektiven könnten die Firma interessieren?

Bereiten Sie zu diesen Themen kleine Kurzvorträge (30–60 Sekunden!) vor; angereichert mit kleinen Beispielen, Belegen oder Argumenten. Eine gute Vorbereitung dieser Themen wird Ihre generelle Unsicherheit vor und während des Telefoninterviews deutlich spürbar reduzieren.

Die Gesprächsphasen

Wie auch ein Vorstellungsgespräch besteht das Telefoninterview aus bestimmten Phasen. Grob unterschieden werden Einstieg, der thematisch wichtige Hauptteil und Abschluss.

Erkundigen Sie sich am Anfang des Interviews, falls nicht vorab geklärt, über die ungefähre zeitliche Länge des Gesprächs, den zu erwartenden Fragenkatalog sowie den beruflichen Hintergrund des Interviewers. So können Sie inhaltliche Schwerpunkte bilden bzw. mitbestimmen und hinterlassen durch diese strukturgebenden Fragen einen hellen, wachen Eindruck.

- *Darf ich Ihnen vorab ein paar für mich wichtige Fragen stellen?*
- *Wie viel Zeit haben wir für unser Gespräch, was haben Sie eingeplant?*
- *Was wird der Schwerpunkt Ihrer Fragen sein?*
- *Darf ich mich nach Ihrem beruflichen Hintergrund und Ihrer Position im Unternehmen erkundigen?*

Es macht natürlich einen Unterschied, wer Sie anruft. Personalberater und auch Personalreferenten werden eher weniger fachlich in die Tiefe gehen, während Fachbereichsvertreter durchaus sehr konkrete Fachfragen stellen und ganz anders nachhaken können.

Nach wenigen einleitenden Worten / Small Talk folgt schnell der Hauptteil, der auch abhängig von der jeweiligen Stellenausschreibung ist. Etwas verallgemeinert geht es um Ihren ausbildungstechnischen / beruflichen Werdegang im Kontext der vakanten Position. Relevant sind Ihre aktuellen Lern- bzw. Arbeitsschwerpunkte, besondere Spezialisierungen, Erfahrungen mit bestimmten Aufgaben / Problemen, zukünftige Perspektive sowie – wenn vorhanden – gewisse Highlights oder Lücken im Lebenslauf.

Beispielfragen wären:

- *Wie sieht aktuell/Wie sah bisher ein typischer Arbeitstag (denken Sie an Ihre Praktika) bei Ihnen aus?*
- *Welche fachlichen Kompetenzen haben Sie in der Vergangenheit einsetzen können und welche Erfolge haben Sie damit erzielt und in welcher Weise möchten Sie diese am neuen Arbeitsplatz einbringen?*
- *Wie kam es zu Ihrer Studienwahl, Abschlussarbeit (Thema) etc.? Warum machten Sie welche Praktika und was haben Sie dort getan?*
- *Wie erleben Sie jetzt Ihre Bewerbungsphase und wie erklären Sie sich Ihre Arbeitslosigkeit?*

Es gibt einige übergeordnete inhaltliche Fragen, um die sich im Prinzip immer wieder alles dreht. Bereiten Sie deshalb in jedem Fall zu folgenden Fragen gute Antworten vor:

- *Stellen Sie mir bitte kurz Ihren Werdegang dar.*
- *Warum bewerben Sie sich bei uns, für diesen Aufgabenbereich?*
- *Warum sind Sie für die Stelle der richtige Kandidat? Welche Argumente sprechen für Sie?*
- *Warum möchten Sie gerade jetzt wechseln/bei uns anfangen?*

Am Ende des Telefonats sollten nochmals organisatorische Aspekte geklärt werden:

- *Wie geht es weiter? Wann ist mit einer Entscheidung zu rechnen?*

Erbitten Sie sich in freundlich-höflicher Weise an dieser Stelle möglichst verbindliche Auskünfte. Gleichzeitig gilt es, sich für das Telefonat zu bedanken und sich höflich zu verabschieden. Halten Sie unbedingt nach dem Telefonat für sich selbst die wichtigsten besprochenen Informationen schriftlich fest. Vielleicht klingelt schon bald wieder das Telefon ...

Vertrauensaufbau per Telefon

Dreht sich im Telefoninterview nun alles um den vorab unbekannten Fragenkatalog? Ja und nein! Es geht auch um die Art der Kommunikation.

Auf welcher Ebene begegnet man sich? Wie emotional oder gesprächig reagieren Sie auf welche Themen? Wann fragen Sie nach? Wie gut können Sie generell zuhören?

Versuchen Sie, je nach Situation, weder zu kurz noch zu lang zu antworten. Es gilt, die Dinge prägnant auf den Punkt zu bringen und gleichzeitig auch an den richtigen Stellen einen angemessenen Blick in Ihren Lebens- und Berufsalltag zu gewähren. Bedenken Sie bei Ihrem Telefonat die generelle Wechselseitigkeit zwischen Zuhören und Reden. Vergessen Sie nicht Ihre eigenen Fragen:

- *Welche Punkte aus dem Stellenprofil sind besonders wichtig?*
- *Was wären die ersten Arbeitsprojekte?*
- *Welcher Firmenstandort wäre für mich relevant?*
- *Wem wäre ich dann zugeordnet?*

An solchen Fragen erkennt man den wirklich interessierten und hoch leistungsmotivierten Bewerber.

Bedenken Sie außerdem, dass während des Telefonats eine technische Verbindung besonderer Art existiert. Nicht immer wird die Sprachqualität gleich gut sein. Nicht immer wird man jedes Wort akustisch verstehen. Hinzu kommt, dass man Mimik und Gestik des Gesprächspartners nicht sieht, weshalb bestimmte Bedeutungen schwieriger verstanden werden, als wenn man sich wirklich gegenübersitzen würde. Lassen Sie Ihren Gesprächspartner möglichst in Ruhe ausreden und fragen Sie bei Unsicherheiten nach, ob Sie diesen oder jenen Punkt richtig verstanden haben. Beachten Sie, dass es nicht nur darauf ankommt, w a s Sie sagen, sondern vor allem auch darauf, w i e Sie es sagen.

Wenn Sie merken, dass Sie bei bestimmten Themen sehr emotional reagieren, so gilt es, trotzdem Ruhe zu bewahren, tief durchzuatmen und sich nicht zu sehr in seinen Emotionen zu verfangen. Versuchen Sie, Einwänden sachlich, konstruktiv und durch logische Argumentation zu begegnen. Und streiten Sie nicht, das ist jetzt sicher nicht der richtige Moment!

Kurz gesagt: Jedes Telefonat ist ein vielseitiger Austauschprozess und es gilt, über das Gespräch hinweg eine positive Atmosphäre, ja eine Art emotionale Beziehung aufzubauen. Wenn Sie jedoch gleich am Anfang auf Konfrontation gehen, kann sich der weitere Austausch schwierig gestalten.

> Bei wichtigen Fragen sind übrigens ganz kleine Pausen, um zunächst kurz über das angesprochene Thema nachzudenken, durchaus erlaubt und unterstreichen Ihre Motivation, sich möglichst intensiv mit der jeweiligen Frage auseinandersetzen zu wollen. Trauen Sie sich ...

Erfolgreich skypen

Auch wenn deutsche Unternehmen eher noch selten Vorab-Vorstellungsgespräche über Skype führen, Ihrer Generation, liebe Leserin, lieber Leser, wird man es zunehmend häufiger anbieten (heute jedem 10., morgen jedem 3.). Deshalb ergibt es Sinn, sich schon jetzt intensiv damit auseinanderzusetzen und vor allem technisch vorbereitet zu sein und seinen »Auftritt« einzuüben.

Viele Rekrutierer sind davon überzeugt, dass sich diese Methode durchsetzen wird, auch wenn im Vergleich zu einem herkömmlichen Vorstellungsgespräch beim Skypen die Atmosphäre und der erste Eindruck durch das Medium stark verwischt sind. Von Bild und Sprache beim Online-Interview versprechen sich Personaler dennoch ein stärkeres Gefühl für eine engere, passende Auswahl der aussichtsreichsten Kandidaten, die man dann zu einem persönlichen Gespräch vor Ort einlädt.

Sicher aber ist auch das: Man wird niemanden einstellen, den man nicht vorher persönlich in Augenschein genommen, kennengelernt und gesprochen hat. Das sind Rahmenbedingungen, die auch das Skypen nicht außer Kraft setzt.

Wesentlicher Vorzug gegenüber einem Erstgespräch per Telefon liegt für den Einlader offensichtlich im Optischen, sodass nicht nur durch Inhalte und Stimme, sondern auch durch Gestik, Mimik und Erscheinungsbild sowie durch Einblick in die Wohnwelt (Kuckucksuhr an der Wand, die auch noch im unpassenden Moment losgeht, oder Angelina-Jolie-Poster) eine Vorstellung von der Lebensumwelt des Bewerbers vermittelt wird. Das gilt natürlich immer wechselseitig – für den Bewerber ebenso wie für den Interviewpartner.

Selbst für Personaler ungewohnt – so kann man in den einschlägigen Foren nachlesen – war der anfangs weggelassene Small Talk, der atmosphärisch jedes wichtige Gespräch weich einzuleiten hilft. Das Videointerview beginnt in der Regel sehr viel schneller und es bedarf einer sehr professionellen Regie durch den Interviewer, um hier für eine freundliche, halbwegs entspannte Atmosphäre zu sorgen.

Bei solchen Webcam-Interviews sind dann natürlich Ihre Körpersprache sowie die passende, sorgfältig ausgesuchte und dem Anlass gemäße Kleidung wichtig. Dass diese sich auch auf das übertragene Bild auswirkt, ist kaum jemandem bewusst. Und selbst der Hintergrund, der Blick ins Zimmer, muss berücksichtigt werden (Stichwort: aufräumen). Klar, dass der Bewerber während des Gesprächs absolut ungestört sein sollte, kein Besucher plötzlich ins Zimmer eintritt, weder Hund noch Katze ihren Auftritt mit inszenieren oder ein Papagei mit Sprachübungen anfängt. Gut, wenn während des Interviews alle relevanten Unterlagen und vielleicht auch ein Glas Wasser griffbereit sind.

Noch beurteilen wir Skype-Interviews eher skeptisch, weil wir die Erfolgsaussichten hier elementar mit der Affinität und dem bewussten Umgang des Bewerbers mit dem Medium Webcam verknüpft sehen. Es ist immer noch zu befürchten, dass viele qualifizierte Bewerber sich durch dieses für sie ungewohnte Medium zusätzlich und stärker als bei herkömmlichen Methoden verunsichern lassen. Bedarf es schon einer gewissen Übung, um am Telefon halbwegs entspannt zu sprechen, ist das Auftreten vor der Kamera eine noch weitaus größere Herausforderung. Viele Menschen reagieren schon sehr irritiert, wenn sie telefonisch einem Unbekannten über sich angemessen Auskunft geben sollen, noch mehr verunsichert aber, wenn sie ihre eigene Stimme hören und sich auf dem Bildschirm sehen. Hinzu kommen dann noch technische Probleme (Bild-/Tonqualität), die für weitere Verunsicherung sorgen. Aber all dies ist auch eine Frage der Zeit und Einübung. In wenigen Jahren ist das sicher kein Thema mehr! Jetzt aber lohnt sich eine besondere Vorbereitung!

Ergo: Unbedingt das Prozedere vor dem Bewerbungsgespräch mit Freunden oder Bekannten durchspielen und die visuelle Ebene austesten. Wer sich hier technisch überfordert fühlt, sollte sich vorab Unterstützung organisieren und mehrere Probeläufe starten.

ZUSAMMENGEFASST

Darauf kommt es an bei Messestand-, Telefon- und Skype-Interviews

1. **Das Vorspiel zur Vorstellungsgesprächseinladung**
   Bevor man Zeit und Kosten investiert, möchte man einen Vorab-Ersteindruck. Egal, ob Telefonat oder Skypen, es geht um Ihre Kompetenz, Leistungsmotivation und Persönlichkeit (KLP).

2. **Überlegen Sie gut, welche Telefonnummer Sie angeben**
   Ihr Handy oder besser doch den Festnetzanschluss zu Hause? Alles hat Vor- und Nachteile. Auf dem Handy werden Sie womöglich in unpassenden Situationen angerufen, zu Hause u. U. nicht erreicht.

3. **Warum Ihre Mailbox / Ihr AB jetzt so wichtig wird**
   Spätestens nach dem zweiten erfolglosen Versuch, Sie zu erreichen, verliert der Personaler die Lust. Wenn er eine Nachricht hinterlassen kann, bleiben Ihre Chancen gewahrt.

4. **Überraschungsanrufe sind eher selten!**
   Aber die Person, die anruft, ist immer im Vorteil ... Sie hat sich vorbereitet, während Sie wahrscheinlich nicht einmal wissen, wer dieser Herr XY ist, der sich gerade telefonisch bei Ihnen meldet. In der Regel wird aber ein Telefonat per Mail angekündigt, abgesprochen.

5. **Zeit gewinnen, wenn der Anruf doch ungelegen kommt**
   Bedanken Sie sich für den Anruf, sagen Sie aber in freundlich-bestimmtem Ton und ohne Umschweife, dass Sie gerne etwas später zurückrufen, und lassen Sie sich die Telefonnummer Ihres Gesprächspartners geben. Eine klassische Lösung in Ihrem Privatalltag ist: Ich habe gerade etwas auf dem Herd ... Ich verabschiede nur schnell noch meinen Besuch ... und rufe Sie gleich in 10 Minuten zurück.

6. **Ganz wichtig: Ihre Körpersprache**
   Wenn Sie beim Telefonieren lächeln, übertragen sich die positiven Schwingungen Ihres Lächelns auf Ihre Stimme und beeinflussen damit die Atmosphäre. Noch wichtiger beim Skypen ... und am Messestand.

⟶

7. **Besonders auf die drei wichtigsten Fragen vorbereitet sein**
   Stellen Sie Ihren Werdegang kurz vor (30–45 Sek.). Warum wollen Sie diesen Job (30 Sek.)? Warum sollte das Unternehmen Sie einladen (15 Sek.)? Sie sollten sofort Ihre individuelle Werbebotschaft, Ihre Verkaufsargumente in eigener Sache überzeugend vortragen können. Das gelingt nur, wenn Sie KLP vorher gut durchdacht haben.

8. **Flexibilität zeugt von hoher Motivation**
   Wenn im Laufe des Gesprächs echtes Interesse entsteht, wird der Personaler Sie vielleicht gleich zu einem Vorstellungsgespräch einladen. Wer an dieser Stelle Terminschwierigkeiten signalisiert, zögerlich wirkt, macht eine sehr schlechte Figur.

9. **Last, but not least: Nach Telefonat, Skypen, Messestandbesuch**
   ... sollten Sie ein Protokoll schreiben, sich mit dem Verlauf auseinandersetzen und einen kurzen Nachfassbrief per E-Mail schicken. Sie bringen damit nochmals Ihre Wertschätzung und echtes Interesse zum Ausdruck.

FAZIT & AUSBLICK

Bevor es zu den Vorstellungsgesprächsfragen geht

Sie sind in der Mitte angekommen – so weit, so gut!
Hier nochmals die wichtigsten Erkenntnisse: Verstehen Sie sich als Unternehmer. Sie sind der Arbeitskraftanbieter, der (wahre) Arbeitgeber, Sie bieten Ihr Know-how, Ihre Problemlösungserfahrung (auch schon zukünftige, immerhin haben Sie einige bedeutsame Bildungsabschnitte erfolgreich vorzuweisen) und damit Mitarbeit an, egal, ob als Volkswirtin, Mediziner, Juristin oder Ingenieur. Auf dem Arbeitsmarkt bieten Sie Ihrem »Kunden« Ihre Dienstleistung an. Sie verkaufen Ihr Können, Ihre Erfahrung. Betreiben Sie daher wie jeder erfolgreiche Unternehmer (Image-)Werbung und Marketing (in eigener Sache). Beschäftigen Sie sich mit der Beschreibung Ihrer Arbeitspersönlichkeit (SOAP).

Sie spüren, dass Sie trotz aller Vorbereitung noch immer sehr aufgeregt sein werden? Setzen Sie sich nicht zu sehr unter Druck. *Aufregung in Prüfungssituationen ist absolut normal* und vollkommen menschlich. Das gehört immer dazu und ist sehr verständlich. Ihr Gesprächspartner weiß das!

FAZIT & AUSBLICK

Niemand ist perfekt und kleinere Fehler sind unvermeidbar, werden aber auch verziehen! Versuchen Sie, ruhig zu bleiben, sich zu konzentrieren und bei besonderer Nervosität Ihre innere Anspannung kurz zu thematisieren. Dann kann Ihr Gesprächspartner Rücksicht nehmen und vielleicht sein Verhalten entsprechend anpassen.

Erkennen und entwickeln Sie Ihren USP (Alleinstellungsmerkmal, das Besondere an Ihrem Mitarbeitsangebot). Um sich von anderen positiv zu unterscheiden, ist es enorm wichtig, zu wissen, über welche besonderen Eigenschaften und Fähigkeiten Sie verfügen, Ihren USP anderen zu vermitteln und ihn auszubauen.

Konzentrieren und spezialisieren Sie sich auf die Art von Problemen, die Sie am besten lösen können, und positionieren Sie sich am Arbeitsmarkt als erfolgreicher Problemlösungsexperte. Sie bekommen schneller einen Job, wenn Sie glaubhaft versprechen, bei der Lösung der anstehenden Probleme proaktiv mitzuhelfen. Und auch nur aus diesem Grund sucht man ja einen neuen leistungsorientierten Mitarbeiter.

Beschäftigen Sie sich mit den weichenstellenden Faktoren Kompetenz, Leistungsmotivation und Persönlichkeit (KLP) sowie mit der VGZ-Formel und üben Sie hierzu kurze, passende Formulierungen, um Ihre »Trainings- und Versuchsperson« zu überzeugen.

FRAGEN & ANTWORTEN

Das eigene Leistungs- und Persönlichkeits-Profil überzeugend zu vermitteln, Menschen von sich und seiner Leistung zu überzeugen ist immer schwer, besonders in der direkten Begegnung, dem Vorstellungsgespräch.

Die 3 ganz großen Themen und Fragen ... *und was man herausfinden will*
- Erzählen Sie uns etwas über sich ...
  Wer und wie sind Sie, was treibt Sie an?
- Warum sind Sie heute hier? Was ist ihr Motiv?
  Wie hoch wird Ihr Leistungspotenzial sein?
- Warum sollten wir uns für Sie entscheiden?
  Wie ticken Sie und passen Sie zum Unternehmen?

Sind Sie sympathisch, kann man Ihnen Vertrauen und dadurch auch etwas zutrauen? Überprüft wird dabei Ihre:

Soziale Kompetenz (Einfühlungsvermögen, Umgang bis Benehmen)
Kontakt- und Kommunikationsverhalten (das gesamte Gespräch)
Kooperationsvermögen (Anpassungsfähigkeit, Umgänglichkeit)

Engagement und Identifikation (z. B. Leidenschaft & Herzblut für ...)
Disziplin (Leistungsbereitschaft, Frustrationstoleranz, Durchhaltevermögen)

Seelische & körperliche Stabilität, Gesundheit und Ausgeglichenheit.

FRAGEN & ANTWORTEN

Ablauf und Schwerpunkte eines Vorstellungsgesprächs

In der Regel hat ein Vorstellungsgespräch ein bestimmtes Ablaufmuster. Zehn Stationen oder (Frage-)Komplexe sind relativ eindeutig zu identifizieren, die Länge schwankt zwischen wenigstens 30 bis zu 120 Minuten. Im Schnitt dauert es 50–60 Minuten. Hier die wichtigsten Stationen:

- 1. **Begrüßung** und **Einleitung** des Gesprächs (Small Talk, gute Atmosphäre erstellen, Dank)
- 2. Motivation zu Bewerbungs-/Berufswahl und alle Hintergründe
- 3. Ausbildungs- und beruflicher Leistungshintergrund
- 4. Persönlicher, familiärer und sozialer Hintergrund
- 5. Gesundheitszustand, Probleme, Einschränkungen
- 6. Beruflicher Wissensstand, Test- und Prüfungsfragen
- 7. Informationen für den Bewerber/die Bewerberin
- 8. Arbeitskonditionen (dazu gehört auch das Thema Entlohnung)
- 9. Ganz wichtig: Ihre Fragen, aktives Interesse des Bewerbers
- 10. **Zusammenfassung** und **Abschluss** des Gesprächs, Verabschiedung (siehe auch 1. Dank!)

Personalentscheider wollen im Vorstellungsgespräch und in der persönlichen Begegnung neben äußeren Merkmalen wie Aussehen, Auftreten, Manieren, sprachlichem Ausdrucksvermögen, geistiger Flexibilität (Wachheit, das Gegenteil von Verschlafen-Sein!) vor allem Folgendes in Erfahrung bringen, testen:

- **Ihre Wesensart** (Charakter, aus welchem Holz Sie geschnitzt sind, Persönlichkeit **P**)
- **Ihre Leistungsbereitschaft** (Lernmotivation, aber auch Zuverlässigkeit, Durchhaltevermögen und Disziplin etc. **L**)
- **Ihre Eignung** (was Sie so draufhaben, im Kopf... **K**)

> **Darum geht es:** *Sind Sie sympathisch, kann man Ihnen vertrauen und etwas Positives zutrauen?*
>
> **Nochmals:** Überprüft wird dabei
>
> - **Ihre soziale Kompetenz**
>   (Einfühlungsvermögen, Umgang bis Benehmen)
> - Kontakt- und Kommunikationsverhalten (das gesamte Gespräch)
> - Kooperationsvermögen (Anpassungsfähigkeit, Umgänglichkeit)
> - **Ihr Engagement und Ihre Identifikation**
>   (z. B. Leidenschaft & Herzblut für ...)
> - Disziplin (Leistungsbereitschaft, aber auch Frustrationstoleranz und Durchhaltevermögen)
> - **Ihre seelische & körperliche Stabilität**
>   (Gesundheit und Ausgeglichenheit)

Achtung: Bei allen – auch unangenehmen Fragen, die man Ihnen zumutet, geht es nicht darum, Sie wirklich zu ärgern, zu verletzen, gar unglücklich zu machen. Man ist auf Auswählerseite wirklich in Sorge wegen der Gefahr, jemand einzustellen, der/die nicht der/die Richtige ist, und versucht, sich zu schützen. Das sollte Grenzen haben, aber wichtig ist uns, dass Sie dies wissen und berücksichtigen. Es soll Sie schützen, wenn der Ton rauer, die Fragen sehr persönlich werden!

FRAGEN & ANTWORTEN

Die 25 wichtigsten Fragen und ihre Varianten ...

... aus den Themenkreisen Motivation und Ausbildung, Persönlichkeit und Arbeits-Konditionen sowie Fragen, die Sie haben, und Gesprächsabschluss.

Mit diesen Fragen müssen Sie sich auseinandergesetzt haben und wissen, was Sie hierzu sagen wollen, eventuell aber auch, was Sie besser nicht sagen. Dabei geht es nicht darum, dass Sie Ihre Antworten auswendig »herunterbeten«, sondern überzeugend Auskunft geben können, sich jedoch doch vorher überlegt haben, was Sie von sich mitteilen wollen ...

DAS WICHTIGSTE

A zu Ihrem Ausbildungs- und beruflichen (Leistungs-)Hintergrund und Potenzial

1. **Stellen Sie sich uns bitte einmal vor, wir wollen Sie gerne kennenlernen, erzählen Sie uns etwas über sich, Ihren Werdegang ...** *

Alternativ könnte Ihnen diese Frage auch so gestellt werden:
- Stellen Sie uns bitte Ihren Werdegang/Lebenslauf vor.
- Wie würden Sie sich kurz charakterisieren?
- Was sollten wir über Sie persönlich wissen?
- Was meinen Sie – wie würde Sie ein Freund/ein Gegner beschreiben?
- Auf welche menschlichen Qualitäten legen Sie bei sich/bei anderen besonderen Wert?

2. **Warum haben Sie sich bei uns für diese Aufgabe/Position beworben?** *

Alternativ könnte Ihnen diese Frage auch so gestellt werden:
- Wie ist es eigentlich zu Ihrer Bewerbung als ... bei unserem Unternehmen/unserer Institution gekommen?
- Was reizt Sie an dieser Aufgabe/Position?
- Warum wollen Sie gerade bei uns, in unserem Unternehmen/unserer Institution arbeiten?

3. **Was erwarten Sie für sich/von uns/den neuen Aufgaben/von der Zukunft?** *
- Was reizt Sie an der Aufgabe/Herausforderung, an dem neuen beruflichen Umfeld?
- Wie stellen Sie sich die Arbeit hier vor? (s. a. Frage 7)

8. **Was ist Ihr wichtigster Motivator?** *
- Wofür gehen Sie auf die Barrikaden?
- Was kann Sie so richtig anspornen?
- Was treibt Sie wirklich an?

*absolut wichtige und entscheidende Frage!

9. **Warum sollten wir uns für Sie entscheiden?***
   - Was haben Sie uns zu bieten?
   - Was unterscheidet Sie von anderen Bewerbern?
26. **Haben Sie berufliche Vorbilder?**
   - Wer hat Sie beruflich beeinflusst/geprägt?
   - Sind Sie von jemandem ausbildungsmäßig/beruflich geprägt worden?
27. **Auf welche Ihrer beruflichen oder ausbildungsrelevanten Leistungen und Erfolge sind Sie besonders stolz? Und jetzt zu Ihren Misserfolgen ...***
   - Was sind Ihre persönlichen Stärken? Was Ihre Schwächen?
   - Was sind Ihre (beruflichen/ausbildungstechnischen) Highlights/Schwachpunkte?
   - Mit welchen Schwierigkeiten hatten Sie sich bisher auseinanderzusetzen?
   - Von welchen (beruflichen/ausbildungstechnischen) Siegen/Niederlagen können Sie uns berichten?
   - Womit sind Sie bei sich selbst unzufrieden?
   - Gibt es etwas in Ihrem Leben, das Sie bedauern/bereuen?
28. **Was möchten Sie in 3/5/10 Jahren erreicht haben?***
   - Wie sehen Sie Ihre Zukunft?
   - Wo möchten Sie sich unter keinen Umständen in drei/in fünf Jahren beruflich befinden?
29. **Was sind Ihre Ziele?***
   - Wie sehen Sie Ihre persönliche/berufliche Zukunft?
   - Wo sehen Sie sich in drei/in fünf Jahren?
30. **Schildern Sie uns einmal den Ablauf eines für Sie typischen Arbeits-/Lerntages.**
   - Welche Projekte oder Aufgaben beschäftigen Sie gerade?
   - Was machen Sie gerade so tagtäglich und wie können wir uns das vorstellen?
37. **Haben Sie an Ihren bisherigen Arbeitsplätzen/Lernumgebungen persönliche Erfahrungen mit Konflikten, Streit und Mobbing gemacht?**
   - Was fällt Ihnen zu Streit/Intrigen/Mobbing am Arbeitsplatz ein?
   - Sind Sie schon mal ungerecht behandelt worden? Erzählen Sie uns mal ...!
40. **Welche Entwicklungsfelder/-themen sehen Sie noch für sich?***
   - Was wollen/müssen Sie noch lernen?
   - Wie wollen Sie mit den Defiziten in dem Bereich ... umgehen?
   - Woher wissen Sie, dass Sie (keine) Defizite haben, was macht Sie da so sicher?

DAS WICHTIGSTE

B zu Ihrem persönlichen, familiären und sozialen Hintergrund und Umfeld

42. Wir wollen Sie gerne noch ein bisschen besser kennenlernen, was meinen Sie ... was sollten wir über Sie persönlich (noch alles) wissen.*

Alternativ könnte Ihnen diese Frage auch so gestellt werden:
- Wie würden Sie sich kurz charakterisieren?
- Was sollten wir über Sie persönlich wissen?
- Was meinen Sie – wie würde Sie ein Freund/Kritiker/Gegner beschreiben?
- Auf welche menschlichen Qualitäten legen Sie bei sich/bei anderen besonderen Wert?

43. Was sind Ihre Stärken, was Ihre Schwächen und wie sind Sie zu diesen Erkenntnissen gekommen?*

- Was ist Ihr größter Erfolg/Misserfolg (beruflich/privat)?
- Was war bisher in Ihrem Leben Ihr schlimmstes Erlebnis?
- Gibt es etwas in Ihrem Leben, das Sie bedauern/bereuen?

61. Wenn die Rollen in diesem Gespräch vertauscht wären – welche Fragen würden Sie mir/uns stellen?*

- Gibt es ein Thema, über das wir noch nicht gesprochen haben, das aber wichtig für Sie wäre?

70. Worüber können Sie sich so richtig ärgern?

- Was macht Sie wütend (lässt Sie aus der Fassung geraten)?
- Was bereitet Ihnen Sorgen (Kummer, Angst)?
- Wofür würden Sie auf die Barrikaden gehen?

71. Wie gehen Sie mit Kritik um?

- Sind Sie leicht zu kränken?
- Wie gehen Sie generell mit Kränkungen um?

79. Welche Haltung hat Ihr/-e Lebenspartner/-in (ggf. auch Familie) zu Ihrem Beruf/Ihrer Berufswahl?

- In welcher Weise werden Sie von ... unterstützt?

83. Warum sind Sie für uns der/die richtige/beste Kandidat/-in?*

- Was spricht für und was gegen Sie als unser Kandidat?
- Was wäre Ihr Beitrag zum Unternehmenserfolg?
- Was ist ihr USP (Alleinstellungsmerkmal)?

86. Was sind die zwei, drei wichtigsten Dinge für Sie bei der Arbeit?

- Was sind Ihre wichtigsten Wünsche, was erwarten, erhoffen Sie sich von Ihrer Arbeit, Ihrem Arbeitsplatz, Ihrer Aufgabe?
- Welche Unternehmenswerte schätzen Sie?

92. Wie gut kennen Sie sich in unserer Branche/in unserem Metier aus?
- Wie schätzen Sie die aktuelle (zukünftige) Marktsituation ein?

97. Was meinen Sie: Welche persönlichen Eigenschaften/Merkmale sind für eine erfolgreiche Tätigkeit in dieser Position/bei dieser Aufgabenstellung besonders wichtig?
- Was glauben Sie, was ist wichtig bei der Besetzung dieser Position?

DAS WICHTIGSTE

C zu den Arbeitskonditionen, zu Ihren Fragen und dem Gesprächsabschluss

101. Welche Gehaltsvorstellung haben Sie?*

Alternativ könnte Ihnen diese Frage auch so gestellt werden:
- Wie finanzieren Sie sich aktuell?
- Was möchten Sie bei uns verdienen?
- Was erwarten Sie finanziell?

106. Haben Sie Fragen an uns? Was wollen Sie alles von uns wissen?*
- Was sollen wir Ihnen über unser Unternehmen erzählen?

107. Nochmals bitte: Warum sollten wir insbesondere Ihnen den Arbeitsplatz anbieten?*
- Können Sie bitte noch einmal kurz zusammenfassen, was Ihre Stärken, aber auch Ihre Schwächen sind?
- Was ist Ihr Alleinstellungsmerkmal (USP)?
- Was ist Ihr wichtigster Motivator? (siehe Frage 8)

Sie erkennen, die großen Frage-Themen drehen sich um Ihre Motivation, Ihr Leistungspotenzial und Ihre Persönlichkeit. Am Rande wird man sich immer wieder (oft nur vordergründig) mit Ihrer Kompetenz, Ihrem Wissen beschäftigen. Die wichtigeren Weichensteller aber sind die drei erstgenannten.

ZUSAMMENGEFASST

Die ersten Minuten des Vorstellungsgesprächs

1. **Entspannt anreisen**
   Bloß nicht abgehetzt und gestresst am Ort des Geschehens eintreffen. So startet man kein erfolgreiches Vorstellungsgespräch. Deshalb immer eine sorgfältige »Anreiseplanung«. Besser sich fahren lassen, als selbst am Steuer zu sitzen. Am besten per Bahn oder Flieger. Und immer einen ausreichenden Zeitpuffer einplanen!

2. **Das perfekte Timing**
   Auf keinen Fall zu spät, aber auch nicht allzu früh. Seien Sie etwa fünf Minuten vor dem vereinbarten Termin da. Planen Sie ausreichend Zeit ein, damit Sie rechtzeitig das richtige Zimmer finden.

3. **Keine Nebensache: der Händedruck**
   Geben Sie allen Leuten die Hand. Ihr Händedruck soll fest sein, denken Sie aber daran, dass hier kein Kräftemessen stattfindet. Also nicht übertreiben, auch nicht mit dem Schütteln. Ein ausgewogener Händedruck vermittelt einen ersten positiven Eindruck!

4. **Lächeln Sie und merken Sie sich die Namen**
   Machen Sie ein freundliches Gesicht, grüßen Sie mit einem Lächeln, nennen Sie immer Ihren Vor- und Zunamen und melden Sie sich beim Empfang höflich an, als jemand, der eine Verabredung mit Herrn/Frau XY hat. Merken Sie sich möglichst alle Namen, auch die der Damen im Sekretariat. Gut möglich, dass Sie einige Minuten warten müssen, bevor Sie abgeholt werden. Bleiben Sie geduldig und stets freundlich!

5. **Vorstellen**
   Stehen Sie auf, wenn sich Ihnen jemand nähert, um Sie zu begrüßen. Stellen Sie sich kurz vor (stets mit Vor- und Zunamen), es sei denn man spricht Sie gleich namentlich an, und wenn passend, mit dem Hinweis, dass Sie von XY zu Z Uhr eingeladen wurden. Schon jetzt können Sie – nachdem sich Ihr Gegenüber namentlich vorgestellt hat – sagen:»Wie schön, Herr/Frau X, dass ich Sie kennenlerne, ich freue mich, heute bei Ihnen zu sein ... vielen Dank!«

⟶

6. **Danke für die Einladung**
Wenn Sie schlussendlich mit den Personen zusammentreffen, die das Vorstellungsgespräch führen werden, ist es umso wichtiger, sich ggf. nochmals deutlich mit Vor- und Zunamen vorzustellen. Hören Sie zu, wenn sich Ihre Gegenüber vorstellen, und halten Sie unbedingt Blickkontakt.

7. **Zeigen Sie gute Manieren**
Warten Sie darauf, einen Sitzplatz zugewiesen zu bekommen. Nehmen Sie das Angebot, etwas zu trinken, ruhig an, aber bestellen Sie sich nichts Kompliziertes! Lehnen Sie sich nicht auf dem Stuhl an, als gehöre das Unternehmen (und der Stuhl) Ihnen, sitzen Sie aber auch nicht am vorderen Rand, gleich bereit zur Flucht.

8. **Kompliment**
Warten Sie, wie Ihr Gegenüber das Gespräch eröffnet. In den ersten 3–10 Minuten ist damit zu rechnen, dass man Small Talk mit Ihnen macht (»*Haben Sie gut hergefunden, gab es irgendwelche Probleme, was für ein Wetter … etc.«*). Lassen Sie ruhig den Personalern den Vortritt bei der Gesprächsthemenwahl. Sich zu bedanken und ein nettes Kompliment anzubringen, wäre jetzt richtig!

9. **Nichts Negatives**
Erzählen Sie in den ersten 15 Minuten nichts Negatives. Beklagen Sie nicht die Verspätung, das schlechte Wetter, den Stau etc. In dieser ersten Phase darf nichts Negatives über Ihre Lippen kommen. Strahlen Sie eine Art fröhlichen Optimismus aus.

10. **Small Talk**
Nicht selten reagieren Bewerber erstaunt bis genervt, wenn die Phase des Smalltalks vonseiten der Gastgeber etwas länger ausgedehnt wird. Das passiert Ihnen bestimmt nicht, denn Sie wissen um die wichtige Bedeutung des ersten emotionalen Weichenstellens und machen entspannt mit (s. a. S. 46).

FRAGEN & ANTWORTEN

111 Fragen und über 275 Unterfragen zu den 10 wichtigsten Themen

1. Begrüßung, Händedruck, Small Talk und Einleitung des Gesprächs

Hintergrund und Ziel: Es geht um den ersten Eindruck, die Kontaktaufnahme, das Äußere, Ihre Umgangsformen und Ihr Auftreten. Schon hier findet eine erste Überprüfung Ihrer Anpassungsfähigkeit und -bereitschaft statt. Sind Sie pünktlich erschienen oder auf die letzte Minute, wirken Sie gehetzt, ängstlich-nervös oder ruhig, natürlich und gelassen – ohne übertriebene Selbstsicherheit oder sogar Arroganz? Oder wirken Sie leicht mürrisch, weil das Gespräch 20 Minuten später anfängt als vorgesehen, Sie aber schon 35 Minuten vor dem offiziellen Termin im Büro aufgeschlagen sind...

Hinweise: Die bereits angeführten generellen Hintergrundaspekte zum Vorstellungsgespräch spielen von der ersten Minute an eine wichtige Rolle. Wer dem Personalchef unpünktlich, abgehetzt und transpirierend gegenübertritt oder wie unter Einwirkung von Psychopharmaka unterkühlt bis gelangweilt wirkt oder gar deutlich genervt reagiert, weil er 20 Minuten warten musste, eröffnet die Schachpartie Vorstellungsgespräch nicht optimal. Auch ein zu kräftiger Händedruck (Marke »Knochenbrecher«) oder verschämte Laschheit (»tote Hasenpfote«) erzeugt wenig Sympathie in den ersten wichtigen Sekunden dieser bedeutsamen Begegnung.

Unsere Empfehlung: Lächeln Sie Ihr Gegenüber freundlich an, schauen Sie ihm mitten ins Gesicht, grüßen Sie angemessen (zurück). Falls der Name noch nicht gefallen ist, stellen Sie sich (mit deutlicher Aussprache) vor (kompletter Vor- und Zuname) und versuchen Sie, sich den Namen Ihres Gegenübers einzuprägen. Letzteres dient dazu, ihn im Gespräch namentlich direkt anzusprechen (nichts hört der Mensch lieber als seinen eigenen Namen). Auch für spätere Nachfassaktionen (s. S. 269 f.) ist es hilfreich zu wissen, mit wem man gesprochen hat.

Anmoderation, Small Talk ...
Wir danken Ihnen für Ihr Kommen, wie war Ihre Anreise, möchten Sie etwas trinken usw.

Hintergrund und Ziel: Ihre Gesprächspartner wollen Sie und sich selbst in einer sogenannten Warming-up-Phase einstimmen, eine freundliche Gesprächsatmosphäre herstellen und Ihre eventuelle Verkrampfung und Prüfungsangst abbauen.

Hinweise: Das ist nett, sollte Sie aber nicht dazu verführen, zu ausführlich auf die angebotenen Themen einzugehen (Wetter, Anreise, wie der Auswahltest war usw.). Andererseits dürfen Sie das Gesprächsangebot nicht barsch ablehnen, etwa mit dem Unterton »Interessiert Sie das jetzt wirklich?« oder »Bin ich so weit hergereist, um jetzt mit Ihnen übers Wetter zu reden?«

Unsere Empfehlung: Oft wird Ihnen etwas angeboten. Bei (selbst leichten) alkoholischen Getränken versteht sich eine klare Ablehnung. Aber auch das Rauchen ist problematisch, vor allem, wenn Ihr Gegenüber keinen Aschenbecher auf dem Tisch stehen hat und selbst keine Zigarette in den Händen hält. Die Nichtraucher sind absolut auf dem Vormarsch – besser – falls Sie überhaupt rauchen – Sie lehnen dankend ab.

Gibt es eine Kaffeerunde oder werden andere Getränke wie Mineralwasser oder Saft angeboten, sollten Sie mitmachen und sich nicht ausschließen. Falls Sie einen Getränkewunsch äußern dürfen, machen Sie es nicht kompliziert und bringen Sie niemanden in Verlegenheit, vor allem nicht sich selbst. Nicht jede Bürogetränkebar hat Tomatensaft mit Salz und Pfeffer und kleinen Eisstückchen vorrätig (Sie sind hier auch nicht im Flieger!).

Und noch eine Empfehlung: Finden Sie heraus (falls Sie es noch nicht wissen) – notfalls durch direktes Fragen –, wie viel Zeit für Ihr Gespräch vorgesehen ist. Bei einem Einzelgespräch dürfte das kein Problem sein, bei einem Gruppenvorstellungsgespräch allerdings fallen Sie mit einer solchen Frage möglicherweise schon etwas unangenehm auf.

Bereits in dieser Warming-up-Phase kann es passieren, dass Ihr Gegenüber die Gesprächsphase 7 (Informationen für den Bewerber) vorzieht. Dann wird über die Firma/Institution, die Produkte/Dienstleistungen und deren Bedeutung referiert. Hören Sie interessiert zu, möglicherweise erfahren Sie Dinge, die im späteren Gesprächsverlauf erneut Thema werden (etwa wenn man offen erzählt, wie man sich seinen Traumkandidaten für diesen Arbeitsplatz vorstellt).

> **Wichtig:** Bedanken Sie sich für die Einladung, bringen Sie zum Ausdruck, wie gerne Sie heute hier sind und dass Sie diese Begegnung und den Gesprächsaustausch sehr zu schätzen wissen. Vielleicht gelingt es Ihnen sogar, ein kleines Kompliment anzubringen (gute Organisation, schöne Räumlichkeiten etc.). Man wird Sie dafür lieben!

Und noch etwas ganz Wichtiges:
Sie werden bemerkt haben, dass wir klar auf der Seite unserer Leser stehen. Unsere Hinweise geben wir, um Ihnen zu helfen, in dieser schwierigen Auswahlprüfung zu bestehen. Gleichwohl ist es uns ein Anliegen darauf hinzuweisen, dass auch die Personalauswähler-Seite gute Argumente hat, sich gewisser Fragen zu bedienen und die Bewerber kritisch zu hinterfragen. Natürlich müssen da (Geschmacks-)Grenzen eingehalten werden, darf man auf Bewerberseite nicht zu zimperlich sein, sollte man sich vorbereiten, um sich bestmöglich, von seiner Schokoladenseite zu präsentieren. Dafür ist unser Buch da, mit allen Empfehlungen!

Wichtig: Sehen Sie in Ihrem Gegenüber nicht den »Feind«, verstehen Sie, worum es geht, beherrschen Sie die Spielregeln, bereiten Sie sich vor, üben Sie und man wird glücklich sein, Ihnen den Job anzubieten!

1. EINLEITUNG

Gesprächseröffnung: Und jetzt die erste große Frage/Aufforderung

> 1. Stellen Sie sich uns bitte noch einmal vor, wir wollen Sie gerne kennenlernen, erzählen Sie uns etwas über sich, Ihren Werdegang …* **!**

Hintergrund und Ziel der Frage …
ist es, Einblick in Ihre Persönlichkeit und Motivation zu erhalten. Dabei wird der Personalverantwortliche darauf achten, wie strukturiert Ihr Vortrag ist, welche Prioritäten Sie setzen und vor allem wie souverän Sie erzählen. Sein Ziel: herauszufinden, wie wichtig Ihnen dieser Arbeitsplatz ist und ob Sie der/die Richtige für Aufgaben und Unternehmen sind.

… und wie Sie clever darauf antworten:
Welches Bild möchten Sie von sich vermitteln, welche Botschaften transportieren? Das Berufliche gehört in den Vordergrund. Werden Sie nur privat, wenn es aus diesem Umfeld etwas gibt, was Ihr Bemühen um die Stelle unterstützt (z. B. privates Engagement für eine bestimmte Zielgruppe). Behandeln Sie diese Frage wie eine Aufforderung zu einem Vortrag. Sammeln Sie Material für ca. 5 Minuten und präsentieren Sie dieses. Geben Sie sich ruhig, aber engagiert, und seien Sie bei aller gebotenen Seriosität unterhaltsam.

Alternativ könnte Ihnen diese Frage auch so gestellt werden:
- Wie würden Sie sich kurz charakterisieren?
- Was sollten wir über Sie persönlich wissen?
- Wie würde Sie ein Freund/ein Gegner beschreiben?
- Auf welche menschlichen Qualitäten legen Sie bei sich/bei anderen besonderen Wert?
- Was sind Ihre wichtigsten Botschaften und was haben Sie sich vorgenommen uns heute nicht zu erzählen?
- Was steht nicht in den Bewerbungsunterlagen über Sie, was aber doch für uns interessant sein könnte?
- Wie können wir Sie jetzt (hier & heute) am besten kennenlernen?

---

* Mit einem Ausrufezeichen gekennzeichnete Fragen gehören zu den 25 häufigsten Fragen, mit denen Sie ziemlich sicher rechnen können.

2. Motivation und Hintergründe

> **2. Warum haben Sie sich bei uns für diese Aufgabe/Position beworben?**

Hintergrund und Ziel der Frage ...
Mit dieser Frage wird getestet, ob ein Bewerber ernsthaft an dem Unternehmen interessiert ist oder ob es ihm lediglich darum geht, überhaupt irgendeine Anstellung zu bekommen. Ihre Antwort ist in mehrerlei Hinsicht aufschlussreich: hinsichtlich des Stellenwertes des Unternehmens für Sie, aber auch hinsichtlich Ihrer Branchenkenntnisse und Ihrer Vorstellung von Ihrer zukünftigen Karriere. Daran wird der Personaler auch erkennen, ob Sie eher ein Träumer oder ein Realist sind. Ebenso erhofft er sich Aufschluss über Ihre momentane Situation, z. B. über die Dauer Ihrer Stellensuche bis jetzt, über Ihre Vorgeschichte, über eventuelle Probleme und/oder mögliche Konfliktfelder, die eine Zusammenarbeit belasten könnten.

... und wie Sie clever darauf antworten:
Diese Frage gehört zu den wichtigsten Fragen überhaupt. Deswegen sollten Sie darauf sehr gut vorbereitet sein. Unabdingbar ist die gründliche Beschäftigung mit dem künftigen Aufgabenbereich und den Chancen, die er Ihnen bietet. Überlegen Sie sich auch andere plausible Gründe (z. B. der regionale Bezug, der gute Ruf bezüglich der Talentförderung etc.). Sehr wichtig ist die intensive Vorbereitung auf das Unternehmen und seine Ziele. Positiv auffallen wird ein freier, gut gegliederter Vortrag mit Material für mindestens fünf Minuten, der auf alle Fälle unterhaltsam sein sollte.

Alternativ könnte Ihnen diese Frage auch so gestellt werden:
- Wie ist es eigentlich zu Ihrer Bewerbung als ... bei unserem Unternehmen/unserer Institution gekommen?
- Was reizt Sie an dieser Aufgabe/Position?
- Warum wollen Sie gerade bei uns, in unserem Unternehmen/ unserer Institution arbeiten?

> 3. Was erwarten Sie für sich/von uns/den neuen Aufgaben/von der Zukunft?

Hintergrund und Ziel der Frage ...
Es geht weiter um die Überprüfung Ihrer Motivation. Wie gut sind Sie vorbereitet, wie realistisch sind Ihre Einschätzungen? Tritt bei den Wiederholungsfragen Widersprüchliches zutage?

... und wie Sie clever darauf antworten:
Wieder müssen Sie überzeugend argumentieren, auch bei den Wiederholungsfragen Geduld zeigen, variantenreich verbalisieren und sich nicht in Widersprüche oder simple Wiederholungen verstricken. Machen Sie deutlich, dass Sie sich auf die beruflichen Aufgaben und den potenziellen Arbeitgeber präzise vorbereitet haben.
Diese und ähnliche Fragen dienen zur Überprüfung der Qualität Ihrer Vorbereitung. Wie überzeugend ist Ihre Darstellung, und wie ziehen Sie sich auch bei schwierigen Fragen aus der Affäre?

Alternativ könnte Ihnen diese Frage auch so gestellt werden:
- Was reizt Sie an der Aufgabe/Herausforderung, an dem neuen beruflichen Umfeld?
- Wie stellen Sie sich die Arbeit hier vor? (s. a. Frage 7)
- Was und woran arbeiten Sie aktuell?
- Was sind da die Fortschritte/Erfolge, Probleme/Herausforderungen?

FRAGEN & ANTWORTEN

> 4. Was sind ganz generell Ihre Erwartungen/Pläne/Hoffnungen?

Hintergrund und Ziel der Frage ...
ist im Prinzip die Weiterführung der Frage zu den Gründen Ihrer Bewerbung beim Unternehmen. Hier geht es um Ihre konkreten Vorstellungen Ihres künftigen Arbeitsplatzes, Ihrer Aufgaben und Ihrer Verantwortung. Interessant für den Personalverantwortlichen ist außerdem, wie Sie Ihren Arbeitsplatz im Zusammenhang mit Ihrer beruflichen Zukunft einordnen, sprich: ob bereits ein roter Faden in Ihren Vorstellungen erkennbar ist. Es geht allerdings auch um Ihre Fähigkeit, die Dinge realistisch einzuschätzen.

... und wie Sie clever darauf antworten:
Jetzt haben Sie die Chance, den Personalverantwortlichen mit Detailwissen und einer klaren Vision von Ihrer beruflichen Zukunft zu überzeugen. Denn diese Frage zielt ohne große Umwege konkret auf Ihre zukünftige Zusammenarbeit ab. Grundlage Ihrer Antwort ist eine sehr gute Vorbereitung Ihrer sachlichen Argumente, aber auch Ihrer Präsentation. Überlegen Sie sich so viele Argumente wie möglich, denn diese Frage wird Ihnen in den verschiedensten Varianten innerhalb eines Vorstellungsgesprächs begegnen. Schließen Sie Widersprüche aus und hüten Sie sich vor wortwörtlichen, wie auswendig gelernten Wiederholungen. Machen Sie klar, warum speziell dieses Unternehmen, diese Branche, diese Aufgaben für Sie eine verlässliche Basis für Ihre Karriere bedeuten kann – ohne sich allzu sehr in offensichtliche Schmeichelei zu verlieren.

Alternativ könnte Ihnen diese Frage auch so gestellt werden:
- Was reizt Sie an der Aufgabe/Herausforderung, an dem neuen beruflichen Umfeld?
- Was erwarten Sie speziell von uns, was erhoffen Sie sich?
- Wie stellen Sie sich Ihre Zukunft vor?

2. MOTIVATION

5. Wie gut kennen Sie uns bereits, unsere Produktion/ Marktposition/Dienstleistungen usw.?

Hintergrund und Ziel der Frage ...

... ist herauszufinden, wie intensiv Sie sich bereits mit dem Unternehmen beschäftigt haben. Von Interesse sind Ihre Kenntnisse der Geschäftsbereiche, der Unternehmensstrategie, des Standings innerhalb der Branche, seiner Ziele, aber auch seiner Unternehmenskultur, Geschichte etc. Personaler wollen wissen, ob ihr Unternehmen eines von vielen für Sie ist oder ob Sie sich bei Ihrem Wunschunternehmen beworben haben. Ersteres werden Sie zu erkennen glauben, wenn Sie wenig Detailwissen über das Unternehmen und viel Allgemeinwissen über die Branche haben. Äußerst aufschlussreich ist für Ihr Gegenüber, wenn sie Sie »auf dem kalten Fuß erwischen«, sprich: Sie nur schwammig auf solche Fragen antworten.

... und wie Sie clever darauf antworten:

Zu einer guten Vorbereitung gehört wenigstens das intensive Studium der Homepage des Unternehmens, von Presseberichten in Fach- und Branchenmagazinen oder im Wirtschaftsteil der Tageszeitungen etc. Vielleicht kennen Sie Mitarbeiter? Das Einbringen von Details, die nicht jeder kennt, wird Ihren Gesprächspartner von Ihren »ernsthaften Absichten« überzeugen. Vorsicht bei der Frage nach Ihrer Vorstellung bezüglich Ihrer künftigen Tätigkeit im Unternehmen! Stecken Sie nicht vorschnell einen Rahmen ab, der sich später als hinderlich oder schwer zu füllen erweist. Und: Erwecken Sie nie den Eindruck, DIE Lösung für alle Fragen der Unternehmensführung zu haben.

Alternativ könnte Ihnen diese Frage auch so gestellt werden:

- Woher ist Ihnen unser Unternehmen/unsere Institution bekannt?
- Kennen Sie auch unsere Mitbewerber? Erzählen Sie einmal bitte ...
- Wie stellen Sie sich Ihre Tätigkeit bei uns vor?
- Schildern Sie uns bitte einmal Ihre praktischen Erfahrungen in dem von Ihnen angestrebten Bereich/der Position?
- Waren Sie auf unserer Internetseite, was ist Ihnen aufgefallen?

> 6. Haben Sie einen besonderen (persönlichen) Bezug zu unserem Unternehmen?

Hintergrund und Ziel der Frage ...

Mitarbeiter mit einem persönlichen Bezug zum Unternehmen werden von Personalverantwortlichen besonders geschätzt, weil sie bei ihnen eine besondere Leistungsmotivation, eine große Loyalität zum und eine ausgemachte Identifikation mit dem Unternehmen vermuten. Besteht der persönliche Bezug z. B. darin, dass Sie das Unternehmen durch Freunde kennen, die dort als gute Mitarbeiter geschätzt sind, schmeichelt das dem Unternehmen und wirft ein positives Licht auf Ihren »guten Geschmack« bei der Arbeitgeberwahl. Die Frage kann sich aber ebenso gut auf Ihre Informationsquellen beziehen. Durch ihren persönlichen Bezug zielt sie auch auf Ihre Emotionalität und Ihre Fähigkeit der Selbstpräsentation.

... und wie Sie clever darauf antworten:

Neben dem persönlichen Bezug zum Unternehmen durch Freunde könnten Sie einen familiären oder regionalen Bezug angeben. Sehr gute Argumente sind die Faszination von bestimmten Produkten, der Firmengeschichte oder dem guten Ruf der Nachwuchsförderung bei Ihren Kommilitonen. Zeigen Sie durchaus offen, was Sie an dem Unternehmen begeistert. Aber vermeiden Sie Schmeicheleien oder Standardfloskeln. Ganz wichtig: Sollten Sie jemanden im Unternehmen kennen, achten Sie sehr genau darauf, wie Sie sich dazu äußern, am besten mit dessen Einverständnis. Erzählen Sie offensichtliche Interna, um mit Ihrem Wissen zu punkten, bringen Sie nicht nur sich, sondern auch Ihren Bekannten in Misskredit.

Alternativ könnte Ihnen diese Frage auch so gestellt werden:

- Kennen Sie Mitarbeiter aus unserem Haus? Was haben die Ihnen denn so alles über uns erzählt?

2. MOTIVATION

7. Wie stellen Sie sich (im Idealfall) Ihre Arbeit, Aufgaben bei uns vor?

Hintergrund und Ziel der Frage ...
... ist gerade bei Berufsanfängern, herauszufinden, wie gut Sie Bescheid wissen, was sich hinter den Stichpunkten einer Stellenanzeige verbirgt und was damit in der Praxis auf Sie zukommt. Ihre Antwort erzählt dem Personalverantwortlichen auch etwas über Ihren Realitätssinn und Ihre Vorbereitung auf das Berufsleben. Sie dient ebenso als Gradmesser für einen möglichen Erfolg und Ihre »Tauglichkeit« bezüglich der wirtschaftlichen Ziele des Unternehmens. Wichtig für den Personaler ist, Ihre generelle Grundhaltung zu Ihrer Bewerbung zu erkennen: Sind Sie froh, überhaupt eine Stelle zu bekommen, und lassen den Rest auf sich zukommen? Oder haben Sie im Vorfeld bereits ausgelotet, welcher Job Ihnen die beste Voraussetzung bietet, Ihre schon sehr konkrete Vorstellung Ihrer Karriere umzusetzen?

... und wie Sie clever darauf antworten:
Punkten Sie mit einem geschickten Aufbau Ihrer Antwort. Erwähnen Sie vereinzelte Punkte des Stellenprofils und was Sie sich darunter vorstellen. Verbinden Sie dies mit den Möglichkeiten, die Ihnen Ihre neuen Aufgaben bieten. Bleiben Sie dabei realistisch. Gehen Sie darauf ein, dass Sie sich durch die Arbeit in einem hoch qualifizierten Team Wissenszuwachs und wichtige Erfahrungen für Ihre spätere Karriere versprechen und Ihrerseits sehr gern Ihr Wissen zur Verfügung stellen. Siehe auch Frage 3 und die zugehörigen Hinweise!

Alternativ könnte Ihnen diese Frage auch so gestellt werden:
- Was sind – aus Ihrer Sicht – die Vor- und Nachteile der von uns angebotenen Position?
- Wie wollen Sie damit umgehen?
- Was hat für Sie Priorität bei Ihrer Arbeit?
- Wie wünschen Sie sich Ihren Einstieg bei uns?
- Was werden Sie in den ersten 100 Tagen machen?

8. Was ist Ihr wichtigster Motivator?

Hintergrund und Ziel der Frage ...
Wie präsentieren Sie sich den Interviewern, was geben Sie von sich preis und wie klingt das?

... und wie Sie clever darauf antworten:
Sex, Drugs and Rock'n Roll wäre vielleicht die Antwort der ersten und zweiten Nachkriegsgeneration (bis in die 60er gewesen). Jedenfalls für einen Bruchteil von einer Sekunde! Sie wissen nicht, wovon wir sprechen? Sie sind ein Jahrgang Mitte oder Ende der 90er? ... OK, hier könnte man vielleicht hören, »endlich einen unbefristeten Arbeitsvertrag mit halbwegs fairer Vergütung« (Geisteswissenschaftler), aber auch »neben dem beruflichen Engagement genug Zeit für Familie, Freunde, Freizeit ...« (Ingenieure, Informatiker). Alles ziemlich untauglich als Antwort! »Geld, Macht, Ruhm« ... na, wer wird denn gleich über die Stränge schlagen – oder wollen Sie in die Politik? Also es lohnt sich schon, darüber nachzudenken und mindestens zwei Antworten vorzubereiten. Eine für sich selbst und vielleicht für Ihre Freunde und eine für's Vorstellungsgespräch.

Unverfänglich bis harmlos: etwas beweisen wollen, sich und der Umwelt; etwas erreichen; Spuren hinterlassen; Erfolg haben ... – das wären so die klassischen Beispiel-Antworten!

Alternativ könnte Ihnen diese Frage auch so gestellt werden:
- Wofür gehen Sie auf die Barrikaden?
- Was kann Sie so richtig anspornen?
- Was treibt Sie wirklich an?
- Auf einer Skala von 1 bis 10 (1 wenig, 10 maximal): Wie wichtig ist es Ihnen, diesen Job/diese Aufgabe bei uns zu bekommen? Anschließend bitte Erklärung, warum ...

9. Warum sollten wir uns für Sie entscheiden?

Hintergrund und Ziel der Frage ...
... ist ein Test Ihres Selbstbewusstseins. Wenn Sie nicht gerade ein Profi in Sachen Selbstdarstellung sind, wird es Ihnen schwer fallen, Ihre Vorzüge herauszustreichen und für sich selbst Werbung zu machen. Aber genau da liegt das Interesse des Personalentscheiders: wie und ob Sie diese Herausforderung meistern, ob Sie ihm dabei in die Augen sehen und vermitteln können, dass Sie die/der Richtige für den Job sind. Denn genauso selbstbewusst werden Sie später die Produkte oder Dienstleistungen des Unternehmens vertreten/anpreisen, Ihre Meinung in Meetings vortragen und das Gefühl vermitteln, dass Sie ohne Zweifel dahinterstehen. Natürlich interessiert auch, ob Sie in der Lage sind, die richtigen Argumente und »Türöffner« zu finden.

... und wie Sie clever darauf antworten:
Überwinden Sie Ihr Unbehagen, indem Sie sich mental an den puren Fakten orientieren. Vielleicht hilft es Ihnen bei der (besonders wichtigen!) Vorbereitung, sich vorzustellen, Sie würden diese Argumente für jemand anderen finden müssen, dem Sie unbedingt diese Stelle verschaffen wollen. Machen Sie die Sache nicht komplizierter, als sie ist. Eine schlüssige Argumentationskette in drei oder vier Punkten reicht vollkommen aus. Halten Sie sie vom Tenor informativ, sachlich und vor allem knapp. Themen sind Ihre fachlichen Qualifikationen, Ihre Leistungsmotive und Ihre sozialen Kompetenzen (KLP), die für die Stelle gefragt sind. Es geht um Ihre Vorstellungen, wie Sie die Aufgaben zugunsten des Unternehmens ausführen wollen etc. Vermitteln Sie das Gefühl, dass Sie wissen, wovon Sie reden, so jung Sie auch sind. Und vor allem, dass Sie sich auf Ihre neue Aufgabe absolut freuen.

Alternativ könnte Ihnen diese Frage auch so gestellt werden:
- Was haben Sie uns zu bieten?
- Was unterscheidet Sie von anderen Bewerbern?

FRAGEN & ANTWORTEN

10. Haben Sie zurzeit noch andere Bewerbungsverfahren laufen?

Hintergrund und Ziel der Frage ...
Diese Frage gehört zu der Kategorie »Wie wichtig ist Ihnen unser Unternehmen?«. Der Personaler will anhand Ihrer Antwort auch Ihre Souveränität bei der Beantwortung einer solch heiklen Frage testen. Er wird sich vermutlich denken, dass Sie sich für den Fall einer Absage auch woanders beworben haben bzw. bewerben. Interessant dabei ist, aus Ihrer Reaktion herauszulesen, wie groß Ihr Erfolgsdruck ist bzw. ob Sie dieses Gespräch nur als »Probelauf« für Ihren eigentlichen Traumjob nutzen wollen.

... und wie Sie clever darauf antworten:
Selbst wenn Sie sich bei anderen Unternehmen beworben haben: Erwähnen Sie das besser nicht. Machen Sie deutlich, dass im Mittelpunkt Ihrer Bemühungen das Unternehmen steht, dessen Personaler Sie gerade gegenüber sitzen. Tabu sind Bemerkungen über Absagen oder über nicht besonders positiv verlaufene Vorstellungsgespräche. Sollten Sie allerdings bei einem anderen Bewerbungsverfahren sehr gute Aussichten haben, können Sie sich überlegen, dies zu erwähnen – dann aber in einem sachlichen Ton, gekoppelt mit der Aussage, was Sie besonders Positives an dem Unternehmen Ihres jetzigen Gesprächspartners sehen. Nutzen Sie ein solches »Geständnis« niemals in der Absicht, sich damit als besonders begehrter Bewerber zu exponieren und/oder einen Vorteil daraus schlagen zu wollen. Ganz abgesehen davon, dass Sie so schnell den unangenehmen Eindruck eines berechnenden Taktierers erwecken, widerlegen Sie damit eventuell auch Ihre Behauptung, in dem entsprechenden Unternehmen Ihr Wunschunternehmen gefunden zu haben.

Alternativ könnte Ihnen diese Frage auch so gestellt werden:
- Gibt es schon konkrete Verhandlungen bzw. Ergebnisse?
- Haben Sie in der letzten Zeit bereits Vorstellungsgespräche im Rahmen von Bewerbungen für vergleichbare Positionen geführt?

3. Ausbildungs- und beruflicher Leistungshintergrund

11. Was ist für Sie der schwierigste Aspekt bei der Jobsuche?

Hintergrund und Ziel der Frage ...
... ist das Interesse an Ihrem Selbstbewusstsein und die Absicht, sich den bisherigen Verlauf Ihrer Bewerbungsphase zu erschließen. Die Frage dient als Charaktertest: Werfen Sie wegen Nichtigkeiten die Flinte ins Korn oder sind knifflige Situationen ein Ansporn? Aus Ihrer Antwort erkennt ein Personaler viel über Ihr Fingerspitzengefühl, Ihr diplomatisches Geschick, aber auch über Ihre Fähigkeit, Situationen zu analysieren und einzuschätzen. Die Frage ist bewusst emotional und vermeintlich verständnisvoll gestellt, um Sie zu einer größeren Offenheit zu verführen und damit zu Aussagen, die Sie so gar nicht treffen wollten.

... und wie Sie clever darauf antworten:
Absolutes No-Go sind Bemerkungen über Ihre Schwierigkeit, die eigenen Stärken angemessen hervorzuheben. Auch Ihre Befürchtung, als Berufsanfänger noch nicht über alle Voraussetzungen zu verfügen, die sich ein Unternehmen wünscht, ist hier falsch. Im Umkehrschluss sollten Sie Äußerungen vermeiden, wie dankbar Sie sind, nach einem Bewerbungsmarathon hier zu sitzen. Ein plausibler »schwieriger Aspekt« wäre vielleicht, ein Jobangebot ablehnen zu müssen, das Ihnen ein tolles Betriebsklima, aber nicht die erhofften Aufstiegschancen gewährleistet. Sie können ruhig zugeben, dass Sie eine Absage beschäftigt. Verbinden Sie dies aber immer mit etwas Positivem, z. B. aus Kritik gelernt zu haben und/oder diese Absage nicht als Disqualifizierung Ihrer persönlichen Fähigkeiten zu sehen. Betonen Sie, dass auch negative Erfahrungen – ohne genau darauf einzugehen, welche – Sie weiterbringen. Und das mit einer Körperhaltung, die keinen Zweifel an Ihrem Engagement lässt.

Alternativ könnte Ihnen diese Frage auch so gestellt werden:
- Mit welchen Problemen wurden Sie bei der Arbeitsplatzsuche konfrontiert?

12. Wie haben Sie sich auf das Bewerbungsverfahren/auf unser Unternehmen vorbereitet?

Hintergrund und Ziel der Frage ...

... ist ein Hinweis auf Ihre Arbeitsweise und Ihren Charakter. Sind Sie der sorgfältige Planer, dem eine gute Strategie und Vorbereitung wichtig sind, oder der sorglose Luftikus, der auf seine Fähigkeiten und die richtige Eingebung aus dem Moment heraus baut? Interessant ist natürlich auch, ob Sie sich überhaupt vorbereitet haben. Ihre Antwort gibt Aufschluss über Ihre Informationsquellen, Ihre Ernsthaftigkeit bei der Bewerbung, Ihre Fähigkeit, eine Strategie für einen unter Umständen langwierigen Prozess zu entwickeln etc.

... und wie Sie clever darauf antworten

Legen Sie ruhig Ihre Vorbereitungsstrategie offen. Je detailreicher, desto besser. Erwähnen Sie die Homepage des Unternehmens (z. B. Details, die darauf schließen lassen, dass Sie auch die »versteckten« Seiten gelesen haben) und die Fachpresse. Eine andere Informationsquelle sind Gespräche mit Freunden, die dort arbeiten, oder das persönliche Gespräch mit dem in der Stellenanzeige genannten Ansprechpartner im Vorfeld etc. Der Personalverantwortliche wird daraus ablesen, wie Sie Ihre Aufgaben in seinem Unternehmen angehen werden. Nebenbei können Sie mit Ihrem Engagement beeindrucken. Immer positiv ist eine gewisse Begeisterung als Grundhaltung. So signalisieren Sie, dass eine Bewerbung für Sie keine Belastung, sondern eher eine Art sportlicher Wettkampf ist.

Alternativ könnte Ihnen diese Frage auch so gestellt werden:
- Haben Sie bei Ihrem Bewerbungsvorhaben Unterstützung erhalten/Hilfe in Anspruch genommen?
- Haben Sie sich für diese Bewerbung von einem Karriereberater professionell beraten lassen?
- Worauf sind Sie bei ihren Vorbereitungen gestoßen?

3. LEISTUNGSHINTERGRUND

13. Schildern Sie uns Ihren Ausbildungs-/beruflichen Werdegang.

Hintergrund und Ziel der Frage ...
Mit dieser Frage will man etwas über Ihre Karrierestrategie und Ihre Fähigkeit erfahren, langfristig zu planen und die Weichen dafür frühzeitig zu stellen. Für eine erfolgreiche Karriereplanung benötigen Sie eine realistische Selbsteinschätzung, Durchhaltevermögen, die Fähigkeit, Alternativen zu entwickeln, wenn der Plan mal nicht funktioniert, Ehrgeiz, Flexibilität und Branchenkenntnisse – alles Kompetenzen, die auch für den Erfolg eines Unternehmens entscheidend sind. Naturgemäß haben Sie als Berufsanfänger meist weniger zu Ihrer beruflichen Karriere zu sagen. Vielleicht haben Sie aber zuvor eine Ausbildung gemacht. Wie haben sich diese Dinge entwickelt? Geplant oder eher zufällig? Kurz: Es geht um Ihren persönlichen »roten Faden« beim Thema Ausbildung und Beruf.

... und wie Sie clever darauf antworten:
Was Sie in Ihrem Lebenslauf bereits formuliert haben, will der Personalverantwortliche jetzt noch einmal von Ihnen persönlich hören. Wichtig ist dabei, dass Sie Ihren Weg schlüssig schildern können und auch zu Ihrer Vergangenheit stehen, z. B. wenn es Brüche in Ihrem Werdegang geben sollte. Es ist keine Schande, in jungen Jahren etwas vermeintlich Interessantem nachgegangen zu sein, um dann festzustellen, dass es nicht das ist, was Sie Ihr Leben lang machen wollen. Sollten Sie Ausflüge in andere Branchen gemacht haben, ein Studium oder eine Lehre abgebrochen haben, als Sie noch auf der Suche nach Ihren wahren Berufswünschen waren: Finden Sie die Gemeinsamkeiten und die Gegensätze dieser Bereiche und begründen Sie, warum Sie sich letztendlich für den Weg entschieden haben, der Sie zu diesem Unternehmen geführt hat. Zeigen Sie den oben erwähnten roten Faden Ihrer Karriereplanung auf.

Alternativ könnte Ihnen diese Frage auch so gestellt werden:
- Wie kam es zu Ihrer Berufswahl?
- Wie kam es, dass Sie da und dort gearbeitet haben?

14. Aus welchen Gründen haben Sie sich für Ihr Studium/Ihre Ausbildung entschieden? Und wie zufrieden sind/waren Sie damit?

Hintergrund und Ziel der Frage ...
Die motiviertesten Mitarbeiter in den Augen eines Personalverantwortlichen sind immer die, die ihren Job aus echter Überzeugung machen oder damit ein bestimmtes (Karriere-)Ziel verfolgen. Mit dieser Frage will er oder sie wissen, ob dies bei Ihnen der Fall ist. Beweis für echtes Engagement ist der berühmte »rote Faden« in Ihrer Vita, der sich bereits in der Wahl Ihres Studiums zeigt. Auch wenn Sie noch so jung sind, interessiert es ihn/sie, zu wissen, ob Sie sich bereits eine Karrierestrategie für Ihre berufliche Zukunft zurechtgelegt haben oder ob Sie Ihre Zukunft dem Zufall überlassen. Sollten Sie Brüche in Ihrem Ausbildungswerdegang haben, wird man Sie sicher nach den Gründen fragen.

... und wie Sie clever darauf antworten:
Mit einer sympathisch-überzeugenden Präsentation können Sie zwei Fliegen mit einer Klappe schlagen: Engagement und Ernsthaftigkeit in Bezug auf Ihre Studien- bzw. Berufswahl beweisen und für Ihre kompetente Persönlichkeit werben, die sich für das Unternehmen lohnt. Füllen Sie die Stichpunkte Ihres Lebenslaufs mit Hintergrundinformationen, die Ihrem Gegenüber zeigen, dass Sie wissen, was Sie (gerne) tun. Selbst Brüche in Ihrem Ausbildungswerdegang – ein abgebrochenes Studium, eine abgebrochene Lehre, ein Positionswechsel nach kurzer Zeit – lassen sich überzeugend erklären, wenn Sie dies mit einer ruhigen und abgeklärten Haltung tun, die Sympathie weckt. Wichtig ist, dass Sie darlegen, was Sie sich seinerzeit davon versprochen haben und weswegen Sie sich anders, sprich: für Ihren jetzigen Weg, entschieden haben – und auf diesem nun selbstverständlich bleiben wollen.

Alternativ könnte Ihnen diese Frage auch so gestellt werden:
- Aus welchen Gründen haben Sie sich für den Beruf/ die Branche/die Arbeitsplätze X, Y und Z entschieden?
- Und warum jetzt für diese neue Position in unserem Haus?

15. Welche Gebiete Ihres Studiums/Ihrer Ausbildung haben Ihnen besonders gelegen/liegen Ihnen besonders? Und welche ggf. nicht so ...?

Hintergrund und Ziel der Frage ...

... ist die Selbsteinschätzung Ihrer Fähigkeiten und Ihrer Interessen, die sich im Idealfall genau mit den Anforderungen der zu besetzenden Stelle decken. Natürlich möchte der Personalverantwortliche wissen, ob Sie sich über die benötigten Fähigkeiten im Klaren sind, die Sie als optimale Besetzung für die Stelle mitbringen sollten. Und wie Sie noch nicht vorhandene Fähigkeiten und Kenntnisse o. Ä. mit der Stelle in Einklang bringen wollen. Ihre Motivation und Ihr Fingerspitzengefühl sind gefragt, wenn Sie »ungeliebte« berufliche Gebiete angeben.

... und wie Sie clever darauf antworten:

Geschickt wäre es, wenn Sie als Ihre bevorzugten beruflichen Gebiete diejenigen benennen, die Sie auch für Ihre zukünftige Arbeit benötigen. Dazu sollten Sie sich natürlich sehr gut vorstellen können, wie Ihr Arbeitsgebiet aussehen wird. Wenn Sie beides in einem gut vorbereiteten kleinen Vortrag schlüssig zusammenbringen und sich dabei engagiert präsentieren, werden Sie sicher Pluspunkte sammeln. Geben Sie als Antwort auf die Frage, welche Gebiete Ihnen nicht so liegen, solche an, die in Ihrem künftigen Arbeitsbereich sowieso nicht gefragt sind oder die nicht wirklich ausschlaggebend für den Erfolg sind. Hüten Sie sich aber davor, zu behaupten, es gäbe nichts, was Ihnen nicht liegt. Das wird Ihnen niemand so recht glauben wollen, oder man wird Sie eines Tages daran erinnern. Sollten Sie noch keine berufliche Erfahrung haben, zählen für Sie Ihre Erfahrungen Ihres Studiums oder Ihrer Praktika.

Alternativ könnte Ihnen diese Frage auch so gestellt werden:

- Für welches Fach/Gebiet haben Sie sich in Ihrer Berufsausbildung am meisten engagiert? Und welches haben Sie eher vernachlässigt?

16. Berichten Sie uns etwas über die wichtigsten Aspekte Ihrer bisherigen Tätigkeiten im Studium/in Praktika/Jobs.

Hintergrund und Ziel der Frage ...
... ist zum einen der Test Ihrer Fähigkeit, aus Ihrer komplexen beruflichen Tätigkeit (oder Ihres Studiums respektive Ihrer Praktika) diejenigen Aspekte herauszufiltern, die Sie für die wichtigsten erachten. Zum anderen liegt die Aufmerksamkeit darauf, wie aufschlussreich und transparent Sie diese präsentieren. In puncto Präsentation wird der Personalverantwortliche auf Ihre Souveränität, Ihr Engagement und auf Ihre Reaktion bei vielleicht unerwarteten Zwischenfragen achten. Natürlich wird es ihn auch interessieren, ob und wie Sie die entsprechenden Aspekte mit Ihren künftigen Tätigkeiten verbinden wollen.

... und wie Sie clever darauf antworten:
Was der Personalverantwortliche insgeheim von Ihnen erwartet, sollten Sie ihm bieten. Wählen Sie genau die Aspekte Ihrer bisherigen beruflichen Position, Ihres Studiums und/oder Ihrer Praktika aus, die sich Ihrer Meinung nach mit den Anforderungen Ihres künftigen Arbeitsplatzes decken. Mit einer überzeugenden, kompetenten und engagierten Präsentation können Sie sich als Mitarbeiter empfehlen, der trotz wenig Berufserfahrung über eine sehr genaue Vorstellung verfügt, welche seiner Stärken und bereits gesammelten Erfahrungen für das Unternehmen lohnenswert sind und wie er sie einbringen will.

Alternativ könnte Ihnen diese Frage auch so gestellt werden:
- Welche wichtigen beruflichen Aufgaben/Herausforderungen hatten Sie bisher zu bewältigen?
- Erzählen Sie uns von Problemen, die Sie erfolgreich/nicht erfolgreich gelöst haben ...
- Was haben Sie daraus gelernt?

17. Welche besonderen Studien- und Ausbildungsschwerpunkte haben Sie sich selbst gesetzt und warum?

Hintergrund und Ziel der Frage ...
... ist Interesse an Ihrer Karriereplanung. Ein Personalentscheider möchte wissen, seit wann Sie sich bezüglich Ihrer beruflichen Ausrichtung sicher sind. Auch wenn Sie noch jung sind: Eine klare Vorstellung von den eigenen Zielen und eine gute Einschätzung, über die notwendigen Fähigkeiten und Eigenschaften zu verfügen, wird sehr positiv gesehen – wenn nicht sogar erwartet. Ein Personalrekrutierer entnimmt Ihrer Antwort, wie gut Sie sich bereits während des Studiums darüber informiert haben. Er wird mit Wohlwollen zur Kenntnis nehmen, welche Zusatzschwerpunkte Sie gewählt haben, beispielsweise um sich spezielles »Nischenwissen« anzueignen, mit dem Sie später als einer von Wenigen bestens punkten könnten.

... und wie Sie clever darauf antworten:
Natürlich sollten sich Ihre Studien-/Ausbildungsschwerpunkte mit Ihren künftigen Aufgaben weitgehend decken, um noch fehlende Berufserfahrung mit erlerntem Wissen auszugleichen. Begründen Sie anhand der Wahl Ihrer Fächer, was Sie sich als berufliches Ziel gesetzt haben und was Sie Ihrer Meinung nach schon im Studium dafür tun konnten. Sollten Sie beispielsweise zu einem Wirtschaftsstudium eine Sprache gewählt haben, dann deswegen, um im internationalen Bereich problemlos bestehen zu können. Erwähnen Sie Weiterbildungsseminare oder Zusatzkurse, die Sie belegten, um etwas Außergewöhnliches in Ihrem Portfolio zu haben oder um eine interessante Wissensfacette zu einem Ihrer Schwerpunkte hinzuzufügen. Es geht darum, zu verdeutlichen, dass Sie von Anfang an Ihr Studium auf Ihre beruflichen Ziele ausgerichtet haben (was meistens nicht der Fall ist, aber ...). Bei einem abgebrochenen Studium überlegen Sie sich im Vorfeld eine überzeugende Erklärung (siehe Fragen 15, 16, 24).

Alternativ könnte Ihnen die Frage auch so gestellt werden:
- Würden Sie mit dem Wissen Ihrer ersten Erfahrungen dieselben Ausbildungsschwerpunkte noch einmal wählen?

18. Wie sind Sie zu dem Thema Ihrer Diplom-/Bachelor- oder Masterarbeit gekommen?

Hintergrund und Ziel der Frage …

Ein Personalverantwortlicher interessiert sich dafür, inwieweit die Themenauswahl mit Ihrem konkreten Berufswunsch zusammenhängt, ob sie Zufall war oder schon bewusst auf Ihren künftigen Beruf ausgerichtet. Mit der Abschlussarbeit haben Sie sich in ein Fachgebiet vertieft, mit dessen Wissen Sie als Experte in einem Vorstellungsgespräch punkten können. Interessante Themen oder die Unterstützung eines Unternehmens für eine Abschlussarbeit zu bekommen, ist oft gar nicht so leicht. Da braucht es Überzeugungskraft, Durchhaltevermögen oder gute Kontakte (die Sie natürlich nur aufgrund sehr guter Leistungen haben).

… und wie Sie clever darauf antworten:

Es ist gut, wenn der Gegenstand Ihrer Abschlussarbeit sozusagen das (Zwischen-)Ergebnis Ihrer bisherigen geradlinigen Ausbildung bildet. Wenn er auch noch Ihr künftiges Aufgabengebiet thematisiert, umso besser. Von Vorteil ist auch, wenn hinter der Auswahl des Themas ein Plan steckt, und nicht Zufall oder Notwendigkeit, weil es keine andere Aufgabenstellung mehr gab. Den Personaler interessiert Ihr Vorgehen bei der Wahl Ihrer Abschlussarbeit. Haben Sie sich alles selbst überlegt oder wurde es Ihnen vorgeschlagen? Welchen (möglichst namhaften) Professor haben Sie dafür als Ansprechpartner und Betreuer ausgewählt? Es geht dem Personalverantwortlichen z. B. auch um Ihre Kriterien z. B. bei der Wahl des Unternehmens, für das Sie Ihre Arbeit geschrieben haben. Daran kann er Ihren Ehrgeiz und Ihre Branchenkenntnis erkennen. Es wird ihn sicher beeindrucken, wenn Sie Ihre Arbeit bei einem namhaften Unternehmen geschrieben haben, das offensichtlich von Ihren Fähigkeiten genug überzeugt war, ein wichtiges Thema in Ihre Hände zu geben.

Alternativ könnte Ihnen die Frage auch so gestellt werden:
- Was war für Sie bei der Wahl des Themas Ihrer Abschlussarbeit ausschlaggebend?

19. Stellen Sie uns bitte einmal kurz die Ergebnisse Ihrer Abschlussarbeit vor.

Ziel und Hintergrund der Frage ...
... ist Ihre Fähigkeit, Fakten und Erkenntnisse prägnant und verständlich zu vermitteln, zu testen. Ihr Gesprächspartner prüft, ob und wo Sie Prioritäten setzen. Er achtet darauf, wie Sie Ihre Antwort strukturieren und wie transparent Sie Ihre Ergebnisse darstellen. Sie werden im Berufsleben häufiger in Meetings und/oder Vertragsverhandlungen wichtige Fakten zusammenfassen müssen. Anhand Ihrer Antwort weiß der Personalverantwortliche auch, wie tief Sie in der Materie vorgedrungen sind. Es geht um Ihre fachliche Kompetenz und Ihre Ernsthaftigkeit. Außerdem interessiert natürlich, wie Sie Ihren (Kurz-)Vortrag gestalten. Ob es für Sie eine Quälerei ist, ob Sie an Ihrem Thema nach wie vor interessiert sind und wie unterhaltsam Sie auch »Expertenwissen« an Laien weitergeben.

... und wie Sie clever darauf antworten:
Auf diese Frage sollten Sie gefasst und vorbereitet sein. Bereiten Sie Material für einen ca. fünf Minuten langen Vortrag vor. Er sollte Ihre Arbeits- und Herangehensweise an Ihr Thema beschreiben und dann die drei bis vier wichtigsten Ergebnisse Ihrer Arbeit in je einem Satz. Das hört sich einfacher an, als es ist. Je kürzer eine Antwort, desto wichtiger eine Formulierung, die alle faktischen Details enthält, die für das Verständnis auch als Laie notwendig sind. Es geht darum, wie Sie in Ihrem Berufsleben eventuell komplexe fachliche Zusammenhänge so an Kunden und Geschäftspartner vermitteln, dass sie auf der Basis dieses Wissens eine fachlich gute Entscheidung treffen können. Achten Sie darauf, motiviert und engagiert Ihre Antwort zu präsentieren. Dies ist ein Beweis Ihrer Kommunikationskompetenz und Ihres fachlichen Interesses.

Alternativ könnte Ihnen die Frage auch so gestellt werden:
- Welche Ergebnisse Ihrer Abschlussarbeit könnten Ihnen für Ihre künftige Tätigkeit bei uns nützlich sein?

FRAGEN & ANTWORTEN

> **20. Warum haben Sie an der XY-Uni studiert, wo doch die Experten auf dem Gebiet ... da bzw. dort sind?**

Hintergrund und Ziel der Frage ...

... ist es, etwas über die Kriterien zu erfahren, nach denen Sie Ausbildungsstätten oder Arbeitsplätze auswählen. Indirekt wird sich dem Personalverantwortlichen darüber erschließen, ob Ihnen die fachliche, die soziale oder die finanzielle Komponente bei Ihrer Karriereplanung wichtiger ist. Eine große Rolle spielt für ihn, wie plausibel und überzeugend Sie eine Entscheidung begründen, die einer fachlich bestmöglich fundierten Ausbildung eigentlich zuwider läuft. Natürlich ist diese Frage auch ein Stresstest, der auf Ihre Reaktion bei kritischer Hinterfragung abzielt.

... und wie Sie clever darauf antworten:

Auf Fragen, die Ihre Vita, Ihre Ausbildung etc. behandeln, sollten Sie immer gefasst sein. Ihre gute Selbsteinschätzung können Sie unter Beweis stellen, indem Sie vorab erahnen, welche Punkte in Ihren Lebenslauf Fragen aufwerfen werden. Ihre Fähigkeit, zu überzeugen und dabei halbwegs authentisch zu bleiben, zeigen Sie mit der Auswahl sehr guter Argumente, die Ihre Wesensart positiv beleuchten und das fachliche »Manko« kompensieren. Vielleicht ist Ihnen das zwischenmenschliche Klima in einer Universität bezüglich Zusammenarbeit oder die Option künftiger Kontakte wichtiger als das rein fachliche Kriterium. War in der Nähe das namhafte Unternehmen XY, in dem Sie sich Ihr Studium finanziert oder Praktika gemacht haben etc.? Lassen Sie keinen Zweifel daran, dass hinter jeder Ihrer Handlungen ein Plan steckt. Er kann und muss nicht immer aufgehen. Dazu stehen Sie dann, erkennen das Positive aus Ihren Niederlagen und können diese Erfahrung für sich in Zukunft nutzen.

Alternativ könnte Ihnen die Frage auch so gestellt werden:

- Nach welchen Kriterien haben Sie Ihr Studium/Ihre Universität/Ihr Praktikum/Ihre erste berufliche Position ausgewählt?
- Wie erleben Sie Kritik?

21. Gibt es etwas, was Sie jetzt noch gern studieren würden?

Hintergrund und Ziel der Frage ...
... kann eine Falle sein. Antworten Sie spontan mit einem Studienfach Ihrer Wahl, könnte man interpretieren, dass Ihnen die Motivation für das Berufsleben fehlt und Sie, warum auch immer, auf Ihr Studentenleben noch nicht verzichten wollen. Damit können natürlich Zweifel an Ihrer Motivation für Ihre Bewerbung aufkommen. Das Motiv dieser Frage kann aber auch etwas anderes sein: Interesse, welches Fach Sie neben Ihrem erlernten Wissen zusätzlich für notwendig erachten. Oder wie es um Ihre Lernbereitschaft in Zukunft steht. Auf jeden Fall zielt diese Frage auf Ihre generelle Leistungsmotivation und auf Ihre Karriereplanung ab.

... und wie Sie clever darauf antworten:
Lassen Sie keinen Zweifel daran, dass es für Sie zurzeit nichts Wichtigeres gibt als diese Bewerbung und dieses Vorstellungsgespräch, weil genau diese Position der erste Meilenstein Ihres beruflichen Erfolgs ist. Aber natürlich gibt es da Studienfächer, die Sie interessieren und von denen Sie glauben, dass deren Inhalt Ihnen (und damit auch dem Unternehmen) beruflich nutzen könnte. Wenn Sie sich jedoch für keine weiteren Studiengänge interessieren sollten, zeigen Sie sich voll und ganz mit Ihrer jetzigen fachlichen Grundlage zufrieden. Es ist für Sie aber selbstverständlich, sich über kontinuierliche Weiterbildung fachlich und im Bezug auf Ihre Soft Skills immer auf dem neuesten Stand zu halten. Streben Sie Personalverantwortung an, würde Sie z. B. ein Seminar zum Thema »Führungsstile« interessieren etc. Die Hauptsache ist zu suggerieren, dass hinter allem, was Sie tun, ein Plan steht und Sie wissen, was Sie beruflich weiterbringt.

Alternativ könnte Ihnen die Frage auch so gestellt werden:
- Inwieweit, glauben Sie, könnte Ihnen ein weiteres Studium in Ihrer jetzigen beruflichen Situation von Nutzen sein?
- Wenn Sie sich noch einmal entscheiden könnten: Was würden Sie an Ihrem Ausbildungsweg ändern? Und warum?

FRAGEN & ANTWORTEN

> 22. Würden Sie das gleiche Fach noch einmal studieren? Wenn ja, warum bzw. warum eigentlich nicht?

Hintergrund und Ziel der Frage …

… ist ein Test Ihrer Leistungsmotivation, Ihrer Karriereplanung und Ihrer Selbsteinschätzung. Ein Personalverantwortlicher möchte wissen, ob Sie nach dem Abitur in der Lage waren, einzuschätzen, welche Studienrichtung Ihre Neigungen, Talente und beruflichen Ziele unter einen Hut bringt. Er möchte einschätzen, ob Sie in der zu besetzenden Position mit Ihrem Wissen als Grundlage motiviert und leistungsbereit agieren werden. Eine Studienrichtung, die Sie nicht befriedigt hat, wird vielleicht mangels echter Überzeugung keine gute Arbeitsleistung nach sich ziehen. Womit Sie rechnen sollten: Eine solche Frage kann auch dazu dienen, Sie zu ausführlichen Statements über Ihr Studium zu verführen, z. B. darüber, was Ihnen nicht so gut gefallen hat. Es geht also auch um Ihre Loyalität.

… und wie Sie clever darauf antworten:

Lassen Sie keinen Zweifel daran, dass die Entscheidung für Ihr Studium genau die richtige war. Wählen Sie Argumente, die darauf schließen lassen, dass Sie von Anfang an darauf abgezielt haben, Ihr künftiges Arbeitsgebiet so gut wie möglich auszufüllen. So machen Sie deutlich, dass Sie ein optimaler Kandidat für die zu besetzende Position sind – fachlich und bezüglich Ihrer Leistungsbereitschaft. Sollte es Punkte in Ihrem Studium gegeben haben, mit denen Sie unzufrieden waren, behalten Sie diese für sich. Seien Sie diplomatisch und heben Sie nur das Positive hervor.

Bewerben Sie sich »fachfremd«, wäre eine angemessene Antwort in dieser Richtung: Zwischen den Tätigkeiten hier und meinem Studium sehe ich die folgende Verbindung … Es erfordert sicher intensives Nachdenken, aber glauben Sie uns: Alles lässt sich mit allem sinnvoll verbinden!

Alternativ könnte Ihnen die Frage auch so gestellt werden:
- Wenn Sie sich noch einmal entscheiden könnten: Was würden Sie an Ihrem Ausbildungsweg ändern? Und warum?

23. Wie haben Sie Ihr Studium finanziert?

Hintergrund und Ziel der Frage ...
... sind vielschichtig. Zum einen erhofft sich der Personalverantwortliche Aufschluss über Ihren sozialen Hintergrund. Wurde Ihnen das Studium von Ihren Eltern finanziert oder haben Sie dafür gearbeitet? Interessant wäre ein Stipendium für außergewöhnliche Leistungen, das für Ihre besondere Motivation und Einsatzbereitschaft spräche. Über eine solche Frage möchte er aber auch herausbekommen, wie viel berufliche Erfahrung Sie bis jetzt haben und in welchen Arbeitsgebieten. Darüber kann er leicht erschließen, ob Sie Ihre Karriere genau planen oder eher dem Zufall überlassen. Auch was Sie für Ihre Arbeit und Ihren Erfolg an Einsatz zu geben bereit sind, ist von Interesse.

... und wie Sie clever darauf antworten:
Grundsätzlich sollten Sie Ihre berufliche Motivation in den Vordergrund stellen und jegliche Interpretationsmöglichkeiten in Richtung Ihrer Familie begrenzen. Selbst wenn Ihre Eltern Ihr Studium (mit)finanziert haben: Begründen Sie dies damit, dass Sie so schnell wie möglich Ihr Studium beenden wollten, um ohne große Zeitverschwendung in Ihren Wunschberuf einsteigen zu können. Vermeiden Sie auf alle Fälle zu suggerieren, dass Sie eine solche Finanzierung für selbstverständlich halten oder Sie es nicht für nötig erachtet haben, zu arbeiten. Sollten Sie Nebenjobs gemacht haben, die mit Ihrem künftigen Stellenprofil nur wenig gemein haben, gibt es trotzdem immer nützliche Fähigkeiten, die Sie darüber erworben haben können – z. B. den Umgang mit Kunden, Verhandlungsgeschick, Durchsetzungsvermögen, organisatorische Fähigkeiten etc. Die Hauptsache ist, Sie vermitteln eine positive Grundeinstellung zu Arbeit und Ausbildung.

Alternativ könnte Ihnen die Frage auch so gestellt werden:
- Welche beruflichen Erfahrungen haben Sie bisher gesammelt?
- In welcher Zeit haben Sie Ihr Studium absolviert?
- Welche beruflichen Tätigkeiten hatten Sie neben Ihrem Studium?

FRAGEN & ANTWORTEN

24. Wie lange haben Sie studiert und warum?

Hintergrund und Ziel der Frage ...
... sind Ihre Leistungsmotivation und Ihre Geradlinigkeit. Eine überdurchschnittliche Studiendauer kann daran liegen, dass Sie Ihr Studium durch Nebenjobs finanzieren mussten, Ihre Leistungen nicht gut genug waren oder dass Sie ein Studium abgebrochen haben. Ihr Interviewer möchte wissen, ob Sie in der Lage sind, plausible Argumente für eventuelle Lücken oder zeitliche Verzögerungen zu finden, und ihn dabei trotzdem von Ihrer Motivation überzeugen. Insbesondere Wankelmütigkeit möchte er ausschließen, um zu verhindern, binnen kürzester Zeit einen Nachfolger für Sie suchen zu müssen.

... und wie Sie clever darauf antworten:
Falls es auf Sie zutrifft, sollten Sie sich im Vorfeld plausible Erklärungen für ein längeres Studium oder einen Studienwechsel überlegen. So verhindern Sie, dass Ihnen ein Personalverantwortlicher mangelnde Disziplin, fehlende Leistungsfähigkeit oder -bereitschaft, Unentschiedenheit oder fehlendes Verantwortungsbewusstsein unterstellen kann. Wenn Sie ein Studium abgebrochen haben, dann weil Sie z. B. festgestellt haben, dass es zwar sehr interessant war, aber Ihre Motivation dafür nicht ein ganzes Leben lang gereicht hätte (im Gegensatz zu Ihrem jetzigen Weg). Sollte zwischen Ihren beiden Studien eine längere Zeit liegen, füllen Sie diese mit einer Orientierungsphase, in der Sie sich neu über Alternativen informiert haben oder die Voraussetzungen für einen erfolgreichen Abschluss geschaffen haben – z. B. durch ein Praktikum oder einen berufsbezogenen Nebenjob, einen Kurs zum Erwerb unbedingt benötigter Fähigkeiten etc. Hauptsache, Sie zeigen in allem, was Sie bisher getan haben, den berühmten roten Faden auf oder können etwas Positives für Ihre künftige Tätigkeit darin erkennen.

Alternativ könnte Ihnen die Frage auch so gestellt werden:
- Erzählen Sie uns etwas über Ihren Ausbildungsweg.

25. Warum promovieren Sie (nicht), machen noch Ihren Master etc.?

Hintergrund und Ziel der Frage ...

... ist zu erfahren, wie fundiert und durchdacht Ihre Berufs- und Karriereplanung ist. Für manche Berufe ist ein Doktortitel enorm wichtig, für andere eher Zeitverschwendung. In der Hauptsache geht es wieder um Ihre Leistungsmotivation und Ihre Selbsteinschätzung, wie Sie am besten zum Ziel Ihrer Berufs- und Karrierewünsche kommen. Außerdem ist eine Doktorarbeit immer auch eine Frage der Finanzen. Ein Personalverantwortlicher erhofft sich, Ihnen zu entlocken, wie es um Ihre diesbezüglichen Verhältnisse steht und ob Sie sich von einem Doktortitel ein höheres Gehalt versprechen. Außerdem kann er daran erkennen, ob Sie eher der praxisorientierte Arbeitstyp sind, der seine Fähigkeiten lieber in der beruflichen Wirklichkeit beweist und erweitert.

... und wie Sie clever darauf antworten:

Egal ob Sie sich für oder gegen eine Promotion entschieden haben: Der Grund dafür lag immer im beruflichen Bereich. Entweder haben Sie ein Karriereziel gewählt, für das der Doktortitel unabdingbar ist, oder eben nicht. Oder es ist Ihnen wichtiger, erst einmal praktische Erfahrungen zu sammeln, Sie wollen eine spätere Promotion aber nicht ausschließen. Auf alle Fälle sollte Ihre Entscheidung schlüssig sein. Argumentieren Sie auf gar keinen Fall mit den Finanzen oder familiären Gründen (Familientradition, eine zu große zeitliche wie finanzielle Belastung für Ihre junge Familie etc.). Äußern Sie sich tunlichst nicht negativ zu der jeweils anderen Option. Sollten Sie noch nicht über eine Doktorarbeit nachgedacht haben, aber erahnen, dass der Personalverantwortliche dies durchaus positiv sehen würde, lassen Sie sich diese Möglichkeit offen.

Alternativ könnten Sie diese Frage so gestellt bekommen:
- Wie denken Sie über akademische Titel in der Berufswelt?
- Welche Vorteile erhoffen Sie sich durch Ihren Doktortitel?

26. Haben Sie berufliche Vorbilder?

Hintergrund und Ziel der Frage ...

... ist die Absicht eines Personalrekrutierers, etwas über Ihre künftige Arbeitsweise respektive über Ihre Vorstellung von Karriere zu erfahren. Nachdem Sie noch nicht über eine besonders umfangreiche Berufserfahrung verfügen und somit noch kein eigener Weg in der beruflichen Wirklichkeit zu erkennen ist, zeigt ihm die Wahl eines beruflichen Vorbilds, wie Sie sich zumindest theoretisch positionieren wollen. Wie bei vielen Fragen, in denen es oberflächlich um jemand anderen geht, geht es natürlich ausschließlich um Sie – nach dem Motto »Sage mir, mit wem Du umgehst ...«. Es gibt berufliche Vorbilder, aus denen man erschließen kann, dass es Ihnen vielleicht mehr um materiellen Erfolg und/oder um eine besondere Markt- und Machtstellung geht, und es gibt Vorbilder, aus denen man erschließen kann, dass Sie Ihren beruflichen Erfolg eher über etwas Ethisch-Moralisches definieren.

... und wie Sie clever darauf antworten:

Nachdem Sie nun wissen, dass es um Ihre (künftige) Arbeits- und Sichtweise geht, die hier eingeschätzt wird, sollten Sie sich Vorbilder überlegen, die nicht nur Ihnen im positiven Sinne entsprechen, sondern auch zur Ausrichtung des Unternehmens passen. Bei einem Unternehmen, in dem die Mitarbeiter im Mittelpunkt stehen, empfiehlt es sich nicht, eine Persönlichkeit zu benennen, der es ausschließlich um Profitmaximierung zu gehen scheint. Begründen Sie Ihre Wahl mit Argumenten, die klarmachen, dass Sie sich tatsächlich mit dieser Person und ihrem Schaffen auseinandergesetzt haben und es z. B. besonders beeindruckend finden, wie sich derjenige in Krisensituationen verhalten hat. Verfallen Sie nicht in Schmeichelei und zeigen Sie sich auch nicht überbeeindruckt.

Alternativ könnte Ihnen die Frage auch so gestellt werden:
- Wer hat Sie beruflich beeinflusst/geprägt?
- Sind Sie von jemandem ausbildungsmäßig/beruflich gefördert worden?

3. LEISTUNGSHINTERGRUND

27. Auf welche Ihrer beruflichen oder ausbildungsrelevanten Leistungen und Erfolge sind Sie stolz? Und jetzt zu Ihren Misserfolgen ...

Hintergrund und Ziel der Frage ...

... ist eine Art Mini-Stresstest. Der Personaler wird Rückschlüsse auf Ihre Vorbereitung ziehen. Gleichzeitig wird er versuchen abzuschätzen, wie Sie in Zukunft in heiklen Situationen mit Kunden und Geschäftspartnern reagieren werden. Ganz genau hingehört wird bei Ihrer Antwort zu Ihren Misserfolgen. Abgesehen von den Misserfolgen selbst, interessiert Ihre Krisenfestigkeit und Ihr Umgang mit negativen Erlebnissen.

... und wie Sie clever darauf antworten:

Diese Frage wird in der Mehrzahl der Vorstellungsgespräche auftauchen. Sich nicht auf sie vorzubereiten, wäre sträflicher Leichtsinn. Als Berufsanfänger werden Sie noch nicht so viele berufliche Erfolge vorzuweisen haben. Erfolge aus Studium oder Praktika zählen aber selbstverständlich auch. Achten Sie darauf, die Kirche im Dorf zu lassen und sich nicht zu übertrieben selbst zu feiern. Stellen Sie Ihre Leistung lieber in einem Zusammenhang mit Ihren Kollegen/Kommilitonen dar. Ihre erwähnten Misserfolge sollten keine sein, die ein Projekt ernsthaft gefährdet haben. (Kleinere) Fehler passieren gerade am Anfang. Sie einzugestehen und zu erwähnen, was Sie heute anders machen würden, macht Sie sympathisch und transportiert die Botschaft, dass Sie lernfähig und -willig sind.

Alternativ könnte Ihnen diese Frage auch so gestellt werden:

- Was sind Ihre persönlichen Stärken? Was Ihre Schwächen?
- Was sind Ihre (beruflichen/ausbildungstechnischen) Highlights/ Schwachpunkte?
- Mit welchen Schwierigkeiten haben Sie sich auseinandergesetzt?
- Von welchen (beruflichen/ausbildungstechnischen) Siegen/ Niederlagen können Sie uns berichten? Was haben Sie daraus gelernt?
- Womit sind Sie bei sich selbst unzufrieden? Wann gehen Sie das an?
- Gibt es etwas in Ihrem Leben, das Sie bedauern/bereuen? Warum?

FRAGEN & ANTWORTEN

28. Was möchten Sie in 3/5/10 Jahren erreicht haben?

Hintergrund und Ziel der Frage ...
... kann gerade bei Ihnen als Berufsanfänger der Test Ihres Realitätssinns und Ihrer Selbsteinschätzung sein. Der Personaler möchte wissen, welche Karriereziele Sie im gefragten Zeitrahmen in Ihrem angestrebten Tätigkeitsbereich für möglich halten. Natürlich will er wissen, wie weit Sie in Ihrer Karriereplanung überhaupt gekommen sind. Es geht um den Grad Ihrer Motivation, Ihrer Leistungsbereitschaft, Ihrer Vorstellungskraft, Ihres Durchhaltevermögens und um Ihre persönliche Karrierestrategie. Vielleicht erhofft sich der Personalverantwortliche auch Aufschluss über Ihre privaten Ziele, die Ihre Karriere durchaus beeinflussen können.

... und wie Sie clever darauf antworten:
In Ihren Antworten sollten Sie ausschließlich von Ihren beruflichen Vorstellungen sprechen. Vermitteln Sie Leistungsbereitschaft und Optimismus, was die Einschätzung Ihres beruflichen Erfolgs anbelangt. Stecken Sie Ihre Ziele ruhig hoch, aber übertreiben Sie es nicht. Sie werden vielleicht eines Tages daran gemessen werden. Hüten Sie sich jedoch davor, bei Ihrem Gegenüber den Eindruck zu erwecken, Sie würden für Ihre Karriere auch über Leichen gehen, Ihre Ziele über die des Unternehmens stellen oder zu einer Gefahr für das Betriebsklima werden.

Alternativ könnte Ihnen diese Frage auch so gestellt werden:
- Wie sehen Sie Ihre Zukunft?
- Wo möchten Sie sich unter keinen Umständen in drei/in fünf Jahren beruflich befinden?
- Welche beruflichen Ziele verfolgen Sie? (siehe Frage 29)

29. Was sind Ihre Ziele?

Hintergrund und Ziel der Frage ...

... ist das Interesse an Ihrer Karriereplanung. Ein Personalverantwortlicher will wissen, ob Sie überhaupt irgendein berufliches Ziel haben, ob hinter Ihrer Bewerbung ein großer Plan, eine durchdachte Strategie steht. Interessant ist für ihn dabei, ob Sie dafür in Kauf nehmen, auch »klein anzufangen«, und/oder Ihre Chancen realistisch sehen. Er möchte ausschließen, dass es Ihnen lediglich um den Lebensunterhalt geht und Sie jedes Jobangebot wahrnehmen würden. Auf Statements zu Ihrer privaten Zukunftsplanung hofft er vielleicht auch. Denn diese können ja Auswirkungen auf Ihre Karriere haben.

... und wie Sie clever darauf antworten:

Aussagen zu Ihrer privaten Zukunft sollten Sie tunlichst vermeiden. Beziehen Sie sich ausschließlich auf Ihre beruflichen Ziele. Präsentieren Sie sich als hoch motivierter, leistungs- und lernbereiter Mitarbeiter, der einen Blick dafür hat, auf welche Weise er diesem Ziel näher kommt. Wohlwissend, dass es einige Jahre dauern wird, dieses zu erreichen. Stecken Sie Ihre Ziele ruhig hoch, aber bauen Sie keine Luftschlösser. Lassen Sie keinen Zweifel an Ihrem Durchhaltevermögen. Vermitteln Sie Ihren Ehrgeiz, aber bleiben Sie dabei charmant und sympathisch.

Alternativ könnte Ihnen diese Frage auch so gestellt werden:
- Wie sehen Sie Ihre persönliche/berufliche Zukunft?
- Wo sehen Sie sich in drei/in fünf Jahren?
- Wenn Sie noch einmal geboren werden würden, was würden Sie dann machen?

30. Schildern Sie uns einmal den Ablauf eines für Sie typischen Arbeits-/Lerntages.

Ziel und Hintergrund der Frage ...

... ist zum einen ein Überblick über Ihr momentanes Arbeits- und Aufgabengebiet. Interessant ist, ob Ihre derzeitigen Aufgaben/Themen in etwa Ihrem neuen Arbeitsgebiet entsprechen oder ob Sie Ihre dort erworbenen Kenntnisse in den neuen Anforderungen anwenden können. Dazu interessieren Ihre Fähigkeiten in Sachen Zeitmanagement, Organisationstalent und strukturierte Arbeitsweise. Sollten Sie aktuell keine Stelle haben, zählen genauso gut Ihre jüngsten Praktika oder Ihr Studienalltag. Ein Personalverantwortlicher möchte aber auch eventuelle Widersprüche zu Ihren Bewerbungsunterlagen aufdecken. Sind Sie den Anforderungen der neuen Position gewachsen? Ein Personalverantwortlicher wird sowohl auf den Inhalt als auch auf die Souveränität Ihres Vortrages achten.

... und wie Sie clever darauf antworten:

Nehmen Sie diese vermeintlich einfache Frage nicht auf die leichte Schulter! Erzählen Sie nicht nur inhaltliche Fakten, sondern auch, wie Sie Ihre Aufgaben organisieren, was Ihnen im Umgang mit Kollegen, Kunden und Geschäftspartnern wichtig ist und wie Sie sich in schwierigen Situationen verhalten. Sie sollten nicht zu euphorisch klingen, um keine Verwunderung aufkommen zu lassen, weswegen Sie wechseln wollen. Sie können andeuten, was Ihnen nicht so gut gefallen hat. Dies sollte dann aber kein Bestandteil Ihrer neuen Aufgaben sein und Ihre Äußerungen sollten nicht illoyal oder despektierlich klingen. Es würde Sie in Ihren Karriereplänen nicht weiterbringen. Präsentieren Sie sich als engagierten Mitarbeiter, der gern in seinem Umfeld gearbeitet hat, aber sich nun auf die neue Herausforderung freut.

Alternativ könnte Ihnen die Frage auch so gestellt werden:

- Welche Projekte oder Aufgaben beschäftigen Sie gerade?
- Was stand, was steht an ...?
- Was haben Sie erreicht, was wollen Sie erreichen?

3. LEISTUNGSHINTERGRUND

> **31. Was glauben Sie: Wie weit werden Sie in unserem Unternehmen aufsteigen?**

Hintergrund und Ziel der Frage ...
Von Ihrer Antwort verspricht sich der Personalverantwortliche Aufschluss über Ihr Selbstbewusstsein, Ihre Selbstdarstellung, Ihre Unternehmenskenntnis, die realistische Einschätzung Ihrer Fähigkeiten und nicht zuletzt etwas über Ihre Leistungsmotivation und Karrierestrategie. Er wird daran erkennen, welcher Typ Mitarbeiter Sie sind: der, der Verantwortung liebt und als »Macher« die Geschicke des Unternehmens lenken möchte, oder der, der lieber Vorgaben umsetzt. Ihre Körpersprache und Ihr Gesichtsausdruck werden ihm zusätzlich Aufschluss geben.

... und wie Sie clever darauf antworten:
Mit dieser Frage müssen Sie rechnen. Überlegen Sie also im Vorfeld, wie Ihre Karriere in dem Unternehmen aussehen soll bzw. welcher Karrieretyp Sie generell sind. Machen Sie sich klar, welche Konsequenzen Ihre Entscheidung hat und ob Sie bereit sind, sie zu tragen (z. B. weniger Zeit für die Familie etc.). Im Vorstellungsgespräch geht es neben dem Inhalt besonders um Ihre Selbstdarstellung. Sind Sie zu überzeugt von sich, gelten Sie schnell als Unsympath und/oder als eiskalter Karrierist, der seine Interessen rücksichtslos über die aller anderen stellt? Außerdem kann man Sie an Ihren Aussagen später messen. Zu viel Zurückhaltung ist auch nicht gut, weil man vielleicht weniger an Ihren fachlichen Fähigkeiten, aber an Ihrem Durchsetzungsvermögen zweifeln könnte. Vermitteln Sie diplomatisch die Lust an Ihrer Karriere, aber immer zugunsten des Unternehmens und auf der Basis eines guten Teams respektive eines harmonischen Betriebsklimas.

Alternativ könnte Ihnen diese Frage auch so gestellt werden:
- Welche konkreten Karriereziele würden Sie in unserem Unternehmen verfolgen?
- Sind Sie karrierebewusst und aufstiegsorientiert? Wollen Sie vorankommen? Warum? Wie kann ich mir das vorstellen?

32. Wo liegen, wo sehen Sie zukünftig Ihre Arbeitsschwerpunkte?

Hintergrund und Ziel der Frage ...
... ist der Test, wie gut Sie sich auf Ihren künftigen Arbeitsbereich vorbereitet haben. Der Personalverantwortliche will sehen, welche (möglichst realistischen) Vorstellungen Sie von einer Stelle haben, die Sie aufgrund Ihres jungen Alters vielleicht nur aus den Stichpunkten der Stellenanzeige kennen. Er will wissen, wie Sie Ihre Arbeit strukturieren würden und wie Sie ihm Ihre Vorgehensweise hier präsentieren, denn eine überzeugende Präsentation gehört in vielen Unternehmen zum Arbeitsalltag. Auch Ihre realistische Selbsteinschätzung ist gefragt, wo Sie Ihre Stärken sehen und wie Sie diese für Ihre künftigen Aufgaben nutzen wollen.

... und wie Sie clever darauf antworten:
Für eine kompetente Antwort benötigen Sie eine genaue Vorstellung von Ihren künftigen Aufgaben in Verbindung mit den dafür notwendigen Kenntnissen über das Unternehmen. Diese bekommen Sie über die Homepage des Unternehmens, die Fachpresse, den Geschäftsbericht etc. Vielleicht haben Sie ja auch Bekannte oder Freunde, die im Unternehmen arbeiten. Aber Vorsicht: In diesem Fall sollten Sie genau überlegen, was Sie offiziell wissen dürfen. Gibt es Interna, die Sie vielleicht besser nicht im Vorstellungsgespräch verwenden sollten, um Bekannte oder Freunde nicht in Misskredit zu bringen? Der Personalverantwortliche wird dabei auch sehr auf Ihre Selbstdarstellung achten. Geben Sie sich weder zu zurückhaltend noch zu selbstbewusst. Machen Sie unmissverständlich klar, dass für Sie die Arbeit im Vordergrund steht, nicht Ihre Person.

Alternativ könnte Ihnen diese Frage auch so gestellt werden:
- Was machen Sie aktuell?
- Was für Probleme müssen Sie arbeits-/organisationstechnisch bewältigen?
- Auf welchem Sektor lag Ihr Ausbildungs-/Studienschwerpunkt?

33. Welche Erfahrungen haben Sie bereits mit der Berufswelt gemacht?

Hintergrund und Ziel der Frage ...
... ist abzuschätzen, wie weit Sie schon mit der beruflichen Realität vertraut sind und wie weit sich Ihre Erfahrungen mit Ihren Vorstellungen decken. Wenn Sie noch keine berufliche Position hatten, gelten ebenso die Erfahrungen aus Ihren Praktika oder Nebenjobs zur Finanzierung Ihres Studiums. Natürlich spekuliert ein Personalverantwortlicher darauf, Sie – als eine Art Charaktertest – zu einer Bewertung Ihrer bisherigen Erfahrungen zu verleiten. Sind Sie ein lernwilliger, arbeitsfreudiger Mitarbeiter, der sich gut integrieren kann, oder sind Sie der Nörgler, der sich in seinen Fähigkeiten eher unter- oder überfordert fühlt?

... und wie Sie clever darauf antworten:
Haben Sie bereits Erfahrungen in dem Aufgabengebiet gemacht, berichten Sie kurz und prägnant darüber, was diese Ihnen im Ergebnis gebracht haben. Dazu gehören der Erwerb von fachlichen Fähigkeiten sowie von Soft Skills wie Kommunikationsvermögen, Teamfähigkeit etc. Sollten Ihre Erfahrungen (z. B. mit Nebenjobs) nichts mit Ihrer künftigen Position zu tun haben, überlegen Sie, welchen Nutzen Sie trotzdem aus ihnen ziehen können (z. B. Umgang mit Kunden, Erwerb einer erfolgreichen Verkaufsstrategie etc.). Natürlich sind Sie für jede dieser Erfahrungen dankbar. Präsentieren Sie sich als Mitarbeiter mit hoch gesteckten Zielen, der bereit ist, um des Lernens willen auch Aufgaben für eine gewisse Zeit zu erfüllen, die ihm nicht so liegen oder die scheinbar nichts mit dem Karriereziel zu tun haben. Bleiben Sie immer positiv in Ihren Antworten. Auch hier, wie in vielen anderen Fragen, geht es um Ihre Loyalität und Ihre grundsätzliche (optimistische) Einstellung zum Thema Arbeit.

Alternativ könnte Ihnen die Frage auch so gestellt werden:
- Was ist das Resümee Ihrer bisherigen beruflichen Erfahrungen?
- Was glauben Sie, ist nach Ihren bisherigen beruflichen Erfahrungen das Wichtigste im beruflichen Alltag?

FRAGEN & ANTWORTEN

34. Wie bilden Sie sich fort? Und zukünftig?

Hintergrund und Ziel der Frage ...
... ist der Test Ihrer Motivation, Leistungsbereitschaft und Kompetenz. Personalverantwortliche interessieren sich dafür, ob Ihnen das Wissen, das Sie im Studium, den Praktika oder Ihrer ersten beruflichen Position erworben haben, genügt oder ob Sie es erweitern und vertiefen wollen. Dabei möchten sie in Erfahrung bringen, in welchen Bereichen Sie sich weiterbilden (wollen und werden). Wichtig ist ihnen, ob dieses Engagement freiwillig und aus echtem Interesse erfolgt oder weil Ihnen dies »verordnet« wurde. Ihr Weiterbildungskonzept erzählt so einiges über Ihr ernsthaftes und überlegtes Vorgehen bei Ihrer Karriereplanung und -entwicklung und darüber, ob Sie sich auch in Zukunft um den Wissenserwerb «außerhalb der Reihe« kümmern werden.

... und wie Sie clever darauf antworten:
Das erwähnte Weiterbildungskonzept kann in Fachgesprächen mit Kollegen/Kommilitonen oder im Lesen von Fachliteratur bestehen. Mehr Eindruck machen Sie mit der Auswahl und dem Nachweis (!) von Seminaren, die kompatibel zu den Anforderungen Ihrer künftigen beruflichen Tätigkeiten sind. Auch der Besuch von Tagungen, Fachkongressen und Messen wird mit Wohlwollen zur Kenntnis genommen. Punkten können Sie mit der Auswahl von Themen, die zu den Nachbardisziplinen gehören. Denn damit öffnen Sie Ihren Horizont und finden neue Perspektiven für Lösungsansätze innerhalb Ihrer Arbeit. Auch eine Vertiefung Ihrer Sprachkenntnisse oder die Beschäftigung mit anderen Kulturen, mit denen Ihr Unternehmen in Kontakt steht, wird gerne gesehen. Das Wichtigste ist, zu vermitteln, dass Sie sich mit Freude und freiwillig weiterbilden und dies keine Belastung, sondern eine Investition in die Zukunft für Sie darstellt.

Alternativ könnte Ihnen diese Frage auch so gestellt werden:
- An welchen Fortbildungsmaßnahmen haben Sie teilgenommen und wer hat diese initiiert?

3. LEISTUNGSHINTERGRUND

35. Was glauben Sie: Wie schnell werden Sie zum Erfolg unseres Unternehmens beitragen können?

Hintergrund und Ziel der Frage ...

... ist eine von vielen Varianten, im Vorstellungsgespräch Druck aufzubauen, um Ihre Reaktion zu testen. Thema ist Ihre Selbsteinschätzung der bisher erworbenen beruflichen Leistungsfähigkeit und Ihr Glaube, die Leistungserwartung des Unternehmens überhaupt zu erfüllen. Neben Selbstbewusstsein und realistischer Selbsteinschätzung ist für den Interviewer interessant zu hören, wie Sie einen »Erfolg« für das Unternehmen definieren. Dafür müssen Sie natürlich wissen, was das Unternehmen als Erfolg wertet. Sprich: Aus Ihrer Antwort zieht man Rückschlüsse auf Ihre Kenntnisse über das Unternehmen und die für Sie anstehenden Aufgaben. Sie ist aber auch Interpretationsgrundlage für Ihre mögliche Über- oder Unterschätzung Ihrer eigenen Fähigkeiten.

... und wie Sie clever darauf antworten:

Für eine realistische Antwort ist eine größtmögliche Detailkenntnis des Unternehmens und der angestrebten Position inklusive Aufgabenstellung wichtig. Nutzen Sie jede Informationsquelle – von der Homepage über die Fachpresse bis hin zum Geschäftsbericht und Gesprächen mit Mitarbeitern (Social-Media-Kontakte), um sich auf diese Frage vorzubereiten. Eine solche Vorbereitung wird Ihnen bei sehr vielen Fragen nützlich sein: Allein das Wissen darum gibt Ihnen deutlich mehr Sicherheit und die notwendige Ruhe für eine überzeugende Wirkung auf Ihr Gegenüber. Überlegen Sie auf dieser Wissensgrundlage sehr genau, welchen Zeitraum Sie sich selbst geben.

Alternativ könnte Ihnen diese Frage auch so gestellt werden:
- Was glauben Sie: Wie lange brauchen Sie für die Einarbeitung?
- Wann werden Sie für uns profitabel arbeiten können?
- Wie stellen Sie sich den Einstieg, die ersten 100 Tage bei uns vor?

> **36. Wie können Sie als neue/-r Mitarbeiter/-in zum Erfolg eines/unseres Unternehmens beitragen?**

Hintergrund und Ziel der Frage ...
Wie klingt das, was Sie jetzt von sich geben? Überzeugend? Haben Sie sich Gedanken gemacht, was Ihr zentraler Part ist/sein wird, oder sorgen Sie sich nur um Ihre Arbeitsbedingungen, den Verdienst etc.

... und wie Sie clever darauf antworten:
Hierbei handelt es sich um eine gute und schwierige, aber vor allem enorm wichtige Frage! Was können Sie aus Ihrer theoretischen, aber auch praktischen Erfahrung anführen, das für das Unternehmen und die anstehenden Aufgaben von Nutzen sein kann. Lesen, Schreiben, Rechnen und Denken reicht nicht aus ... Ihnen wird schon etwas mehr einfallen müssen und das ist ja der Vorteil einer gezielten Vorbereitung. Hier und jetzt anzufangen, darüber nachzudenken. Die wichtigsten Argumente liegen in den Bereichen KLP, in der erworbenen Kompetenz, Ihrer hohen Leistungsmotivation und Ihrer charmanten Wesensart (nur nochmals zur Verdeutlichung).

Alternativ könnte Ihnen diese Frage auch so gestellt werden:
- Warum sollten wir (ausgerechnet) Sie einstellen?
- Was ist Ihr USP (Alleinstellungsmerkmal)?
- Was können Sie besser als andere, vergleichbare Kandidaten?
- Welche Unterstützung für den Einstieg brauchen/wünschen Sie sich? Und von wem speziell?

37. Haben Sie an Ihren bisherigen Arbeitsplätzen/Lernumgebungen persönliche Erfahrungen mit Konflikten, Streit und Mobbing gemacht?

Hintergrund und Ziel der Frage ...

... ist Ihr Umgang mit genau diesem Thema. Der Kampf um die aussichtsreichsten Praktikantenstellen oder ersten Positionen im Berufsleben fängt schon an der Universität an. Gesunde Konkurrenz gehört zum Geschäft. Wird es unlauter, geht das zulasten der Gesundheit. Die Frage ist: Welche Mittel setzen Sie zum Erreichen Ihrer Ziele ein? Und wie gehen Sie damit um, wenn Sie zwischen die Fronten geraten? Der Personaler wird sehr genau hinhören, was und wie Sie dazu Stellung nehmen. Intrigantentum wird ebenso wenig geschätzt wie ein Supersensibelchen, das hinter jedem rauen Ton Mobbing vermutet.

... und wie Sie clever darauf antworten:

Selbst mit Ihren jungen Jahren werden Sie Kämpfe um Vorteile und/oder Positionen bereits kennengelernt haben. Wenn Sie dies leugnen, machen Sie sich unglaubwürdig. Wer sich im Zusammenhang mit Auseinandersetzungen im beruflichen Umfeld als permanentes Opfer präsentiert, erregt kein Mitleid, sondern eher den Verdacht, dem normalen Alltagsstress nicht gewachsen zu sein. Sie könnten sogar selbst als ein potenzieller Unruhestifter eingeschätzt werden, vielleicht um von fehlenden fachlichen Leistungen abzulenken. Wer sich zu selbstbewusst oder kaltschnäuzig bei seiner Antwort gibt oder in Richtung »Niemand soll es wagen, mir meine Position streitig zu machen!« argumentiert, erregt keine Bewunderung ob seiner Nervenstärke, sondern eher den Verdacht, über Leichen zu gehen. Betonen Sie lieber, dass Sie solche Situationen gern vermeiden, im Notfall aber immer Wert auf eine offene Klärung des Sachverhaltes legen.

Alternativ könnte Ihnen diese Frage auch so gestellt werden:
- Was fällt Ihnen zu den Themen Streit/Intrigen/Mobbing am Arbeitsplatz ein?
- Sind Sie schon mal ungerecht behandelt worden? Erzählen Sie uns mal ...!

> **38. Welche Kompetenzen sehen Sie für die Zukunft als besonders erfolgskritisch an?**

Hintergrund und Ziel der Frage ...
Wie weit und tief haben Sie sich Gedanken gemacht, worauf es in der Arbeitswelt wirklich ankommt?

... und wie Sie clever darauf antworten:
Dies ist eine spannende Frage, über die sich ein Nachdenken wirklich lohnt. Im Gespräch stellt so etwas schon eine ganz besondere Herausforderung dar und deshalb ist es gut, sich vorher darüber klar zu werden, wie man die Dinge beurteilt. Sicher gibt es hier keine wirklich allgemeingültige, verbindliche Antwort, aber Lesen, Rechnen, Schreiben reicht sicher nicht aus. Denken können – vielleicht schon besser... *L e r n e n* , nicht schlecht... Kommunikations-Kompetenz (Sprachen inkl. IT), soziale Kompetenz... – wir nähern uns einer guten Antwort. KLP ist auch hier wieder eine gute Orientierung! Und verzichtbar sind natürlich auch eine permanente Leistungsbereitschaft sowie die Fähigkeit, die richtigen Prioritäten setzen zu können!

Übrigens sind Kompetenzen hier nicht immer ganz genau von Persönlichkeitsmerkmalen abzugrenzen, sondern eher fließend zu verstehen. Mut, Durchhaltevermögen, Unsicherheit ertragen zu können, Konzentrationsfähigkeit, Zielorientierung, eine Vision haben und überzeugend sowie gewinnend vermitteln zu können, wären ebenso gute Beispiel-Antworten dafür.

Alternativ könnte Ihnen die Frage auch so gestellt werden:
- Worauf kommt es Ihrer Meinung nach in der Arbeitswelt ganz besonders an?

3. LEISTUNGSHINTERGRUND

39. Wie arbeiten Sie unter Stress?

Hintergrund und Ziel der Frage ...
Man möchte daraus auf Ihr Selbstbewusstsein und natürlich auf Ihre Arbeitsweise schließen. Gehören Sie zu den Menschen, die Stress angeblich gar nicht kennen, oder werden Sie schon nervös, wenn Sie zwei Dinge gleichzeitig erledigen sollen? Diese Einschätzung ist für Sie sehr wichtig, wenn es um eine Stelle mit großer Verantwortung für ein Projekt, ein nicht unerhebliches Budget oder für Mitarbeiter geht. Neben all diesen Fakten ist es von großem Interesse, wie Sie Ihre Antwort präsentieren – inhaltlich wie körpersprachlich.

... und wie Sie clever darauf antworten:
Machen Sie auf gar keinen Fall den Fehler zu behaupten, so etwas wie Stress gar nicht zu kennen. Das macht Sie unglaubwürdig. Ebenso wenig sollten Sie aus Gründen falsch verstandener Ehrlichkeit z. B. von Versagensängsten sprechen, wenn die Zeit knapp wird etc. Behaupten Sie lieber, dass gesunder Stress für Sie Ansporn und Motivation ist. Mit einer guten Zeitplanung und einer geeigneten Handlungsstrategie immer auch in Absprache mit den beteiligten Kollegen würden Sie gern ungesunden Stress und zu großen Druck vermeiden wollen. Natürlich sollte Ihr körpersprachliches Auftreten zu Ihrer Aussage passen und Ihre Antwort schlicht und knapp ausfallen. Denn größere Ausschweifungen oder gar Rechtfertigungen könnten den Personalverantwortlichen zu der Vermutung bringen, dass es sich genau andersherum verhält.

Alternativ könnte Ihnen diese Frage auch so gestellt werden:
- Wie kommen Sie unter starkem Zeitdruck zurecht?
- Wie effizient ist Ihre Zeit- und Arbeitsorganisation?
- Wie sieht Ihr Zeit-Management aus?

40. Welche Entwicklungsfelder/-themen sehen Sie noch für sich?

Hintergrund und Ziel der Frage ...
Variante 1 wirkt sehr positiv, wer hätte da nicht noch ein paar Ideen, in welche Richtung er/sie sich entwickeln wollte ...
Variante 2 klingt gleich ganz anders, da ahnt man Unangenehmes ...
Wie gehen Sie mit dieser schwierigen, nahezu provokativen Frage um? Was zeigen Sie an Reaktion? Knicken Sie weinerlich ein und bekennen, so gut wie nichts zu wissen, oder trumpfen Sie auf und behaupten das krasse Gegenteil. Auch körpersprachlich wird man Ihre Reaktion interpretieren. Lächeln Sie, wenn Sie diese Frage hören, immerhin wissen Sie jetzt um den Provokationsfaktor.

... und wie Sie clever darauf antworten:
Ganz sicher müssen insbesondere Sie – aber sollten wir das nicht alle – ständig lernen. Haben Sie sich intensiv mit dem Unternehmen und der möglichen Aufgabe beschäftigt, fällt es Ihnen sicherlich nicht allzu schwer, einen (hoffentlich wichtigen, aber eben doch Neben-)Aspekt zu benennen, der nicht gleich Abgründe eröffnet ob Ihrer Unkenntnisse und Sie in entgeisterte Gesichter schauen lässt. Versichern Sie im gleichen Atemzug, dass Sie sich immer wieder darauf freuen, sich tief in das jeweilige Gebiet einzuarbeiten ... Wichtig ist, hier bescheiden und demütig gewisse Defizite zuzugeben und zu versichern, diese schnellstmöglich auszubügeln.

Alternativ könnte Ihnen diese Frage auch so gestellt werden:
- Was wollen/müssen Sie noch lernen?
- Wie wollen Sie mit den Defiziten in dem Bereich ... umgehen?
- Woher wissen Sie, dass Sie (keine) Defizite haben, was macht Sie da so sicher?

3. LEISTUNGSHINTERGRUND

> **41. Wenn die Firmensituation es erfordert: Wären Sie auch bereit, in eine andere Stadt/in ein anderes Land umzuziehen?**

Hintergrund und Ziel der Frage ...

... ist der Test Ihrer Flexibilität und Ihrer Loyalität. Wie in anderen Fragen geht es auch hier darum, welchen Stellenwert das Unternehmen bzw. die Arbeit generell bei Ihnen hat. Natürlich sollten Sie kein Problem damit haben, denn ein Mitarbeiter, der gegen seinen Willen nur der Arbeit wegen in der Fremde leidet, bringt eventuell nicht die erforderliche Leistung. Ist in der Stellenanzeige von Auslandseinsätzen oder einer anderen Stadt die Rede, wird der Personalverantwortliche von Ihrer Bereitschaft dazu ausgehen. Aber auch sonst kann Ihnen diese Frage blühen, z. B. um mit diesem »Überfall« Ihre spontane Reaktion zu testen.

... und wie Sie clever darauf antworten:

Zeigen Sie nur echte Begeisterung, wenn Sie die Aussicht auf andere Städte und Länder tatsächlich begeistert oder dies Ihre Voraussetzung für die Bewerbung war (untermauern könnten Sie dies mit dem Hinweis auf Ihre Reiseleidenschaft). Denn sonst wird der Personalverantwortliche wittern, wenn dem nicht so ist, oder sich fragen, was es denn an Ihrem jetzigen Standort für Probleme gibt, die Sie so in die Ferne (ver)treiben. Umgekehrt sollten Sie es vermeiden, ein solches Ansinnen sofort zu verneinen oder zu lange zu zögern. Eine Frage, wohin die Reise gehen soll, ist immer erlaubt. Dies gibt Ihnen die Zeit, auch äußerlich einigermaßen überzeugend einem solchen Umzug zuzustimmen.

Alternativ könnte Ihnen diese Frage auch so gestellt werden:

- Würden Sie bei uns auch eine andere Aufgabe übernehmen, wenn es die Situation erfordert?
- Wie anpassungsfähig sind Sie? Beruflich und privat?

4. Persönlicher, familiärer und sozialer Hintergrund

> **42. Wir wollen Sie gerne noch ein bisschen besser kennenlernen, was meinen Sie ... was sollten wir über Sie persönlich (noch alles) wissen.**

Hintergrund und Ziel der Frage ...
... ist ein intensiver und umfassender Persönlichkeitscheck, der nur eine einzige Frage benötigt. Ein unverstellter Versuch, in die Schränke und Schubladen Ihrer Persönlichkeit zu schauen, Sie näher zu beleuchten (zu beschnüffeln). Es geht darum, die dunkle Seite des Mondes zu entdecken und so einen weiteren, sehr wichtigen Mosaikstein zur zentralen Frage des Bewerbungsverfahrens hinzuzugewinnen: Passt der Bewerber in unser Unternehmen?

... und wie Sie clever darauf antworten:
Hier haben Sie es mit Befragern zu tun, die in Ihre Privatsphäre eindringen wollen, und es liegt an Ihnen, sich darauf vorzubereiten. Wichtig: Beginnen Sie bei solchen offenen Fragen immer erst damit, die berufliche Ebene anzusprechen und erst später – wenn überhaupt notwendig – die private. Gut helfen jetzt die von Ihnen ausgewählten drei Adjektive, ggf. danach die Hauptworte (Werte!) und falls das noch nicht reicht, haben Sie noch die drei Verben anzubieten als zusätzliche Joker.

Alternativ könnte Ihnen diese Frage auch so gestellt werden:
- Wie würden Sie sich kurz charakterisieren?
- Was sollten wir über Sie persönlich, beside work, vor allem wissen?
- Was meinen Sie – wie würde Sie ein Freund/Kritiker/ Gegner beschreiben?
- Auf welche menschlichen Qualitäten legen Sie bei sich/ bei anderen besonderen Wert?
- Wie ticken Sie, geben Sie uns mal eine Gebrauchsanweisung/ einen Claim/Ihr Motto, Zauberspruch, Weisheit ...
- Welche Farbe hat für Sie die Welt, die Arbeitswelt, Ihr Arbeitsleben?
- Was ist Ihre Lieblingsfarbe?

4. SOZIALER HINTERGRUND

43. Was sind Ihre Stärken, was Ihre Schwächen und wie sind Sie zu diesen Erkenntnissen gekommen?

Hintergrund und Ziel der Frage ...

... ist ganz klar Ihre Fähigkeit zur Selbsterkenntnis und zur Entscheidung, was Sie davon mit dem Personaler teilen wollen. Sind Sie in der Lage, Ihre Auswahl passend zum Stellenprofil zu treffen? Wie diplomatisch äußern Sie sich? Wie gewichten Sie Ihre Stärken und Schwächen? Oder gibt es quasi keine Schwächen in Ihrem Leben? Natürlich will man auch wissen, was Sie zur Behebung Ihrer Schwächen tun werden und wie Sie Ihre Stärken in Ihrem neuen Arbeitsumfeld nutzen wollen. Genauso achtet auf die Form Ihrer Präsentation und wie gut es Ihnen gelingt, Ihre Außenwirkung mit dem Inhalt Ihrer Worte zu verbinden.

... und wie Sie clever darauf antworten:

Oberstes Ziel ist, den Personalentscheider von sich zu überzeugen, fachlich wie menschlich. Am besten erreichen Sie das, indem Sie jede Übertreibung in die eine oder andere Richtung vermeiden. Präsentieren Sie sich als sehr engagiert an allem, was Sie beruflich weiterbringt, als einen interessierten Menschen, der manchmal mit Schwächen wie Party(un)-lust und nicht zu stillender Energie zu kämpfen hat. Auf gar keinen Fall ist jetzt die Zeit für Geständnisse, Selbstgeißelungen oder – noch schlimmer – Lobhudeleien Ihrer eigenen Person. Und schon gar nicht sollten Sie Schwächen nennen, mit denen Sie Ihre Arbeitsqualität torpedieren könnten. Umgekehrt passen Ihre Stärken natürlich genau auf das Stellenprofil. Geben Sie dem Personaler die Möglichkeit, Sie sympathisch zu finden – nur aufgrund der Fakten und Ihres Auftretens.

Übrigens: Ungeduld und Perfektionismus sind als Antworten auf Schwächen absolut verbraucht! Nachhaltigkeit im Handeln und Integrationsfähigkeit als Stärken noch nicht!

Alternativ könnte Ihnen diese Frage auch so gestellt werden:
- Was ist Ihr größter Erfolg/Misserfolg (beruflich/privat)?
- Was war bisher in Ihrem Leben Ihr schlimmstes Erlebnis?
- Gibt es etwas in Ihrem Leben, das Sie bedauern/bereuen?

44. Was bedeutet Arbeit für Sie?

Hintergrund und Ziel der Frage ...
... ist, etwas über Ihre Persönlichkeit und Ihre Einstellungen zu erfahren. Diese Frage bietet sehr viel Raum für eine überzeugende Selbstdarstellung. Es geht darum, welchen Stellenwert Arbeit in Ihrem Leben hat und was Sie dafür zu tun und zu geben bereit sind. Ein weiterer Aspekt ist, inwieweit Sie sich über die Arbeit definieren. Der Personalverantwortliche möchte Aufschluss darüber, ob Sie eher »Dienst nach Vorschrift« machen, um Ihren Lebensunterhalt zu sichern, oder ob Sie für Ihre Arbeit brennen. Thema ist wieder einmal Ihre Motivation und die Frage, inwieweit Sie für eine Karriere im Unternehmen geeignet sind.

... und wie Sie clever darauf antworten:
Auf gar keinen Fall dürfen Sie hier gestehen, wie sehr Sie eventuelle bisherige schlechte Erfahrungen geprägt haben. Natürlich betonen Sie, wie wichtig Ihnen Ihre Arbeit ist. Es ist äußerst befriedigend für Sie, eine Arbeit zu haben, mit der Sie sich identifizieren, und all Ihre positiven Charaktereigenschaften und Stärken einbringen zu können. Arbeit ist für Sie ein Grundbedürfnis, weil sie Ansporn ist, zu immer neuen Hochleistungen motiviert, Ihnen ständig neues Wissen und neue Erfahrungen bringt etc. Sie sollten es allerdings nicht übertreiben und sich nicht als die »personifizierte Arbeitswut« präsentieren. Das kommt in Zeiten von Burn-out und anderen Stresssymptomen nicht gut an. Nehmen Sie z. B. das Sprichwort »Arbeit ist das halbe Leben« (vielleicht etwas mehr) als Grundlage. Betonen Sie, dass Sie die andere Hälfte mit Familie, Freunden und Freizeit umso mehr genießen können, je mehr Ihnen die Arbeit Spaß bereitet.

Alternativ könnte Ihnen diese Frage auch so gestellt werden:
- Was bedeutet Geld/Erfolg/Selbstverwirklichung für Sie?
- Was ist der Sinn Ihrer Arbeit?
- Würden Sie bei uns auch eine andere Aufgabe übernehmen, wenn es die Situation erfordert?

4. SOZIALER HINTERGRUND

45. Wie würden Sie Ihren Arbeitsstil beschreiben?

Hintergrund und Ziel der Frage ...
... ist herauszufinden, wie gut Sie in das Unternehmen passen. Kriterien sind die Art, wie Sie Ihre Aufgaben bewältigen, mit Vorgesetzten, Kollegen und Geschäftspartnern umgehen und Ihre Arbeit organisieren. Dies sollte zur Arbeitsphilosophie im Unternehmen passen. Unkonventionelle Denker können durchaus für frischen Wind und damit für Erfolg sorgen. Eine schlicht chaotische Arbeitsweise in einem Team mit strengen Strukturen oder das Bedürfnis der Dauerbetreuung in einer Firma, die von der Eigenständigkeit ihrer Mitarbeiter lebt, kann deren Erfolg gefährden. Es geht um Ihre Selbsteinschätzung und vor allem um Ihre Glaubwürdigkeit bei diesem Thema.

... und wie Sie clever darauf antworten:
Wenig hilfreich sind Formulierungen, die sich beeindruckend anhören, aber wenig aussagen, oder die (noch schlimmer) als selbstverständlich gelten und deren Erwähnung fast peinlich ist (wie »pünktlich«, »zuverlässig«, »freundlich«). Adjektive wie »erfolgs-« oder »serviceorientiert« oder »teamfähig« sind mittlerweile ebenfalls überstrapaziert. Das können Sie zu Ihrem Vorteil nutzen. Echtes Interesse erregen Sie, wenn Sie Ihre Arbeitsweise z. B. anhand von kurzen Beispielen (Erlebnissen, Geschichten) schildern. Positiv kommt an, zu Ihrem Arbeitsstil eine kurze Begründung mitzuliefern. So schließen Sie den Verdacht aus, dass es sich um eine Standardantwort handelt. Sie könnten beispielsweise das Adjektiv »teamfähig« ersetzen durch: »*Ich finde es reizvoll, mit hoch qualifizierten Kollegen zusammenzuarbeiten, weil sich dadurch die Chance einer ungewöhnlichen (oder effektiveren) Lösung bedeutend erhöht und ich immer noch etwas dazulernen kann.*«

Alternativ könnte Ihnen diese Frage auch so gestellt werden:
- Wie organisieren Sie Ihren Arbeitsalltag?
- Wie gehen Sie im Einzelnen an Arbeitsaufgaben heran?

FRAGEN & ANTWORTEN

> **46. In welchen Situationen fällt es Ihnen besonders leicht/besonders schwer, Entscheidungen zu treffen und warum?**

Hintergrund und Ziel der Frage ...

... ist, zu erkennen und abzuschätzen, mit was für einer »Arbeitspersönlichkeit« man es bei Ihnen zu tun hat. Die Schwierigkeit liegt in der allgemeinen, sehr breit aufgestellten Formulierung. Und genau das ist es jetzt, was man beobachten will. Wie gehen Sie damit um?

... und wie Sie clever darauf antworten:

»*Interessante Frage...*«, schöner Start, um sich vom ersten Schrecken zu erholen. Nur, was antworten Sie dann? Ganz dumm: »*Äh, wie meinen Sie das?*« Deutlich intelligenter: »*Vielleicht kann ich ihnen das an einem Beispiel am besten verdeutlichen. Also da war ...*«

Wenn Sie jetzt von Ihren beiden Freunden/Freundinnen erzählen würden, die Sie vor die Wahl gestellt haben (Ich oder DIE/DER), punkten Sie nicht. Erinnern Sie sich: Es gibt zwei Gesprächsebenen, die offizielle (berufliche) und die private (sehr persönliche) Ebene, auf der man Fragen begegnen kann (s.a. S. 74). Sie sollten jetzt besser eine Entscheidungssituation beim Kauf einer neuen Waschmaschine, Anmietung einer Wohnung etc. aufführen und daran verdeutlichen, wie sorgfältig Sie Pro- und Kontra-Argumente abgewogen haben.

Wenn es um berufliche Entscheidungen geht (wie ein bezahltes Praktikum bei einer No-name-Firma oder ein unbezahltes bei einer bekannten), könnte man Sie auf Ihre Wertewelt ansprechen. Das trifft ganz besonders auf Entscheidungen zu, bei denen Sie an- und zugeben, Sie seien Ihnen sehr schwergefallen.

Was hier hilft, ist sich vorher zu überlegen, was wohl gut vermittelbar ist und was Sie besser nicht erzählen sollten.

Alternativ könnte Ihnen diese Frage auch so gestellt werden:
- Beschreiben Sie uns bitte einmal, wie Sie Entscheidungen treffen ...
- Was waren die beiden größten, schwierigsten Entscheidungen in Ihrem Arbeitsleben? Wie vorgegangen/warum?

47. Was lässt Sie eine Entscheidung revidieren?

Hintergrund und Ziel der Frage ...
ist das Ausleuchten Ihrer »Arbeitspersönlichkeit«: was erzählen Sie jetzt von sich, insbesondere in einer heiklen Situation?

... und wie Sie clever darauf antworten:
Wichtig hierbei ist der Erkenntnisprozess, sich geirrt zu haben, nicht allzu lange mit sich und der Welt darüber zu hadern, sondern sich mutig zu bekennen (den Fehler anerkennen) und neu zu entscheiden, aber eben auch die Verantwortung zu übernehmen. Und vor allem daraus zu lernen, sich wirklich Gedanken zu machen, wie es zu dem Irrtum kam und wie Sie es zukünftig besser machen.

Alternativ könnte Ihnen diese Frage auch so gestellt werden:
- Was muss passieren, damit Sie sich umentscheiden?
- Welche Rahmenbedingungen veranlassen Sie, eine Entscheidung neu zu treffen?

48. Was schätzen Sie an Ihren Freunden/Studienkommilitonen, Profs, ggf. auch Arbeitskollegen/Vorgesetzten – was nicht?

Hintergrund und Ziel der Frage ...

... sind Ihre Menschenkenntnis und Ihr Beurteilungsvermögen. Man möchte wissen, welche Eigenschaften Vorgesetzte, Kollegen, Geschäftspartner und Kunden haben müssen, damit S i e ein optimales Arbeitsergebnis erzielen. Der Personalentscheider wird dabei Ihren Realismus bewerten. Allerdings geht es auch um Ihre Loyalität bei der Frage, was Sie an einer Person nicht schätzen. Fragen wie diese sind sehr heikel. Deswegen wird man bei Ihrer Antwort sehr genau auf Ihre Körperhaltung und Wortwahl achten. Der Personaler möchte auch Ihren Charakter testen: Sind Sie tolerant und offen oder so stark abhängig von Ihrem Umfeld, dass jede Störung oder Schwierigkeit Ihre Leistung schwächen könnte?

... und wie Sie clever darauf antworten:

Äußern Sie sich grundsätzlich mit Respekt über Ihr berufliches Umfeld. Machen Sie deutlich, dass Sie niemanden nach seinem Auftreten oder seinen Eigenschaften beurteilen. Nennen Sie niemals konkrete Eigenschaften, die Sie nicht schätzen. Sie wissen nie, ob Sie nicht mit jemandem zusammenarbeiten müssen, der genau diese Eigenschaften besitzt. Präsentieren Sie sich als selbstbewussten, kompromissbereiten, toleranten und hauptsächlich an Ihrer Arbeit interessierten Kollegen, der viel Verständnis für menschliche Eigenheiten hat. Deuten Sie aber an, dass Sie im Konfliktfall die problematischen zwischenmenschlichen Dinge mit dem Betroffenen selbst und sachlich unter vier Augen klären würden.

Alternativ könnte Ihnen die Frage so gestellt werden:

- Was zeichnet Ihrer Meinung nach einen guten Vorgesetzten aus?
- Was einen guten Mitarbeiter?
- Beantworten Sie nun dieselben Fragen mit umgekehrten Vorzeichen (... schlechten Vorgesetzten usw.).
- Welche Verhaltensweisen/Eigenschaften stören Sie an anderen Menschen am meisten (und umgekehrt)? Warum?

4. SOZIALER HINTERGRUND

> **49. Wie werden Sie von Arbeitskollegen/Vorgesetzten/Freunden/ Bekannten eingeschätzt?**

Hintergrund und Ziel der Frage ...
Diese Abwandlung der Aufforderung, etwas über sich zu erzählen, ist nicht ganz einfach zu bedienen. Denn Sie sollen ja nicht Ihre Selbsteinschätzung, sondern die Einschätzung Ihrer Person durch andere vortragen. Dies hört sich zunächst harmlos an, kann aber dazu verleiten, entweder nichts Substantielles oder doch eher zu viel des Guten über sich zu erzählen, in der Meinung, ja nur die Anderen zu zitieren. Es ist schwierig, hier das richtige, überzeugende Maß zu treffen, auch weil Sie Äußerungen für positiv halten, die ein Personalverantwortlicher vielleicht ganz anders sieht, oder weil Sie, einmal in Plauderlaune, schlicht in Trivialitäten abgleiten, die mit den beruflichen Anforderungen nichts zu tun haben.

... und wie Sie clever darauf antworten:
Jedes vermeintliche Zitat einer anderen Person über sich, das Sie vortragen, ist in Wirklichkeit eine Wertung, die Sie selbst über sich treffen. Denn Sie wählen diese Aussagen ja aus. Der Personaler kann sich also ein Bild erschließen, das Sie bewusst oder unbewusst von sich zeichnen wollen. Bleiben Sie also besser so eng wie möglich bei tatsächlichen Aussagen, die Sie vorher eingeholt und gründlich reflektiert haben und hüten Sie sich vor Übertreibungen. Wählen Sie insbesondere Aussagen aus, die Ihre Eignung für die Stelle untermauern. Schauen Sie sich nochmals die Kapitel Seite 47 ff. und 70 an. Hier finden Sie wirklich gute Anregungen und genug Material!

Alternativ könnte Ihnen diese Frage auch so gestellt werden:
- Was würde Ihr ... über Sie sagen, wenn ich ihn/sie jetzt z. B. zum Thema ... befragen würde?

FRAGEN & ANTWORTEN

50. Was schätzen Sie generell an anderen Menschen, was nicht (Arbeitskollegen/Vorgesetzte/Freunde/Bekannte)?

Hintergrund und Ziel der Frage ...

... ist, zu erfahren, welche Eigenschaften ein Mensch – beruflich wie privat – nach Ihren Vorstellungen für ein angenehmes und produktives Betriebsklima oder eine vertrauensvolle Beziehung/Freundschaft besitzen sollte. Es geht um den Realismus Ihrer persönlichen Maßstäbe und um Ihre Fähigkeit, Kompromisse eingehen zu können. Es geht weniger um die Anderen, als vielmehr um Sie selbst. Gerade bei der Nennung der Eigenschaften, die Sie nicht schätzen, wird der Personaler auf Ihre Körpersprache und Wortwahl achten. Man möchte Sie mittels solch emotional aufgeladener Themen dazu verführen, aus dem Nähkästchen zu plaudern und Aussagen zu treffen, die über das hinausgehen, was Sie eigentlich sagen wollten.

... und wie Sie clever darauf antworten:

Achten Sie sehr genau auf das, was Sie sagen und vor allem, wie Sie es sagen. Sparen Sie Ihren konkreten privaten Bereich aus. Allgemeine Eigenschaften genügen. Präsentieren Sie sich als Mensch, der auf Offenheit, Respekt und Vertrauen großen Wert legt und auch selbst zu geben bereit ist. Ansonsten haben Sie mit keiner Eigenschaft ein Problem, solange diese Ihnen nicht ernsthaft beruflich schadet oder eine reibungslose Arbeit torpediert. In einem solchen Fall würden Sie dies aber mit dem/der Betroffenen selbst in einem Gespräch unter vier Augen klären oder gemeinsam zu einem Kompromiss kommen wollen. Äußern Sie sich niemals illoyal über ehemalige Vorgesetzte, Kollegen, Geschäftspartner oder Kunden.

Alternativ könnte Ihnen die Frage so gestellt werden:
- Haben Sie Leitbilder?
- Gibt es in Ihrem Leben eine Person, die Sie beeindruckt hat?
- Erzählen Sie, warum.
- Was haben Sie an Ihrem Chef/Ihren Kollegen geschätzt?
- Was missfällt Ihnen an Ihrem Chef/Ihren Kollegen?

4. SOZIALER HINTERGRUND

> **51. Gehen Sie tendenziell lieber Kompromisse ein oder setzen Sie Ihre Ideen am liebsten vollkommen durch?**

Hintergrund und Ziel der Frage ...
Wie verhalten Sie sich bei der Wahl zwischen Pest und Cholera? Präsentieren Sie sich lieber als »Weichei« oder als »Diktator«?

... und wie Sie clever darauf antworten:
»Interessante Frage« – um nicht zu sagen: »was für eine Frage...«, könnten Sie antworten und tief Luft holen. Natürlich würden Sie gerne immer alle Ihre Ideen durchsetzen, nur vielleicht würde das sogar schnell langweilig sein und ob alle Ihre Ideen auch wirklich immer so erfolgreich wären ... Deuten Sie mit einem Augenzwinkern an, dass Sie verstanden haben, worum es geht. Ja, das Leben ist so, man lebt nicht allein (Gott-sei-Dank!) und andere haben auch so ihre Vorstellungen. Und nun besteht die Herausforderung darin, verschiedene Ideen (Wege und Möglichkeiten) in der sprachlichen Auseinandersetzung zu prüfen. Wie im Parlament mit Regierung und Opposition. Hätten wir das nicht, wäre es eine Alleinherrschaft, vielleicht sogar eine Diktatur ...

Vermitteln Sie, dass Sie den tieferen Sinn einer fairen Auseinandersetzung über unterschiedliche Ideen und Vorgehensweisen verstanden haben und sich an die Spielregeln halten. Denn wer alle anderen ohne Rücksicht überstimmt, spielt schnell allein, kann nicht mit dem Commitment der anderen rechnen.

Alternativ könnte Ihnen diese Frage auch so gestellt werden:
- Wann und wie weit sind Sie noch kompromissbereit und ab wann nicht mehr?
- Was ist Ihnen wichtiger, Ihre Meinung durchzusetzen und nicht beliebt zu sein oder eher angepasst, wohlgelitten und äußerst geschätzt zu sein?

52. Wie schaffen Sie es, Ideen durchzusetzen, bei denen Sie auf viel Widerstand stoßen?

Hintergrund und Ziel der Frage ...
Wie agieren Sie in schwierigen Situationen? Was lassen Sie von Ihrer »Arbeitspersönlichkeit« erkennen?

... und wie Sie clever darauf antworten:
»*Mit viel Geduld und Überzeugungskraft, Ausdauer und Gelassenheit...*«, Berichten Sie davon, auch schon diese Erfahrung gemacht zu haben (in Ihrem Sportverein, Seminar, in der Familie etc.), dass nicht immer alle Ihre Ideen auf ungeteilte Begeisterung und Zustimmung gestoßen sind. Aber in intensiven Gesprächen und mit guten Argumenten, bisweilen auch durch Kompromisse haben Sie letztendlich überzeugen können und die Realität hat dann sogar noch bewiesen, wie gut Ihr Vorschlag war ... In jedem Fall haben Sie nicht aufgegeben und sich selbstverständlich bemüht, die Gegenseite zu verstehen ... Überlegen Sie mal, was Sie dazu berichten können. Jetzt ist Zeit, darüber nachzudenken.

Alternativ könnte Ihnen diese Frage auch so gestellt werden:

- Was machen Sie, wenn es nicht so läuft, wie Sie es sich vorgestellt haben?
- Was zählt mehr, sich durchzusetzen auch gegen Widerstände oder allseits sehr geschätzt und beliebt zu sein?
- Wie konfliktfreudig/-scheu sind Sie?

53. Welche Arten von Situationen belasten/deprimieren/frustrieren Sie?

Hintergrund und Ziel der Frage ...
... ist das, was Sie bewusst vor fremden Personen verbergen wollen: Ihre Verwundbarkeit und Ihre Belastbarkeit. Ein Personaler möchte Beispielsituationen. Noch aufschlussreicher ist Ihre Reaktion auf die sehr persönliche und schwierige Frage. Er will einschätzen, bei welchem Stresspegel Sie Fehler machen oder die Beherrschung verlieren, wie Sie z. B. mit Provokationen umgehen. Grundthema ist Ihre Leistungsfähigkeit und Ihre Reaktion, wenn etwas schiefläuft, Sie behindert.

... und wie Sie clever darauf antworten:
Die Gefahr ist groß, sich um Kopf und Kragen zu reden, wenn der Personaler Sie auf dem falschen Fuß (unvorbereitet) erwischt. Eine ungeschickte Antwort bei der Angabe eines Zeit- oder Gehaltsrahmens ist ärgerlich. Nachweislich Unrecht gehabt zu haben, ungerecht gewesen zu sein, etwas zu kurz bedacht zu haben sind zwar unschöne Episoden, die aber jedem passieren und die Sie hier (jedoch vorsichtig) benennen dürfen. Das Gefühl, in einem kurzen Moment der Überraschung sein Innerstes nach außen gekehrt, seine Schwächen gezeigt und sich vor einem Fremden bloßgestellt zu haben, kann gewaltig am Selbstbewusstsein nagen. Vorsicht: Sie laufen Gefahr, dem Personaler ausreichend Material für ein verzerrtes Bild Ihrer Arbeitspersönlichkeit zu liefern. Überlegen Sie sich daher gut im Vorfeld Situationen, die seine Frage zwar beantworten, aber keinen zu tiefen Einblick in Ihr Seelenleben gewähren. Außerdem sollten Sie unbedingt immer anführen, wofür es doch gut war und was Sie daraus gelernt haben!

Alternativ könnte Ihnen diese Frage auch so gestellt werden:
- Was lässt bei Ihnen ein Gefühl des Unwohlseins aufkommen?
- Was macht Ihnen Sorge/Angst?
- Was ist Ihnen ein Graus, wobei und wann sträuben sich Ihnen die Nackenhaare?

54. Fühlen Sie sich in Ihren beruflichen Leistungen von Ihren früheren Ausbildern/Vorgesetzten/von Lehrern/Professoren angemessen beurteilt?

Hintergrund und Ziel der Frage ...

... ist Ihr Umgang mit Ihrer Leistungsbeurteilung durch Vorgesetzte und damit im weiteren Sinne mit der Selbsteinschätzung Ihrer Leistung. Der Personalverantwortliche möchte sehen, ob Sie eher der Typ sind, der permanent gelobt werden will oder der dankend darauf verzichten kann. Ihr Umgang mit Kritik ist gefragt und/oder ob Sie generell dazu neigen, sich ungerecht behandelt zu fühlen. Wenn dem so ist: Nehmen Sie eine ungerechtfertigte Beurteilung unwidersprochen zur Kenntnis oder ist sie Anlass, sich zur Wehr zu setzen? Wie weit gehen Sie dann? In diesem Zusammenhang kann der Personaler hervorragend testen, wie leicht und mit welchen Folgen Sie sich provozieren lassen, und ob Sie in der Lage sind, Kritik als berechtigt anzuerkennen und umzusetzen.

... und wie Sie clever darauf antworten:

Lassen Sie sich auf gar keinen Fall provozieren. Bleiben Sie so sachlich wie möglich, auch wenn Sie denken, dass man Ihr Können (vielleicht sogar fortwährend) verkannt hat. Halten Sie sich bedeckt und plaudern Sie nicht »aus dem Nähkästchen«. Kontern Sie nicht mit Lästereien über Ihren früheren Vorgesetzten/Professor. Sollte es tatsächlich Anlass geben, Kritik zugeben zu müssen (die z. B. an einer Note deutlich sichtbar ist), beweisen Sie lieber Ihr diplomatisches Geschick. Stellen Sie den Sachverhalt so dar, dass Ihre Interpretationen über einen fachlichen Zusammenhang vielleicht etwas auseinandergegangen sind, Sie aber die berechtigte Kritik als Ansporn wahrgenommen haben, Ihr Wissen im fraglichen Bereich weiter zu vertiefen. Umgekehrt würden Sie Lob nicht stets und ständig erwarten, aber es sehr gerne annehmen, wenn es denn kommt.

Alternativ könnte Ihnen diese Frage auch so gestellt werden:

- Wie fühlen Sie sich in Ihren (Abschluss-/Arbeits-/Praktikums-) Zeugnissen beurteilt?

> **55. Was würden Sie gern an Ihrem jetzigen/damaligen Arbeits- bzw. Praktikumsplatz/Uni-/Aushilfsjob verändern, wenn Sie Veränderungen durchführen könnten, wie Sie wollten?**

Hintergrund und Ziel der Frage ...

... ist es, herauszufinden, ob Sie sich provozieren lassen. Man möchte wissen, ob Sie sich zu einer langatmigen Beschwerde über die bestehenden Verhältnisse hinreißen lassen und ob Sie ein Alternativkonzept zur Vermeidung der kritisierten Schwachstellen haben. Ebenso interessant ist, ob Sie in der Lage sind, das Beste für sich aus der herrschenden Situation herauszuholen. Daraus wird man seine Schlüsse ziehen, wie Sie in einem Unternehmen agieren werden – als ewiger Nörgler, der für eigene Schwächen immer die anderen verantwortlich macht, als notorischer Besserwisser oder als konstruktiver Kritiker, dem es darum geht, im Sinne des Unternehmens Optimierungspotenzial zu erkennen und umzusetzen.

... und wie Sie clever darauf antworten:

In jedem Unternehmen/jeder Universität gibt es Punkte, die überdenkenswert oder verbesserungswürdig wären. Sie sollten sich aber keinesfalls dazu verleiten lassen, alle beim Namen zu nennen. Machen Sie sich bewusst, dass diese Frage ein Charaktertest ist – gerade für Sie als Berufsanfänger, dem (noch) die nötige Routine für Kritik im großen Stil fehlt. Nutzen Sie die Gelegenheit, sich als potenziellen Mitarbeiter zu präsentieren, der sich in jede Umgebung einfügen kann und keine (allzu großen) Zweifel hat, dass das bestehende System durchdacht und bewährt ist. Um nicht als kritikloser Mitläufer zu gelten bzw. Ihre Fähigkeit zu konstruktiver Kritik zu zeigen, können Sie einen (wenig entscheidenden) Punkt anführen und Ihre Lösung dazu präsentieren. Aber überlegen Sie sich das gut. Bei dieser Frage geht es nicht nur um eine ernsthafte Antwort. Es geht auch um Ihre Reaktion beim Thema: »Bitte kritisieren Sie!«

Alternativ könnte Ihnen diese Frage auch so gestellt werden:

- Gibt es Probleme oder gar Missstände an Ihrem jetzigen od. damaligen Arbeits-, Ausbildungs- bzw. Praktikumsplatz?

56. Was war bisher Ihr schönster Triumph/Ihr größter (Arbeits-/Ausbildungs-)Erfolg?

Hintergrund und Ziel der Frage ...
... ist zu erfahren, auf welche Leistung Sie besonders stolz sind. Dahinter verbirgt sich aber auch ein Test Ihrer Konzentration und Ihrer Selbsteinschätzung. Es ist eine Wiederholungsfrage zu »Wo liegen Ihre Stärken?«, »Was macht Sie stolz?« etc. Ihre Antworten sollten diesbezüglich übereinstimmen. In Sachen Selbsteinschätzung interessiert sich der Personaler dafür, wie leicht Sie durch Lob zu befriedigen sind. Ob es Ihnen reicht, wenn sich ein Kunde für ein fachlich kompetentes Gespräch bedankt, oder ob es dafür schon die Auszeichnung »Mitarbeiter des Monats« braucht. Die Frage ist, wie sich Ihr Stolz auf Ihre Leistung auswirkt – weiterer Ansporn oder Stagnation durch die Befriedigung? Sollten Sie sich zu einem Ausflug in Ihr Privatleben verleiten lassen, wird Sie der Personaler sicher nicht davon abhalten ...

... und wie Sie clever darauf antworten:
Beziehen Sie diese Frage ausschließlich auf Ihre beruflichen Erfolge. Mit der Erwähnung Ihres Privatlebens gewähren Sie dem Personaler Einblicke in Ihr Seelenleben, dessen Interpretation Sie nicht steuern können. Auch diese Antwort ist eine sehr gute Chance, Ihre Schokoladenseite zu zeigen. Wählen Sie Erfolge aus, die zu Unternehmensstrategie und -philosophie des früheren Arbeitgebers (oder der Universität) passen und Sie als Mitarbeiter erscheinen lassen, der seine Erfolge immer im Zusammenhang mit dem Erfolg des Unternehmens sieht. Erwähnen Sie immer auch, dass Sie ohne Ihr Team (ggf. Ihre Kommilitonen) nicht so erfolgreich gewesen wären. Dass Sie dies zum Ansporn nehmen, so engagiert weiterzumachen, ist natürlich selbstverständlich.

Alternativ könnte Ihnen diese Frage auch so gestellt werden:
- Auf welche persönlichen Leistungen/Ergebnisse aus Beruf und/oder Ausbildung sind Sie stolz?
- Was war bisher Ihre größte Herausforderung, der Sie sich stellen mussten? Erzählen Sie ...

57. Was war bisher Ihr schlimmstes, unangenehmstes (Arbeits-)Erlebnis?

Hintergrund und Ziel der Frage ...
Nach Ihrem größten Erfolg folgt fast zwangsläufig die Frage nach Ihrem unangenehmsten Erlebnis, Misserfolg etc. – besonders heikel, weil Sie emotional vielleicht noch euphorisiert von der Vorgängerfrage sind. Das kann dazu verleiten, Ihre Zurückhaltung fahren zu lassen und Ihrem Herzen einmal so richtig Luft zu machen. Ein Personaler verspricht sich davon, Widersprüche in Ihren Antworten aufzudecken, denn auch diese Frage ist eine Wiederholungsfrage (»Wo liegen Ihre Schwächen? Was frustriert Sie?«). Außerdem interessiert ihn Ihre Belastbarkeit, die Frage, welche Auswirkungen ein Negativ-Erlebnis auf Ihre Leistung hat, und Ihre Selbstdarstellung – zeigen Sie sich als Opfer oder als ein Muster an Unerschütterlichkeit?

... und wie Sie clever darauf antworten:
Je emotionaler Sie werden, desto schwieriger wird es wahrscheinlich für Sie, die Konzentration zu bewahren. Und die brauchen Sie, weil Sie sich daran erinnern sollten, was Sie bereits auf die Frage nach Ihrem größten Misserfolg, nach Ihren Schwächen geantwortet haben. Hier hilft die gute Vorbereitung! Vielleicht kommt der Personalverantwortliche noch einmal darauf zurück. Je sachlicher Sie bleiben, desto weniger laufen Sie Gefahr, einen zu tiefen Einblick in Ihr Seelenleben zu gewähren. Was der Personaler darin liest, haben Sie leider nicht in der Hand.
Vermeiden Sie den Eindruck, sich leicht frustrieren zu lassen. Präsentieren Sie sich lieber als Mitarbeiter, der unangenehme Situationen kennt, sie nicht allzu persönlich nimmt und entsprechend sachlich darauf zu reagieren versteht. Zeigen Sie, dass Sie sich keinesfalls dadurch von Ihrem Weg abbringen lassen und schon gar nicht zu Rachegelüsten neigen.

Alternativ könnte Ihnen diese Frage auch so gestellt werden:
- Was war Ihre größte (berufliche) Niederlage, Enttäuschung, Ihr größter Misserfolg?
- Was war bisher Ihr größtes Problem, das Sie gelöst haben?

FRAGEN & ANTWORTEN

58. Gibt es etwas in Ihrem Leben, das Sie bedauern/bereuen?

Hintergrund und Ziel der Frage ...
ist der Versuch, mithilfe Ihrer Antwort einen tiefen Einblick in Ihre Gemütslage zu erhalten. Wie reagieren Sie, wie schnell und wie tiefgründig antworten Sie auf diese Psycho-Vorlage? Was lassen Sie erkennen? Behalten Sie Nerven und Contenance oder laufen Sie aus oder zu einer unangemessen aggressiven Antwort auf ...

... und wie Sie clever darauf antworten:
»Lassen sie mich mal überlegen, mmh, jaaa ... das ist ja nun wirklich eine ziemlich unerwartete Frage, die Sie mir da stellen ...« (*» ... bin ich hier im Beichtstuhl oder beim Psychiater?«*) Das in Klammern Gesetzte sagen Sie natürlich nicht. Jetzt können Sie noch darüber nachdenken, vielleicht gibt es ja wirklich etwas, was Sie antworten wollen, natürlich ohne sich zu schaden! Vielleicht hätten Sie in der Schule besser in Mathe oder Latein aufgepasst, dann wäre Ihnen dies oder das in Ihrem Studium leichtergefallen. Aber dass Ihr Vater die Familie im Stich gelassen hat, Ihre Mutter so früh verstorben ist, Ihr kleiner Bruder immer bevorzugt wurde ... all das gehört hier bestimmt nicht hin. Und der Abbruch Ihres Promotionsvorhabens, weil Sie sich mit dem Prof zerstritten haben, bestimmt auch nicht ...

Eigentlich ist diese Frage schon gar nicht mehr zulässig (s. a. S. 254), die Fragealternative (siehe unten) noch weniger. *»Letzte Woche bin ich leider zu spät zur Verabredung mit meiner Freundin gekommen. Ein Woche lang hat sie mich daraufhin verschmäht, meine Anrufe weggedrückt.«* Weichen Sie auf etwas harmloses Privates aus ...
In jedem Fall: Zeigen Sie sich unerschrocken und gut unter Kontrolle. Und vielleicht überlegen Sie es sich nochmal, ob das das richtige Unternehmen für Ihre Karrierepläne ist.

Alternativ könnte Ihnen diese Frage auch so gestellt werden:
- Gibt es etwas, für dass Sie sich schämen?

> **59. Wenn Sie in Ihrer Ausbildung und damit beruflich noch einmal ganz von vorn anfangen könnten – was würden Sie anders machen?**

Hintergrund und Ziel der Frage ...

... ist Ihre Fähigkeit, Entscheidungen zu treffen und dazu zu stehen. Ein Personaler möchte wissen, ob Sie eine schlüssige Lebensplanung haben und für wie tragfähig Sie diese selbst einschätzen. Auch diese Frage ist ein Charaktertest, ob Sie in der Lage sind, Ihre beruflichen Bedürfnisse trotz Ihres jungen Alters zu kennen und ein entsprechendes »Konzept« dafür zu erstellen. Und wie leicht Sie sich davon abbringen lassen, z. B. durch berufliche Misserfolge, eine Absage etc. Ihr Gesprächspartner wird sehr genau beobachten, ob Sie sich als ewig unzufriedenen und unentschlossenen Haderer oder als klar denkenden Visionär präsentieren, der genau weiß, was er will und tut.

... und wie Sie clever darauf antworten:

Auf keinen Fall werden Sie hier und jetzt anzweifeln, dass der Weg, den Sie eingeschlagen haben, der richtige ist. Präsentieren Sie sich als potenziellen Mitarbeiter, der sich frühzeitig mit seinen Interessen und Fähigkeiten bezüglich seiner beruflichen Lebensplanung auseinandergesetzt hat und erfolgreich auf der Basis seiner Strategie agiert. Sollten Sie Brüche in Ihrem Werdegang haben, überlegen Sie sich vorab, wie sich diese schlüssig erklären lassen. Sie könnten trotz guter Vorbereitung nach sehr kurzer Zeit festgestellt haben, dass dieses Berufsfeld Ihnen nicht die erhoffte Erfüllung bringt. Sie wollten nicht unnötig Zeit verschwenden und sind sehr froh über diese Entscheidung, weil Sie aufgrund dieser Erfahrung sicher wissen, wie wohl Sie sich auf Ihrem jetzigen Weg fühlen. Präsentieren Sie sich als Mitarbeiter, der jede Erfahrung als Lernprozess begreift und sich gut mit den herrschenden Umständen arrangieren kann.

Alternativ könnte Ihnen diese Frage auch so gestellt werden:
- Wie zufrieden sind Sie mit Ihrer Ausbildung/Ihrer Berufswahl?
- Welche beruflichen/ausbildungsbezogenen Fehler würden Sie nicht noch einmal machen?

60. Welchen Personen/Umständen verdanken Sie Ihren jetzigen Ausbildungsstatus/Ihre berufliche Position (respektive Studienwahl)?

Hintergrund und Ziel der Frage ...
Wer sind die Personen und Umstände, die Sie zu Ihrer Berufs- oder Studienwahl inspiriert und die ganz konkret zu Ihrer jetzigen Position geführt haben – durch Förderung, Empfehlung oder konkrete Vermittlung? Ein Personalverantwortlicher hat einerseits die Hoffnung, aus Ihrer Antwort die Ernsthaftigkeit Ihres Interesses an Ihrer Studien- respektive Berufswahl herauszuhören. Andererseits könnte er sich aufgrund der von Ihnen genannten Namen ein Bild machen, ob Sie z. B. fachlich so brillant sind, dass Ihnen namhafte Experten eine Referenz geben. Oder der Eindruck entsteht, dass Sie jetzt hier nur vor ihm sitzen, weil jemand Ihnen einen Gefallen schuldig ist.

... und wie Sie clever antworten:
Für den ersten Fall ist es immer gut, sich Personen zu überlegen, die Sie zu Ihrer Wahl inspiriert haben – z. B. ein Pionier auf diesem Gebiet, dessen Bücher Sie schon in Kindertagen verschlungen haben. Oder ein Lehrer aus Ihrer Schulzeit, dessen Unterricht Sie veranlasste, mehr über das Fach wissen zu wollten. Vielleicht gab es auch ein unterhaltsames Schlüsselerlebnis, das Sie auf den richtigen Weg gebracht hat. Für den zweiten Fall überlegen Sie sich sehr genau, was Sie sagen. Wenn Sie jedoch dieses Vorstellungsgespräch einem persönlichen Kontaktgeber verdanken, fragen Sie vorher, ob es ihm recht ist, ihn namentlich zu erwähnen. Den besseren Eindruck macht es, wenn Sie wegen Ihrer Leistung und nicht wegen Ihrer Kontakte in diesem Gespräch sitzen. Sollte die Nennung einer Person jedoch kein Problem sein (z. B. ein Professor, der Sie tatsächlich wegen Ihrer guten Noten/Leistungen empfohlen hat), ist ein Wort der Dankbarkeit für Ihren Mentor und Förderer durchaus angebracht und kommt immer sehr gut an. Übertreiben Sie es aber nicht!

Alternativ könnte Ihnen diese Frage auch so gestellt werden:
- Haben Sie Förderer/Vorbilder? Erzählen Sie uns mehr darüber ...

61. Wenn die Rollen in diesem Gespräch vertauscht wären – welche Fragen würden Sie mir/uns stellen?

Hintergrund und Ziel der Frage ...
... sind Ihre Kenntnisse über den künftigen Arbeitsbereichs und Ihr Reaktionsvermögen. Mit dieser Frage testet der Personalverantwortliche, ob und wie sehr Sie sich durch Überraschungen aus der Bahn werfen lassen. Ihre Fragen interessieren ihn, weil sie zeigen, wie intensiv und realistisch Sie sich mit Ihrem künftigen Stellenprofil auseinandergesetzt haben. Denn kluge Fragen für eine optimale Entscheidungsfindung kann man nur aus einem reichen Wissensfundus stellen. Sehr clever: Sie testen sich quasi selbst. Mit Ihren Fragen, die Sie aus Ihrer Vorstellung von der Stelle heraus stellen, legen Sie die Maßstäbe für sich selbst als optimalen Kandidaten fest. Da interessiert es den Personalverantwortlichen natürlich, welche Maßstäbe das sind, was der optimale Kandidat Ihrer Meinung nach für diese Position mitbringen muss.

... und wie Sie clever darauf antworten:
Diese vermeintlich einfache Frage kann Sie durch den Rollenwechsel verführen, auch Fragen nach Fähigkeiten zu stellen, die Sie selbst gar nicht haben. Deswegen sollten Sie sich im Vorfeld genau informieren, welche Aufgaben Ihr neues Stellenprofil umfasst, und ausschließlich Fragen nach Qualifikationen und Eigenschaften formulieren, über die Sie (möglichst bald) verfügen (werden). Überlegen Sie sich, wie Sie diese Stelle ausfüllen würden, und informieren Sie sich über die Ziele des Unternehmens, die Sie mit Ihrer Arbeit umzusetzen helfen sollen. Nutzen Sie diese Gelegenheit, sich selbst als beste Option für das zu besetzende Stellenprofil zu empfehlen.

Alternativ könnte Ihnen die Frage auch so gestellt werden:
- Gibt es ein Thema, über das wir noch nicht gesprochen haben, das aber wichtig für Sie wäre?
- Wie würden Sie einen Bewerber für diese Aufgabe aussuchen, was würden Sie ihn fragen?

62. Welche Interessen, welche Hobbys haben Sie?

Hintergrund und Ziel der Frage ...
... ist das Interesse an Ihrem Privatleben und damit an Ihrer Wesensart. Konkrete Fragen dazu sind eigentlich nicht erlaubt: Der beste indirekte Weg dazu führt über Ihre Interessen, Engagements und Hobbys. Interessant ist, ob Sie sich neben Ihrer Arbeit überhaupt für etwas anderes interessieren, ob Sie lieber für sich sind oder sich gerne mit Leuten treffen, ob Sie sich Ausgleich für Ihren Beruf suchen oder Ihr berufliches Fachgebiet auch Ihr Hobby ist etc. Es geht um Ihre Fähigkeit, Verantwortung für sich selbst zu übernehmen, Ihre Grenzen auszuloten und Strategien zu kennen, wie Sie effektiv wieder Kräfte tanken können.

... und wie Sie clever darauf antworten:
Mit den passenden Antworten können Sie so einfach wie bei keiner anderen Frage Sympathiepunkte sammeln. Entweder haben Sie Interessen, aus denen hervorgeht, dass Ihr Beruf Ihr Hobby ist, oder Sie schaffen den perfekten Ausgleich. Viele Menschen mit technischen Berufen sind z. B. Musiker in ihrer Freizeit, Kreative beschäftigen sich umgekehrt mit technischen Tüfteleien, »Schreibtischtäter« lieben lange Gruppen-Ausflüge in die Natur, ausgemachte Teamplayer finden ihre Ruhe allein mit einem guten Buch. Was Sie lesen, welche Musik Sie hören und welche Kunst Sie mögen, erzählt viel über Sie. Beruhigen Sie den Personalverantwortlichen in Bezug auf Ihre Belastungsfähigkeit, indem Sie ihm erzählen, wie wichtig Ihnen die sportliche Betätigung ist. Aber Vorsicht: Sie können zwar mit der Auswahl Ihrer Hobbys den Eindruck des Personalverantwortlichen steuern, sollten aber nichts erfinden. Nichts ist peinlicher, als wenn auffliegt, dass Sie ein angegebenes Hobby nicht praktizieren bzw. können.

Alternativ könnte Ihnen diese Frage auch so gestellt werden:
- Wir wollen Sie als Mensch kennenlernen.
  Was machen Sie neben Ihrer Berufstätigkeit?
- Welche Sportarten betreiben Sie?
- Wie tanken Sie auf?

4. SOZIALER HINTERGRUND

> **63. Wie viele Bücher haben Sie im letzten (Monat/Halb-)Jahr/in diesem Jahr schon gelesen?**

Hintergrund und Ziel der Frage ...

... ist, ob Sie sich neben Ihrer Arbeitszeit so viel Zeit gönnen, überhaupt ein Buch zu lesen. In Zeiten von Burn-out und anderen Stresssymptomen ist in Unternehmen Commitment und hohe Leistungsbereitschaft gefragt, aber nicht in einem für Sie und für das Unternehmen schädlichen Maße. Natürlich ist die Wahl Ihrer Lektüre genauso von Interesse. Ob Sie Ihr berufliches Thema so fesselt, dass es Sie auch in Ihrer Freizeit fasziniert, oder ob es sich dabei um schöngeistige, skurrile, witzige, philosophische oder Ratgebertitel handelt – die Wahl Ihrer Literatur macht Sie, was Ihren Charakter und Ihre Psyche anbelangt, sozusagen zu einem offenen Buch für den Interviewer.

... und wie Sie clever darauf antworten:

Die richtige Antwort richtet sich nach Ihrem Gegenüber und der Branche, in der Sie sich bewegen. Logo: Im Lektorat eines Verlages ist diese Frage anders zu beantworten als in einem internationalen Sportschuhkonzern. Es gibt Branchen, in der außer Fachzeitschriften nicht sehr viel gelesen wird. Da werden Sie sich nicht blamieren, wenn Sie selten lesen. In anderen Branchen gehört die Kenntnis der aktuellen Romanbestseller, politischen Biographien, Kunstbildbände etc. unbedingt dazu. Am besten fahren Sie mit dem goldenen Mittelweg. Sie sind gern mit Freunden unterwegs, lassen sich aber auch ein gutes Buch empfehlen oder finden es selber beim Stöbern im Buchhandel oder über das Lesen Ihrer täglichen Zeitung. Es kann nicht schaden, über die momentane Bestsellerliste informiert zu sein.

Alternativ könnte Ihnen die Frage auch so gestellt werden:

- Was befindet sich auf Ihrem Nachttisch?
- Welche Bestseller/Wirtschafts-Sachbücher haben Sie in der letzten Zeit gelesen?

FRAGEN & ANTWORTEN

64. Welche Zeitungen/Zeitschriften (ggf. TV Sendungen) lesen (sehen) Sie regelmäßig?**

Hintergrund und Ziel der Frage ...

... ist zum einen die Hoffnung des Personalers, Aufschluss über Ihre (gesellschafts)politische Haltung zu bekommen. Denn jede Tages- oder Wochenzeitung steht für eine bestimmte diesbezügliche Tendenz. Nachdem ihm aber direkte Fragen zu Ihrer politischen Meinung nicht gestattet sind, wendet er diesen geschickten Schachzug an. Zum anderen interessiert ihn natürlich, ob Sie die Fachzeitschriften Ihrer Branche kennen und welche von ihnen Sie wie oft lesen. Darüber möchte er erfahren, ob Sie an den neuesten Fakten und Entwicklungen Ihrer Branche interessiert sind.

... und wie Sie clever darauf antworten:

Wie gesagt: Eine solche Frage ist eigentlich unzulässig. Sie nicht zu beantworten oder den Personaler darauf hinzuweisen, ist jedoch strategisch äußerst unklug. Natürlich könnten Sie nach einer gründlichen Recherche ungefähr erahnen, welche Zeitung zu der Haltung des Unternehmens passt. Diese muss aber der Personaler nicht unbedingt teilen. Eine Möglichkeit wäre zu behaupten, dass Sie alle großen Tages- oder Wochenzeitungen zu Ihrer Lektüre zählen – des umfassenden Überblicks und der unterschiedlichsten Blickwinkel wegen, ansonsten helfen Ihnen die TV-Nachrichtensendungen zum Stand des aktuellen Tagesgeschehen. Was die Fachzeitschriften anbelangt, sollten Sie die gängigsten unter ihnen kennen. Übertreiben Sie aber lieber nicht, was Umfang und Intensität Ihrer Lektüre anbelangt. Nichts ist peinlicher, als dann auf Fragen nach der Titelgeschichte des aktuellen Fachmagazins keine Antwort zu wissen.

Alternativ könnte Ihnen die Frage auch so gestellt werden:
- Wie und wo sind Sie im Internet unterwegs?
- Welche Fernsehsender/Programme präferieren Sie?
- Wie halten Sie sich informationstechnisch auf dem Laufenden?

** *Mit einem Achtungzeichen gekennzeichnete Fragen sind eigentlich unzulässig! Denken Sie daran, dass Sie bei solchen Fragen nicht wahrheitsgemäß antworten müssen.*

65. Womit können Sie sich selbst eine Freude machen – wie tanken Sie auf, entspannen Sie?

Hintergrund und Ziel der Frage ...

... ist, die Person hinter Ihrer beruflichen Seite zu entdecken. Ein Personaler möchte etwas über Ihren Charakter (Ihre Wesensart) wissen und darüber, wie Sie Ihr Privatleben gestalten. Denn so glaubt er zu erschließen, ob und wie Sie Verantwortung (nicht nur) für Ihr seelisches Gleichgewicht und Ihr Wohlbefinden übernehmen. Womit konkret Sie sich eine Freude machen, wird er selbstverständlich auch zum Anlass für Interpretationen nehmen. Es sagt beispielsweise viel über Sie, ob Sie eher die Ruhe und Zurückgezogenheit bevorzugen oder Aktivitäten in einer großen Gruppe.

... und wie Sie clever darauf antworten:

Es kann Ihnen niemand verdenken, wenn Sie den Versuch eines Personalentscheiders, Einblick in Ihr Privatleben zu bekommen, als unangenehm empfinden. Mit dieser Frage werden Sie aber rechnen müssen. Wenn Sie eine harmlose Angabe zu diesem Thema machen, können Sie seinen Versuch leicht ins Leere laufen lassen. Und wer weiß, vielleicht teilen Sie und er dasselbe Hobby, ähnliche Interessen und haben damit unverhofft eine Sympathie stiftende, verbindende (Gesprächs-)Grundlage. Überlegen Sie aber Ihre Antwort gut. Für die Verwaltung eines Millionenbudgets ist es psychologisch vielleicht nicht besonders vertrauensfördernd, wenn Sie Ihren Ausgleich im Fassadenklettern finden. Wenn Ihnen nichts zu diesem Thema einfällt, kann ein Personaler darauf schließen, dass Sie sich eventuell nicht mit sich selbst beschäftigen können, keinen Wert auf Kontakte und Freundschaften legen und vielleicht eines Tages den beruflichen Anforderungen nicht mehr gewachsen sind.

Alternativ könnte Ihnen die Frage auch so gestellt werden:
- Haben Sie aktuelle Wünsche außerhalb der beruflichen Thematik?
- Wenn Sie drei Wünsche frei hätten ...?
- Ein Riesenlottogewinn – was täten Sie ...?

FRAGEN & ANTWORTEN

66. Was bedeutet Teamarbeit für Sie?

Hintergrund und Ziel der Frage ...
So gut wie nichts geht in einem modernen Unternehmen ohne Teamarbeit – für viele kein Problem, für manche jedoch ein Albtraum. Ein Personalentscheider testet mit dieser Frage, zu welcher Kategorie Sie gehören. Aus Ihrer Antwort erhofft er sich außerdem Aufschluss darüber, ob Sie sich auch mit der jeweils anderen Arbeitsweise anfreunden können und wie Sie generell auf Arbeitsumstände reagieren, die Ihnen nicht so liegen. Interessant ist auch, ob Sie die Gruppe brauchen, weil Sie wenig Verantwortung allein tragen wollen. Und ob dies im Umkehrschluss bedeutet, dass Sie bereit sind, jede Verantwortung zu tragen, wenn Sie als Einzelgänger agieren.

... und wie Sie clever darauf antworten:
Wie gesagt: Teamarbeit ist die bevorzugte Arbeitsform. Sich ausschließlich als Einzelgänger darzustellen, ist diplomatisch ziemlich unklug. Sich als ausgemachten Teamplayer zu geben, der ohne seine Kollegen nichts ist, ist ebenso bedenklich. Wählen Sie den goldenen Mittelweg: Sie lieben es, sich in einem hoch qualifizierten Team inspirieren zu lassen und andere Blickwinkel eines fachlichen Themas kennenzulernen, brauchen es aber nicht, um arbeitsfähig zu sein. Sie arbeiten, wenn erforderlich, auch sehr gern selbstständig und tragen – ob mit oder ohne Team – gerne Verantwortung. Sie sind natürlich jederzeit in der Lage, sich einem »Teamleader«, dem Vorgesetzten, dem Teamexperten etc. unterzuordnen und sich in eine Rangordnung einzupassen. Trotzdem vertreten Sie – immer mit fairen Mitteln – Ihre Meinung und Anliegen und sind jederzeit bereit, sich Auseinandersetzungen bis hin zu Konflikten offen zu stellen.

Alternativ könnte Ihnen diese Frage auch so gestellt werden:
- Wie gerne/gut können Sie mit anderen zusammenarbeiten?
- Mit wem arbeiten Sie gerne zusammen, mit wem nicht?

4. SOZIALER HINTERGRUND

> **67. Wie sind Sie bei Schwierigkeiten und größeren Problemen mit Professoren, Lehrern, Vorgesetzten und/oder Kollegen klargekommen, wie damit umgegangen? Und was haben Sie daraus gelernt?**

Hintergrund und Ziel der Frage ...

... ist Ihre Wesensart, Ihr Konfliktverhalten. Ein Personaler hat Interesse an einem produktiven, harmonischen Betriebsklima. Da sich Konflikte nicht vermeiden lassen, will er wissen, wie Sie in einer solchen Situation agieren. Er möchte heraushören, ob Konflikte durch Sie entstanden sind oder Sie sich eher als Opfer sehen, ob und welche Konsequenzen Sie aus früheren Konflikten gezogen haben. Hat sich Ihr Verhalten oder Ihre Vorgehensweise in bestimmten Situationen dadurch geändert? Diese Frage ist auch ein Test Ihrer Loyalität. Behandeln Sie solche Vorkommnisse diskret oder erzählen Sie jedem sofort, was Ihnen Böses widerfahren ist?

... und wie Sie clever darauf antworten:

Falls Sie bereits ernsthafte Schwierigkeiten hatten, ist ein »Antwort-Training« mit einem Freund angebracht, damit Sie in der Nervosität die Kontrolle über das Gesagte nicht verlieren. Niemand wird Ihnen abnehmen, dass Sie noch nie Probleme mit anderen hatten oder dass Sie völlig unempfindlich gegen unsachliche Kritik oder gar Intrigen sind. Überlegen Sie sich ein, zwei harmlosere Situationen und verbinden Sie Ihre Schilderung gleich mit der damaligen, konstruktiven Auflösung. Sollte diese damals nicht so ganz geglückt sein, sprechen Sie an, wie Sie so einen Konflikt heute bereinigen würden. Lassen Sie sich nicht aus der Reserve locken, nennen Sie keine Namen und bleiben Sie respektvoll und diskret. Alle größeren Unstimmigkeiten werden Sie in einem offenen Vier-Augen-Gespräch mit dem/den Beteiligten zu lösen versuchen und das Wohl des Unternehmens und des Betriebsklimas nie außer Acht lassen.

Alternativ könnte Ihnen die Frage auch so gestellt werden:
- Wie sind Sie mit Professoren/Kommilitonen/Vorgesetzten/Kollegen u. ggf. Kunden bisher ausgekommen?
- Mit welchen Menschen arbeiten Sie gern/ungern zusammen?

FRAGEN & ANTWORTEN

68. Was erwarten Sie von Ihrem zukünftigen Vorgesetzten?

Hintergrund und Ziel der Frage ...
Eine optimale Leistung hängt für die Meisten auch mit vom Führungsstil ihres Vorgesetzten ab. Manche brauchen genaue Vorgaben, die sie lediglich umsetzen müssen, und/oder Zuspruch für jeden noch so kleinen Schritt hin bis zur Aufgabenbewältigung. Andere müssen das Gefühl haben, völlig selbstständig agieren und ihre Entscheidungen so treffen zu können, als hätten sie gar keinen Vorgesetzten. Es geht um Ihre Selbsteinschätzung, welche Form der Führung Sie zu absoluten Höchstleistungen animiert, aber auch um Ihre Fähigkeit, sich ein- oder unterzuordnen. Da psychologisch der Weg von der Chef- zur Vaterfigur nicht weit ist, könnte man Ihnen auch etwas aus Ihrem familiären Umfeld entlocken, um Rückschlüsse auf mögliche Konfliktfelder zu schließen.

... und wie Sie clever darauf antworten:
Bei Ihrer Vorbereitung auf das Unternehmen erfahren Sie vielfach auch etwas über deren Vorstellungen vom idealen Mitarbeiter (Stichwort Unternehmenskultur). Entsprechend bewerben Sie sich besser nicht in einer Firma, in der Eigenverantwortung an oberster Stelle steht, wenn Sie lieber Vorgaben umsetzen, als selbst Strategien zu entwickeln. Und umgekehrt ... Ganz wichtig: Achten Sie darauf, Ihrem Gegenüber möglichst wenig Anlass zum Psychologisieren über Ihr Privatleben zu geben. Die Preisgabe eventueller Frusterlebnisse mit früheren Vorgesetzten, Professoren, Lehrern oder Elternfiguren sollte tabu sein. Lassen Sie sich in diesem Fall bitte niemals dazu hinreißen, dieses selbst und ausführlich zu thematisieren. Eine gute Strategie ist Ihr Wunsch nach klaren Absprachen mit der Möglichkeit eines flexiblen Handlungsspielraumes, nach einer Vorbildfunktion und nach einer offenen Gesprächs- und, wenn nötig, Streit- und Fehlerkultur.

Alternativ könnte Ihnen diese Frage auch so gestellt werden:
- Wie und was wäre für Sie ein idealer Vorgesetzter?

69. Wie gehen Sie mit Vorgesetztenentscheidungen um, die Sie eigentlich nicht mittragen möchten?

Hintergrund und Ziel der Frage ...
Sind Sie in der Lage, diplomatisch mit einer schwierigen Situation umzugehen? Und wie hoch ist Ihre Glaubwürdigkeit und Überzeugungskraft?

... und wie Sie clever darauf antworten:
Sie haben ein bisschen (es gibt noch krassere Entscheidungssituationen) die Wahl zwischen Pest und Cholera. Würden Sie jetzt antworten: *»Ich sabotiere, arbeite gegen diese Entscheidung«*, würde das Gespräch sicherlich schnell zu Ende gehen. Aber nur treu und brav zu antworten: *»Selbstverständlich unterstütze ich meinen Vorgesetzten, selbst wenn es mir absolut gegen den Strich gehen sollte«*, wäre auch keine zufriedenstellende Antwort.

Mit dem Hinweis *»Schwierige Situation ...«* gewinnen Sie ein paar Sekunden und vermitteln, dass es hierauf keine perfekte Antwort gibt. *»Letztendlich«*, könnten Sie argumentieren, *»muss einer die Verantwortung tragen, dem schulde ich Respekt und auch Gehorsam. Ich würde mich fragen, was hinter der Entscheidung steckt, und warum ich sie nicht verstehe, was mir daran so mißfällt, diese mitzutragen. Ich würde mich aber letztlich nicht sperren, wenn Sie das hören wollen ...«*

Das sollte reichen, um diese Klippe halbwegs sicher zu umschiffen. Falls noch weitere Fragen folgen und Szenarien aufgeboten werden, die ein Mitgehen bei der Vorgesetztenentscheidung wirklich problematisch werden lassen, dann thematisieren Sie den *»Quälversuch« (»Sie wollen mich jetzt doch nicht in die Enge treiben ...«)*. Das könnte helfen, dem grausamen Spiel ein würdiges Ende zu bereiten, und lässt Sie gut dastehen.

Alternativ könnte Ihnen diese Frage auch so gestellt werden:
- Wie weit folgen Sie den Anweisungen Ihres Vorgesetzten und wo widersetzen Sie sich?
- Wie verhalten Sie sich, wenn Ihr Vorgesetzter etwas tut, das klar gegen die Interessen des Unternehmens verstößt?

70. Worüber können Sie sich so richtig ärgern?

Hintergrund und Ziel der Frage ...

... ist (wieder einmal) Ihr Charakter. Man möchte wissen, wie leicht oder schwer es ist, Sie aus der Fassung zu bringen. Reicht das unfreundliche Wort eines Kunden oder bedarf es einer handfesten Intrige gegen Sie? Ihr Umgang mit Provokationen oder ärgerlichen Situationen verdeutlicht viel über Ihre Belastbarkeit und darüber, wie geeignet Sie für die zu vergebende Arbeitsaufgabe und Position sind. Wichtig ist für ihr Gegenüber auch, wie Ihr Ärger aussieht, ob Sie zu Unflätig- oder gar Handgreiflichkeiten neigen oder den Ärger so in sich hineinfressen, dass er Sie arbeitsunfähig bis krank macht.

... und wie Sie clever darauf antworten:

Das beste Rezept: Bereiten Sie sich auf diese Frage vor und machen Sie sich bewusst, dass es Ihrem Gegenüber auch darum geht, Sie zu provozieren. Bleiben Sie ruhig und schildern Sie eher harmlose Situationen, die nichts mit Politik (daran könnte man Ihre politische Einstellung erkennen), Religion oder zu privaten Details aus Ihrem Privatleben zu tun haben. Ein Beispiel wäre, wenn Ihnen die Bahn vor der Nase wegfährt und Sie zu einem Termin zu spät kommen. Möglich wären auch, um Ihre soziale Kompetenz zu zeigen, die Themen »prekäre Lage in den Dritte-Welt-Ländern« oder generell Ihr Ärger über eine ungerechte Behandlung Schwächerer. Vermeiden Sie aber ein zu emotionales Lamento, das die Befürchtung weckt, Sie würden nach jeder Kritik zum Betriebsrat gehen. Verdeutlichen Sie in jedem Fall, dass Ihr Ärger immer nur von kurzer Dauer ist, weil das Leben für so etwas viel zu kurz ist. (Nächste Frage: »Ach, interessant, haben Sie Angst, früh sterben zu müssen ...?«)

Alternativ könnte Ihnen die Frage auch so gestellt werden:
- Was macht Sie wütend?
- Was bereitet Ihnen Sorgen?
- Wofür würden Sie auf die Barrikaden gehen?

4. SOZIALER HINTERGRUND

71. Wie gehen Sie mit Kritik um?

Hintergrund und Ziel der Frage ...
... ist natürlich ein Charaktertest. Ihr Gesprächspartner wird sehr genau auf Ihre spontane Reaktion achten, bevor Sie das erste Wort gesprochen haben. Damit will er einschätzen, wie »kalt« Sie eine solche Frage tatsächlich lässt, wie souverän Sie wirklich mit Kritik umgehen. Kritik ist für viele Mitarbeiter etwas sehr Unangenehmes, in der Befürchtung, sie könnte Konsequenzen für den Job haben (vielleicht sogar bis hin zur Entlassung). Je nach Typ kann sie subjektiv betrachtet zu einer ernsthaften Bedrohung des Selbstbewusstseins werden. Ein Personalentscheider will Aufschluss darüber, wie sich das bei Ihnen verhält. Es geht darum, ob Sie überhaupt Kritik gelten lassen und wie sicher Sie in der Einschätzung Ihrer Fähigkeiten sind, um Sie einzuordnen.

... und wie Sie clever darauf antworten:
Vorsicht bei Geständnissen, dass Kritik Sie schmerzt oder gar belastet. Damit geben Sie Ihrem Gegenüber nur unnötig Munition in die Hand. Zu behaupten, dass Sie nichts tun, was Kritik hervorrufen könnte, oder dass Kritik Sie nicht interessiert, solange das Ergebnis stimmt, ist natürlich ebenso falsch. Glaubwürdig ist, Kritik dann anzuerkennen, wenn sie Ihrer Meinung nach berechtigt ist (natürlich werden Sie dann Fehler zugeben und eine andere Meinung gelten lassen), konstruktiv und rein fachlich bezogen daherkommt und im angemessenen Rahmen erfolgt (also nicht in Form eines unsachlichen Ausbruchs vor den versammelten Kollegen). Entscheidend ist auch die Kompetenz des Kritikgebers. Können Sie die Kritik nicht nachvollziehen, werden Sie dies diplomatisch, höflich, aber bestimmt formulieren und im Notfall bereit sein, offen über eine Lösung zu sprechen.

Alternativ könnte Ihnen diese Frage auch so gestellt werden:
- Sind Sie leicht zu kränken?
- Wie gehen Sie generell mit Kränkungen um?

72. Was sind Ihre ganz persönlichen Lebensziele?

Hintergrund und Ziel der Frage ...
... (übrigens eine Wiederholungsfrage, s. Fragen 28, 29) ist für den Personalentscheider, inwieweit sich Ihre beruflichen Pläne mit Ihren privaten Zielen decken. Er möchte wissen, ob Sie ein Mensch sind, der klare Vorstellungen von seinem Leben hat und es selbst in die Hand nimmt, seine Ziele zu erreichen, oder ob Sie sich eher überraschen/treiben lassen. Beides kann im Berufsleben seine Vorzüge haben. Ein Personaler hat aber zu entscheiden, welche Haltung besser zu seinem Unternehmen passt.

... und wie Sie clever darauf antworten:
Auch wenn Sie noch so jung sind, wird von Ihnen erwartet, einen Plan für Ihr Leben zu haben. Zumindest sollte man Ihnen den ernsthaften Ehrgeiz anmerken, überhaupt etwas erreichen zu wollen und sich auch immer wieder neue Ziele zu stecken. Dahinter steht die Absicht, möglichst keinen Mitarbeiter einzustellen, der nur »Dienst nach Vorschrift« macht oder beim nächstbesten Angebot wieder abspringt. Dazu kommt die Frage, was Sie für Ihre Ziele zu geben bereit sind (z. B. Weiterbildungsangebote außerhalb der Arbeitszeit etc.). Und natürlich möchte Ihnen der Personalverantwortliche etwas über Ihre privaten Pläne entlocken. Aus der Antwort »Familienplanung und Hausbau« könnte er herauslesen, wie verantwortungsbewusst, bodenständig und vor allem wie sehr Sie an langfristigen Bindungen interessiert sind. Die Antwort »Das Leben genießen und die große, weite Welt entdecken« könnte auf eine gewisse Leichtigkeit bis Leichtsinn hindeuten. Was er hineininterpretiert, können Sie nicht sicher beeinflussen. Deswegen: Halten Sie sich bei privaten Themen zurück und finden Sie im Vorfeld heraus, welcher Typ Mitarbeiter im Unternehmen gefragt ist – eher konservativ oder kreativ-unkonventionell.

Alternativ könnte Ihnen diese Frage auch so gestellt werden:
- Was möchten Sie persönlich für sich in naher/ferner Zukunft erreichen?

4. SOZIALER HINTERGRUND

73. Was sind Ihrer Meinung nach die größten Missstände in der Welt, in unserem Land, in Ihrer Heimatstadt, in der Uni/dem Unternehmen, in dem Sie zurzeit arbeiten/ein Praktikum machen?

Hintergrund und Ziel der Frage ...

... ist, neben dem tatsächlichen Interesse des Personalentscheiders an Ihrer Meinung, ein Persönlichkeitstest, der eigentlich verboten ist. Denn Ihre Einstellung zu diesen Themen ist Ihre Privatsache und damit für einen Arbeitgeber tabu. Natürlich erkennt man daran auch Ihre Vorstellung von Ethik und Moral und unter Umständen Ihre politische Grundhaltung. An der Art und Weise Ihrer Antwort kann man also schon ableiten, ob Sie ein eher rationaler oder mehr emotionaler Mensch sind. Beachten Sie immer den Grundsatz der Loyalität. Man wird daraus rückschließen, wie Sie sich eines Tages über den jetzt noch potenziell neuen Arbeitgeber äußern werden.

... und wie Sie clever darauf antworten:

Egal, was Sie antworten: Es sagt in jedem Fall viel über Sie aus. Auch die Art und Weise, *WIE* Sie antworten. Eine zu große emotionale Betroffenheit inklusive Schuldzuweisungen wird vielleicht Zweifel an Ihrer Fähigkeit zu einer objektiven Betrachtungsweise oder an Ihrer Belastbarkeit hervorrufen. Generell sollten Sie Ihrem Gegenüber wenig Einblick in Ihre Privatsphäre geben. Der Hunger in der Dritten Welt, kriegerische Konflikte ganz allgemein oder Ihre Beobachtung, dass bestimmte Selbstverständlichkeiten wie gutes Benehmen oder Einsatzbereitschaft leider immer mehr an Bedeutung verlieren, sind Antworten, die kein Fallstrick werden können. Wie Sie zum Thema Loyalität stehen, können Sie gleich beweisen, wenn es um Äußerungen zu Ihrem momentanen Arbeitgeber, Vorgesetzten oder Professor geht. Hier sollten Sie etwas relativ Harmloses nennen, das keine Interna preisgibt. Beispiel: Sie hätten vielleicht im Büro das eine oder andere anders organisiert.

Alternativ könnte Ihnen die Frage auch so gestellt werden:

- Wenn es in Ihrer Macht stünde: Was würden Sie ändern ...?

FRAGEN & ANTWORTEN

74. Wie schätzen Sie unseren bisherigen Gesprächsverlauf ein?

Hintergrund und Ziel der Frage …

… ist Ihr Umgang mit einer überraschenden und schwierigen Situation, in der es vielleicht um nichts weniger als Ihre berufliche Zukunft geht. Wie souverän bleiben Sie in Inhalt und Auftreten? Ein Personalrekrutierer möchte Sie damit aus der Reserve locken und setzt sozusagen auf »Offenheit aus Versehen«, weil Sie für den Moment Ihre Contenance verlieren oder Ihnen die Sicherheit der Vorbereitung fehlt. Daneben geht es ihm um Ihre Fähigkeit, ein Gespräch zu analysieren und Inhalt wie Atmosphäre richtig einzuschätzen. In Verhandlungen entscheidet diese Fähigkeit mit über Ihren Erfolg. Diese Frage gehört auch zu den sog. Stressfragen, bei deren Beantwortung Ihr Auftreten unter intensiver Beobachtung steht (wie passen Aussage, Tonfall und Körpersprache zusammen).

… und wie Sie clever darauf antworten:

Sollten Sie das Gefühl haben, dass das Gespräch positiv für Sie verläuft, wird Ihnen die Antwort nicht allzu sehr schwerfallen. Hüten Sie sich aber vor zu großer Selbstsicherheit oder Euphorie. Denn vielleicht liegen Sie mit Ihrer Einschätzung völlig falsch und die Art Ihres Gegenübers, ein Gespräch zu führen, sagt nichts über seine Entscheidung aus. Antworten Sie nicht einfach mit »Gut« oder »Schlecht«, nennen Sie Gründe dafür. Heben Sie die Gemeinsamkeiten, die sich während des Gesprächs herausgestellt haben, hervor. Zeigen Sie es niemals, wenn Sie das Gefühl haben sollten, keinen Erfolg zu haben. Auch das können Sie nicht sicher beurteilen. Selbst wenn dem so sein sollte: Mit einer souveränen Antwort könnten Sie Ihr Gegenüber vielleicht doch noch positiv beeindrucken. Sollte Ihnen ein Thema wichtig sein, das noch nicht vertieft oder gar nicht angesprochen wurde, haben Sie jetzt die Gelegenheit dazu.

Alternativ könnte Ihnen die Frage auch so gestellt werden:
- Haben Sie auch das Gefühl, dass unser Gespräch etwas schleppend/ziemlich unergiebig verläuft?
- Welchen Eindruck sollten wir von Ihnen bekommen?

4. SOZIALER HINTERGRUND

75. Welche Form der Kommunikation, welchen persönlichen Umgangsstil bevorzugen Sie?

Hintergrund und Ziel der Frage ...

... ist Ihre soziale Kompetenz, insbesondere Ihr Kontakt- und Kommunikationsverhalten. Passen Sie zum Unternehmen in Bezug auf den Umgang mit Vorgesetzten, Kollegen, Geschäftspartnern und Kunden? Das kann sich auch auf Ihre zukünftige Art der Mitarbeiterführung beziehen, falls Sie in absehbarer Zeit mit Personalverantwortung betraut werden sollten.

Es geht um Loyalität und Respekt, um Ihre Fähigkeit, Hierarchien anzuerkennen, um Ihre Position als Berufsanfänger und darum, dass Sie nicht gleich planen, den ganzen Konzern umzukrempeln.

... und wie Sie clever darauf antworten:

Wenn Sie sich gut auf das Unternehmen vorbereitet haben, wissen Sie z. B. schon aufgrund von Optik und Wortwahl auf der Homepage, welche Art des Umgangs dort vermutlich gepflegt wird. Auf vielen Homepages gibt es mittlerweile einen »Code of Conduct«, eine Art Spielregelkatalog für Mitarbeiter und Geschäftspartner. Wenn Sie sich nicht nur auf sich, sondern auf Ihren Gesprächspartner konzentrieren, werden Sie auch schnell herausfinden, welchen Stil das Unternehmen pflegt – locker-unkonventionell oder konservativ-werteorientiert. Aber egal, in welche Richtung das Unternehmen tendiert: Punkte wie Höflichkeit, Respekt, Selbstbeherrschung und Verantwortungsbewusstsein auch für seine Kollegen sind überall die Basis eines guten Betriebsklimas. Achten Sie gerade hier darauf, dass das, was Sie sagen, zu dem passt, wie Sie es sagen. Schlagworte wie »sachlich«, »konstruktiv«, »kompromissbereit«, »offen« und »ermunternd« machen immer einen guten Eindruck. Zeigen Sie in Ton und Auftreten, wie lernfähig und -willig Sie sind und dass Sie konstruktive Kritik älterer Kollegen jederzeit zu schätzen wissen.

Alternativ könnte Ihnen die Frage auch so gestellt werden:
- Welche Art der Mitarbeiterführung präferieren Sie?

FRAGEN & ANTWORTEN

> 76. Nennen Sie bitte spontan die fünf Menschen, die Sie am meisten bewundern. Und warum, wofür? (Alternativ: gleiche Frage mit Negativ-Vorzeichen)

Hintergrund und Ziel der Frage ...
... ist Ihre (Arbeits-)Philosophie, Wertewelt und Ihr Charakter. Mahatma Gandhi oder Dietrich Bonhoeffer als Vorbilder lassen hoffen, dass Sie in Konflikten vielleicht nicht zu Mitteln wie Mobbing und/oder Intrigen greifen werden. Bonny und Clyde ... na ja! Ihre Bewunderung von Unternehmerpersönlichkeiten mit bekanntermaßen gnadenlosem Führungsstil (Nero, Piech) wird implizieren, dass Eigenschaften wie Diplomatie, Empathie oder das Finden von Kompromissen zugunsten des Betriebsklimas für Sie vielleicht Zeitverschwendung sind. Als Vorbilder dienen Personen im fachlichen Bereich (z. B. Pioniere auf ihrem Gebiet) oder mit bestimmten Charaktereigenschaften, die für Ihre Absichten oder Ziele stehen.

... und wie Sie clever darauf antworten:
Mit dieser Frage steuern Sie relativ einfach den Eindruck, den ein Personalverantwortlicher von Ihnen bekommen soll. Grundlage der Personenauswahl: Passen Sie mit diesen Angaben zur Unternehmensphilosophie. Wenn Sie künftig ein großes Budget zu verwalten hätten, ist das Vorbild eines Millionen für das süße Leben verprassenden Prominenten (Geißen) eher nicht zuträglich. Vorbilder aus dem familiären Bereich sollten auch vermieden werden, um dem Eindruck entgegenzuwirken, Sie wären auf der Suche nach einer Vaterfigur oder stünden bei Ihrer beruflichen Lebensplanung unter familiär-moralischem Druck. Immer gut sind aktuell agierende Personen. Zu viele bereits verstorbene oder zu klischeebehaftete Namen könnten den Eindruck erwecken, Sie würden sich in der aktuellen Welt – respektive im Fachgeschehen – wenig(er) auskennen.

Alternativ könnte Ihnen diese Frage auch so gestellt werden:
- Benennen Sie uns Ihre (Anti-)Vorbilder.
- Geben Sie uns bitte 5 Referenzadressen an, die wir um Auskunft und Einschätzung Ihrer Person bitten dürfen.

77. Wie sieht Ihre aktuelle Lebenssituation aus?

Hintergrund und Ziel der Frage ...
... ist das Interesse an Ihrem privaten Hintergrund, der für einen Personalverantwortlichen eigentlich tabu sein sollte. Aus dem Umstand, dass Sie Single, verheiratet oder geschieden sind, alleinerziehend oder ... wird er sich eine Interpretation Ihrer Wesensart (Persönlichkeit) zurechtlegen, in die Sie zunächst keinen Einblick haben. Anlass der Frage ist das Suchen nach eventuellen Konfliktfeldern, die eine Zusammenarbeit erschweren oder Ihre Leistungsfähigkeit torpedieren könnten. Natürlich wird man auch daraus schließen, ob Sie verlässlich-loyal oder eher bindungsunwillig (auch an ein Unternehmen) sind.

... und wie Sie clever darauf antworten:
Wie gesagt: Fragen wie diese sind eigentlich unzulässig. Sie zu ignorieren oder gar explizit eine Antwort zu verweigern, können Sie sich aber auch nicht wirklich ohne Konsequenzen erlauben. Grundtenor Ihrer Antwort sollte ein verbindlich-freundliches »*Ich bin zufrieden und habe das, was ich will und brauche*« sein.
Vermutlich haben Sie in Ihrem Lebenslauf Ihren Familienstand angegeben (freiwillig!). Recht viel mehr sollten Sie auf diese Frage nicht im Gespräch antworten. Falls Sie für ein konservatives Unternehmen arbeiten und noch ungebunden sind, können Sie natürlich darauf verweisen, irgendwann einmal eine Familie haben zu wollen. Hauptsache, Sie suggerieren, dass Sie jetzt und für die nächste Zukunft zufrieden sind und nichts Ihre Leistungsfähigkeit bedrohen könnte. Sollten Sie Angehörige pflegen oder in einem Mehrgenerationenhaus leben, wird das in manchen Unternehmen beeindrucken, in anderen Besorgnis erregen (wegen Ihrer Konzentration und Ihrer Zeit). Hier lohnt sich eine gute Recherche.

Alternativ könnte Ihnen diese Frage auch so gestellt werden:
- Wie ist Ihr Familienstand?
- Erzählen Sie bitte mal, wie (und mit wem) Sie leben.

78. Stellen Sie uns doch bitte einmal kurz Ihre Familie vor.

Hintergrund und Ziel der Frage ...
Viele Personalentscheider versprechen sich Aufschluss über Ihren Charakter, Ihre Arbeitsweise und eine Erfolgsprognose über Ihre Zukunft im Unternehmen, wenn sie Informationen über Ihre Familie haben. Damit können Ihre Eltern und Geschwister ebenso wie Ihr(e) Partner(in) und Ihre Kinder gemeint sein. Es geht um Ihren sozialen Hintergrund. Interessant ist die Frage, wie leicht oder schwer Sie sich etwas erarbeiten mussten und wie traditionell Ihr Berufswunsch ist (weil Vater und Großvater schon in diesem Beruf/dieser Branche gearbeitet haben ...).

Genauso aufschlussreich ist, wie viel Unterstützung Sie von Ihrer Familie bekommen oder wie sehr Ihre Pläne torpediert werden, da nicht ins Familienschema oder in die gemeinsamen Zukunftspläne passend. Beim Thema Partnerwahl (auch Freunde) gilt als Interpretationsgrundlage für Personalentscheider der alte Satz: *»Sage mir, mit wem Du umgehst und ich sage Dir, wer Du bist.«*

... und wie Sie clever darauf antworten:
Wie alle Fragen zum privaten Hintergrund ist diese nicht wirklich erlaubt. Trotzdem wäre eine offene Verweigerung recht ungeschickt. Überlegen Sie sich im Vorfeld genau, was Sie sagen, und vor allem, was Sie glauben, was Ihr Gesprächspartner wohl hören will. Handelt es sich um ein traditionsreiches Familienunternehmen, schadet vermutlich ein Hinweis auf Ihre eigene Familientradition nicht. Vielleicht haben Ihre Eltern schon für das Unternehmen gearbeitet (natürlich sollte es da keinen Ärger gegeben haben). Grundsätzlich dürfen Sie so antworten, dass Sie keine *»Angriffsfläche«* bieten. Grundtenor in all Ihren Antworten dazu: *»Es geht mir gut, ich bin zufrieden, ich habe, was ich will.«* Das ist für Ihr Gegenüber ein sicheres Zeichen für eine ungetrübte, langanhaltende Leistungsfähigkeit.

Alternativ könnte Ihnen diese Frage auch so gestellt werden:
- Was macht Ihre Frau/Ihr Mann beruflich?

79. Welche Haltung hat Ihr/-e Lebenspartner/-in (ggf. auch Familie) zu Ihrem Beruf/Ihrer Berufswahl?

Hintergrund und Ziel der Frage ...

... ist natürlich zu wissen, ob Sie von Ihrem/Ihrer Partner/-in in Ihren beruflichen Ambitionen unterstützt werden. Diese Frage ist nicht wirklich zulässig, weil sie auf Ihr Privatleben abzielt. Ein Personalverantwortlicher möchte aber darüber erfahren, ob Ihr/-e Partner/-in weiß, welche Konsequenzen Ihre Arbeit für das Unternehmen haben könnte – z. B. ein zeitweiliger Aufenthalt im Ausland, fehlende Zeit für das Privatleben in Stoßzeiten, ein Umzug in eine andere Stadt etc.

Achtung: Es geht nur vordergründig um den Menschen an Ihrer Seite. Eigentlich geht es immer um Sie und Ihre Arbeitseinstellung. Ein Personaler könnte davon ausgehen, dass Sie sich einen Partner wählen, der auch diesbezüglich auf derselben Wellenlänge ist wie Sie. Fehlende Unterstützung oder diverse Einschränkungen lassen ihn jedoch befürchten, dass Ihre Arbeitsleistung sinkt oder durch häusliche Probleme bis Unstimmigkeiten Auswirkungen im beruflichen Leben entstehen könnten.

... und wie Sie clever darauf antworten:

Natürlich bekommen Sie von Ihrem/Ihrer Partner/-in alle Unterstützung der Welt. Und selbstverständlich haben Sie Ihre Karriereplanung mit ihm/ihr abgesprochen. Es wird also keine bösen Überraschungen geben und es gibt keinen Anlass, an Ihrer Arbeitsleistung und -qualität zu zweifeln. Für den Fall, dass es Nachfragen gibt, sollten Sie vorbereitet sein und konkrete Beispiele nennen können – dass Ihr/-e Partner/-in gerne Ihren Part der häuslichen Verantwortung übernimmt (z. B. die Kinderversorgung), wenn es erforderlich ist. Lassen Sie sich nicht dazu hinreißen, ins Detail zu gehen. Sie liefern damit nur eine unnötige »Angriffsfläche«.

Alternativ könnte Ihnen die Frage auch so gestellt werden:
- In welcher Weise werden Sie von ... unterstützt?

FRAGEN & ANTWORTEN

> **80. Sind Sie Mitglied in einem Verein/Verband/Organisation?**

Hintergrund und Ziel der Frage ...
... sind Ihre soziale Kompetenz und die Fähigkeit, sich in Organisationen und deren Strukturen eingliedern zu können. Insbesondere wenn Ihnen eine bestimmte Aufgabe, Position und Führungsverantwortung übertragen wurde, ist das für Ihren Gesprächspartner von großem Interesse. An sozialem Engagement sieht man auch Ihre Einstellung zur Arbeit – Ehrgeiz, aber gepaart mit der Absicht, Ihre erworbenen Fähigkeiten und Ihre Zeit an andere abzugeben. An Ihren Mitgliedschaften ist allerdings auch Ihre (gesellschafts-)politische Einstellung erkennbar.

... und wie Sie clever darauf antworten:
Eine Mitgliedschaft in Vereinen und Organisationen ist nie von Nachteil. Überlegen Sie aber genau, welche Sie angeben. Manch ein Verein passt nicht zur Ausrichtung eines Unternehmens. Dies kann zu (unangenehmen) Nachfragen führen. Oder zur stillen Entscheidung, dass Sie nicht zum Unternehmen passen. Wie für viele andere Fragen auch lohnt sich also eine gute Vorbereitung auf das Unternehmen.

Heikel ist die Angabe von politischem Engagement. Es sei denn, Ihr künftiger Arbeitgeber ist eine Partei oder ist bekannt für seine Parteinähe. Ähnlich verhält es sich mit kirchlichen Organisationen. Vorsicht bei sozialem Engagement wie beispielsweise den Anonymen Alkoholikern! Auch dies könnte Fragen aufwerfen. Bei Fragen, warum Sie sich für eine Organisation entschieden haben (denn dies hat meist persönliche Gründe), sollten Sie überlegt und vorsichtig antworten und nicht zu viel Einblick geben.

Achten Sie bei Fragen zu Ihrer zeitlichen Investition, dass diese sich im Rahmen hält. Denn schließlich haben Sie künftig eine Aufgabe und Position, die viel Zeit und Kraft kostet.

Alternativ könnte Ihnen die Frage auch so gestellt werden:
- Für wen oder was könn(t)en Sie sich engagieren?

> **81. Mit welchen Menschen sind Sie gerne zusammen und was verbindet Sie mit diesen?**

Hintergrund und Ziel der Frage ...

Neben der Familie und der Wahl Ihres Lebenspartners erzählt natürlich auch die Zusammensetzung Ihres Freundeskreises viel über Sie. Die Frage ist, ob Sie überhaupt Freunde haben oder eher ein zwischenmenschlicher Eremit sind. Von Interesse ist, welchen (Ausbildungs-)Hintergrund Ihre Freunde haben und wie Sie mit ihnen Ihre Zeit verbringen. Letzteres sagt viel darüber aus, wie Ihr Ausgleich zum Berufsleben aussieht. Aussagekräftig ist auch die Dauer Ihrer Freundschaften. Ganz wichtig: Nicht Ihre Freunde stehen im Mittelpunkt, sondern – wie immer – Sie selbst.

... und wie Sie clever darauf antworten:

In einer Zeit, in der Teamarbeit aus den Unternehmen nicht wegzudenken ist, sollten Sie natürlich niemals behaupten, eher ein Einzelgänger zu sein oder keine Freunde zu haben bzw. zu brauchen. Ein Personaler wird sich sofort fragen, wie es um Ihre soziale Kompetenz bestellt ist. Bei der Erwähnung Ihrer Freunde müssen Sie die Unternehmensphilosophie im Auge behalten. Im Falle größter Wertekonservativität kennen Sie Ihre Freunde schon sehr lange oder aus dem Studium, vertreten dieselben Ziele in puncto Erfolg und Leistung und spielen regelmäßig zusammen Golf oder Tennis. Oder Sie sind gegenseitige Patenonkel/-tanten. Bei einem Start-Up-Unternehmen mit kreativem Background sind Ihre Freunde begabte Musiker, Grafikkünstler oder Computergenies.

Grundtenor, egal für welche Antwort Sie sich entscheiden: Ihr freundschaftliches Umfeld ist stabil. Nicht zuletzt wegen Ihrer sozialen Kompetenz und Ihrer Zuverlässigkeit.

Alternativ könnte Ihnen diese Frage auch so gestellt werden:
- Wer kommt mit Ihnen gut klar, wer nicht, und warum?

82. Was machen Sie lieber zusammen mit anderen/was lieber allein?

Hintergrund und Ziel der Frage ...

... ist, sowohl etwas über Ihren sozialen Hintergrund als auch über Ihr bevorzugtes Verhältnis zu anderen Menschen zu erfahren. Scheinbar ausgerichtet auf den privaten Bereich wird der Personalverantwortliche jedoch Rückschlüssen auf den beruflichen Bereich ziehen. Wichtig ist diese Frage für ihn in Bezug auf Ihre Teamfähigkeit und dafür, in welchen Bereichen Ihrer künftigen Arbeit Sie sich eher allein oder stärker in einer Gruppe sehen. Auch Ihre Lust, respektive Fähigkeit, Verantwortung zu übernehmen und sich beispielsweise an die Spitze einer Gruppe zu stellen, wird hier geprüft. Tüfteln Sie lieber allein oder in der Gruppe an Lösungen? Oder sind Sie eher der, der tüfteln lässt und nur das Ergebnis den verantwortlichen Stellen präsentiert?

... und wie Sie clever darauf antworten:

Eine Frage wie diese ist ein gutes Argument, warum sich eine genaue Vorbereitung auf das Unternehmen lohnt. Studieren Sie dessen Organigramm, finden Sie heraus, wie unternehmensintern Lösungen entwickelt werden – in Gruppen oder allein. Entwickeln Sie durch das Studium der Homepage und der Stellenanzeigen ein Gespür dafür, ob die Unternehmensstrategie eher auf Gruppen- oder Einzelleistung aufgebaut ist. Dann wissen Sie eigentlich schon, was Ihre bevorzugte Antwort sein sollte.

Alternativ könnte Ihnen diese Frage auch so gestellt werden:
- Was bedeutet Teamarbeit für Sie?

83. Warum sind Sie für uns der/die richtige/beste Kandidat/-in?*

Hintergrund und Ziel der Frage ...

... ist natürlich Ihr Selbstbewusstsein. Normalerweise fällt es schwer, die eigenen Stärken in den Vordergrund zu spielen. Mithilfe dieser Frage möchte der Personaler erkennen, welcher Typ Sie sind, wie viel Sie sich zutrauen und ob Sie in der Lage sind, sich als Spitzenkandidat für die Position zu präsentieren. Fachlich steht Ihre Fähigkeit im Vordergrund, Ihre künftigen Aufgaben zu erfassen und sie mit Ihren wichtigsten Qualifikationen und persönlichen Eigenschaften für eine erfolgreiche Umsetzung zu verbinden. Man wird dabei sehr genau auf Art und Umfang Ihrer Präsentation achten. Um zu überzeugen müssen Sie unbedingt vorbereitet sein!

... und wie Sie clever darauf antworten:

Diese Frage gehört zu denjenigen, mit denen Sie unbedingt rechnen sollten. Finden Sie Argumente und Eigenschaften, die wichtig für eine erfolgreiche praktische Umsetzung des Stellenprofils sind, und von denen Sie selbst überzeugt sind, sie anbieten zu können. Überzeugen Sie sich vor allem selbst davon, dass Sie Ihren neuen Aufgaben gewachsen sind – notfalls mithilfe Ihrer Freunde. Rechnen Sie damit, dass die Frage ergänzt wird um ein »... und was spricht gegen Sie?« Lassen Sie sich nicht aus der Ruhe bringen. Überlegen Sie sich eine Charaktereigenschaft oder ein fachliches Argument, das Sie selbst gleich im Anschluss halbwegs entkräften – z. B. ein harmloses Wissensdefizit, von dem Sie aber schon genau wissen, wie Sie es sehr schnell beheben. Oder eine Charaktereigenschaft, die zwar für andere Positionen noch besser geeignet wäre, leider aber weniger zum Einsatz kommt für diese.

Alternativ könnte Ihnen diese Frage auch so gestellt werden:

- Können Sie uns noch einmal verdeutlichen: Was spricht für und was gegen Sie als unser Kandidat?
- Was wäre Ihr Beitrag zum Unternehmenserfolg?
- Was ist ihr USP (Alleinstellungsmerkmal)?

> 84. Wenn Sie einen neuen Mitarbeiter für diese Position einzustellen hätten – nach welchen Kriterien würden Sie auswählen, nach welchen Eigenschaften suchen?

Hintergrund und Ziel der Frage ...
Diese Frage ist eine Abwandlung der Frage »Was macht Sie für uns zu einem guten Kandidaten?« Ihr Gesprächspartner will eigentlich etwas über Sie erfahren, während er Sie in seine Rolle versetzt. Aus Ihrer Antwort zieht er Rückschlüsse auf Sie und Ihr Verständnis von Ihrem neuen Aufgabengebiet. Der Personalentscheider wird Sie sicherlich im Anschluss fragen, welche dieser Fähigkeiten S i e mitbringen. Inhaltlich geht es ihm darum, herauszufinden, wo Sie Ihren Schwerpunkt für die optimale Erfüllung Ihrer Aufgaben setzen.

... und wie Sie clever darauf antworten:
Machen Sie sich klar, dass es in dieser Frage nur um Ihre Fähigkeiten und Eigenschaften geht. Nennen Sie also nur Kriterien, die Sie erfüllen, oder von denen Sie wissen, dass Sie sie nach einer Einarbeitungszeit erfüllen werden. Wichtig ist im Vorfeld eine gute Vorbereitung auf Ihr künftiges Aufgabengebiet und auf das Unternehmen. Finden Sie auf der Unternehmenshomepage viele Informationen zu Weiterbildungsmöglichkeiten, wird das Unternehmen Wert darauf legen, dass Mitarbeiter die Angebote wahrnehmen. Eine Bemerkung Ihrerseits, dass ein idealer Kandidat alles dafür tun sollte, um immer auf dem neuesten Stand in seinem Fachgebiet zu sein, wird dann positiv vermerkt. Wenn Sie sich unsicher sind, welche Kriterien und Eigenschaften wirklich wichtig sind, hilft eine Nachfrage bei jemandem, der eine ähnliche Position innehat oder die Recherche im Internet. Begreifen Sie diese Frage als Chance, in der Rolle des vermeintlich neutralen Dritten Ihre Kompetenzen zu präsentieren.

Alternativ könnte Ihnen die Frage auch so gestellt werden:
- Welche Eigenschaften sollte Ihr Vorgesetzter/Vertreter/Nachfolger haben?
- Und welche besser nicht?

85. Welches Maß an Verantwortung ist genau das richtige für Sie?

Hintergrund und Ziel der Frage ...
... sind ganz eindeutig Ihr Selbstbewusstsein und die Selbsteinschätzung Ihres »Arbeitstyps«. Man will wissen, wie mit Ihnen innerhalb des Unternehmens zu planen ist. Es gibt etliche Arbeitnehmer, die z. B. Personalverantwortung oder eine leitende Stelle ablehnen, weil sie sich lieber um die Anforderungen ihres eigentlichen Berufes kümmern wollen. Und wenn Sie in verantwortlicher Stellung tätig sein wollen: Trauen Sie sich das überhaupt zu? Ein Personaleinsteller wird bei Ihrer Antwort nicht nur auf den Inhalt achten, sondern besonders auf Körpersprache und Tonfall.

... und wie Sie clever darauf antworten:
Diese eher etwas unangenehme Frage ist Ihre Chance, Ihre Souveränität zu beweisen – in die eine oder andere Richtung. Wenn Sie aber aus welchen Gründen auch immer nicht der Typ sind, (Führungs-)Verantwortung im klassischen Sinne zu übernehmen, sagen Sie das. Authentizität zahlt sich hier vielleicht wirklich einmal aus. Definieren Sie dann aber, dass Verantwortung für Sie nicht unbedingt etwas mit Personalführung etc. zu tun hat, sondern vor allem mit der Selbstverständlichkeit, in seinem Aufgabenbereich alles für die erfolgreiche Umsetzung der Unternehmensziele zu geben. Und das werden Sie natürlich gewährleisten. Unpassend wäre diese Antwort, wenn es bei der Stelle auf die Sie sich bewerben bereits um Personal- oder Budgetverantwortung geht. Sofern Sie eine klassische Karriere planen und Aufstiegschancen ergreifen wollen, sollten Sie das auch so postulieren. Hüten Sie sich aber davor, den Eindruck zu vermitteln, dass Ihnen das nicht schnell genug gehen kann und dass Sie in der Wahl Ihrer Mittel, Ihr Ziel zu erreichen, nicht gerade zimperlich sind.

Alternativ könnte Ihnen die Frage auch so gestellt werden:
- Wie sieht Ihr Ideal-/Traumjob, Ihre Traumaufgabe/-position aus?

86. Was sind die zwei, drei wichtigsten Dinge für Sie bei der Arbeit?

Hintergrund und Ziel der Frage ...

... sind Erkenntnisse über Ihre Arbeitsweise, Ihre Einstellung zur Arbeit insgesamt und auch Ihre Fähigkeit Prioritäten zu setzen. Ein Personalauswähler kann aus Ihrer Antwort sehr leicht ersehen, wie realistisch Ihre Vorstellung von Ihrer neuen Aufgabe ist. Auch wenn Sie als Berufsanfänger wenig Routine haben und für diese Antwort (noch) nicht aus einem reichen Erfahrungsschatz schöpfen können, haben Sie doch wenigstens Ziele oder können sich selbst richtig einschätzen. Ein Personaler ist neugierig darauf, wie Sie Ihre Chance nutzen, Ihre besten Fähigkeiten mit den Anforderungen der neuen Position zu verbinden.

... und wie Sie darauf clever antworten:

Die Chance zu einer gelungenen Selbstpräsentation können Sie nur richtig nutzen, wenn Sie wissen, worum es dem Unternehmen bei der Besetzung der freien Stelle geht und welche Anforderungen Sie zu erfüllen haben. Da hilft eine gute Vorbereitung über die Unternehmenshomepage oder Freunde und Bekannte, die bereits in einer ähnlichen Position gearbeitet haben. Treffen Sie Ihre Auswahl sorgfältig und benennen Sie wirklich nicht mehr als zwei bis drei für Sie wichtige Merkmale. Es geht um Ihre Prioritäten, die sehr viel über Sie aussagen. Beziehen Sie sich sowohl auf Fachliches als auch auf den Umgang mit Vorgesetzten und Kollegen. Damit zeigen Sie, dass Ihnen nicht nur Ihr persönliches Weiterkommen wichtig ist, sondern auch das Unternehmenswohl, was nur durch gute Zusammenarbeit ermöglicht wird. Begründen Sie Ihre Wahl kurz, präzise und möglichst auch noch unterhaltsam. Sie übergeben damit sozusagen Ihre Visitenkarte.

Alternativ könnte Ihnen die Frage auch so gestellt werden:
- Was sind Ihre wichtigsten Wünsche, was erwarten/erhoffen Sie sich von Ihrer Arbeit, Ihrem Arbeitsplatz, Ihrer Aufgabe?
- Welche Unternehmenswerte schätzen Sie?

4. SOZIALER HINTERGRUND

87. Welche (Unternehmens-)Werte sind Ihnen wichtig?

Hintergrund und Ziel der Frage ...
... ist es, herauszufinden wie Sie gestrickt sind, was Ihnen wichtig ist, was für Sie zählt, worauf Sie achten. Logo: Die Antwort Work-Life-Balance löst bei Ihrem Gegenüber etwas anderes aus wenn Sie als faire, leistungsbezogene Bezahlung nennen oder Gesundheitsvorsorge und Altersversorgung im Gegensatz Selbstverantwortung und Verwirklichung.

... und wie Sie darauf clever antworten:
Vor allem nicht unüberlegt, sondern besser gut durchdacht, also vorbereitet und damit halbwegs in Relation zu den anderen Fragen dieser Couleur. Ergo: Mein Verdienst ist mir am wichtigsten, also eine absolut leistungsorientierte Bezahlung, klingt anders als ein fairer zwischenmenschlicher Umgang unter allen Beteiligten. Eine Fehlerkultur, die ermutigt Verantwortung zu übernehmen und daraus zu lernen, anders als klare Ansagen, was von einem erwartet wird. Nachhaltigkeit in allen Facetten anders als Sieg um jeden Preis ...

Je nach Branche und Funktion helfen Ihnen hier gute Recherche und eigene Überlegungen.

Alternativ könnte Ihnen die Frage auch so gestellt werden:
- Welchem gesellschaftlichen Konsens fühlen Sie sich bei Ihrer Arbeit verpflichtet?
- Worauf legen Sie neben Arbeitsbedingen noch wert?
- Wie erleben Sie unsere Branche / unser Umfeld?
- Was würden Sie machen, wenn Sie das Sagen in der Welt, in unserem Land, in der Uni, in diesem Betrieb hätten?

FRAGEN & ANTWORTEN

> 88. Welche Probleme könn(t)en bei dieser Aufgabe auf Sie zukommen (sehen Sie auf sich zukommen)?

Hintergrund und Ziel der Frage ...
zeigen Sie eine eher angst- oder sorgenvoll gesteuerte Fantasie oder einen absolut unerschütterlichen bis unsensiblen Optimismus? Wie realistisch, wie optimistisch ist Ihre Aussage dazu?

... und wie Sie darauf clever antworten:
Vorstellen kann man sich viel, doch ob Sie alles ausplaudern zu diesem Bereich will gut überlegt sein. Jedenfalls ein »NIX« geht ebenso wenig wie minutenlange Katastrophenszenarien. Bei allem Optimismus, der sonst so wichtig ist und gut ankommt, jetzt brauchen Sie schon auch ein gewisses Problembewusstsein darüber was bei Ihnen, einem Anfänger, schief laufen kann.

Ein guter Ansatz wäre z. B. die Einarbeitungsphase unterstützt durch einen festen Ansprechpartner, Mentor. Wenn dieser dann in wichtigen Situationen keine oder nicht ausreichend Zeit hätte, würden Sie ein Problem auf sich zukommen sehen.

Alternativ könnte Ihnen die Frage auch so gestellt werden:
- Sehen Sie mit dem Beginn Ihrer Arbeitsaufnahme bei uns auch Probleme auf sich zukommen?

> **89. Delegieren Sie gern oder packen Sie lieber selbst zu?**

Hintergrund und Ziel der Frage ...
... ist Ihre Arbeitsweise. Es geht um die Selbsteinschätzung Ihrer Fähigkeiten, aber auch Ihrer Kräfte und Ihres Verantwortungsbewusstseins. Wenn Sie gerne delegieren: Delegieren Sie lediglich das, was Ihnen keinen Spaß macht? Oder vor allem die Aufgaben, die Ihnen nur Zeit rauben für die wirklich wichtigen Entscheidungen, für die Sie verantwortlich sind? Ein Personaler würde gern ausschließen, dass Sie sich aus falsch verstandenem Verantwortungsbewusstsein (oder aus Eitelkeitsgründen) so überfordern, dass Sie nicht nur sich, sondern auch dem Unternehmen schaden. Das Thema Burnout und der Umgang mit Stress hat auch Unternehmen längst sensibilisiert.

... und wie Sie darauf clever antworten:
Die Antwort auf diese Frage sollten Sie nicht nur von Ihrer Persönlichkeit, sondern auch vom Unternehmen und Ihrem Aufgabenbereich abhängig machen. Es gibt einige Branchen/Positionen, in denen das eine oder das andere bevorzugt gefragt ist. Bereiten Sie sich also gut auf Ihr künftiges Wirkungsfeld vor. Dann kennen Sie auch die beste Antwort auf diese Frage. Eine mögliche Antwort wird sich immer auf die konkrete Situation beziehen, um die es geht. Entscheiden Sie Ihr Delegationsverhalten also weitestgehend situationsabhängig.

Und Vorsicht: Ein Personalentscheider misst an Ihrer Antwort den Grad Ihrer Selbsteinschätzung, wie befähigt Sie für diese Arbeit sind. Machen Sie auf alle Fälle deutlich, dass Sie in der Lage sind zu delegieren und bei der Auswahl der zu verteilenden Aufgaben und der Empfänger richtig entscheiden werden. Sie übernehmen diese aber auch gerne selbst, nicht nur, wenn Not am Mann ist.

Alternativ könnte Ihnen die Frage auch so gestellt werden:
- Sind Sie eher Theoretiker oder Praktiker?
- Entscheiden und delegieren Sie lieber oder führen Sie lieber aus?

90. Wie organisieren Sie Ihre Arbeit?

Hintergrund und Ziel der Frage ...
... ist es, (theoretisch) etwas über Ihren Arbeitsstil zu erfahren. Man möchte wissen, ob Sie in der Lage sind zu überblicken, was in Ihr Arbeitsgebiet fällt, welchen (z. B. zeitlichen) Umfang Ihre Arbeit an einem Projekt haben wird etc. Dazu kommt Ihre Fähigkeit, Prioritäten setzen oder delegieren zu können. Im Mittelpunkt stehen auch Ihr Zeit- und Stressmanagement. Es geht darum, ob und wie Sie in stressigen Situationen reagieren, ob Sie beispielsweise einen angemessenen Zeitplan erstellen, der Pufferzonen für Unvorhergesehenes enthält, und ob Sie diesen zumindest hier in der Theorie einhalten. Ebenso interessant ist Ihr Verhalten, wenn Ihre Planung fehlschlägt und wie schnell und effizient Sie reagieren.

... und wie Sie clever darauf antworten:
Am plastischsten können Sie das an konkreten Beispielen erklären. Sie sollten einen angemessenen Zeit- und Budgetrahmen für ein Projekt z. B. einschätzen können, oder was für das Gelingen eines Arbeitsauftrags an oberster Stelle steht und somit am ehesten in Angriff genommen werden sollte. Sie sollten wissen, was nur Sie erledigen und was Sie delegieren können. Wichtig ist, sich als Mitarbeiter mit einer strukturierten Arbeitsweise zu präsentieren, gerade wenn Sie mit Kollegen eng zusammenarbeiten. Außerdem empfiehlt es sich, darauf zu verweisen, dass Ihnen daran gelegen ist, Stress und Druck für Kollegen mittels eines organisierten Arbeitsalltags weitestgehend zu vermeiden.

Und sollten Sie noch keine wesentlichen Erfahrungen mit und in der Arbeitswelt gemacht haben (denken Sie aber auch an Jobs zur Finanzierung Ihres Studiums!), greifen Sie auf Ihre Lernarbeit während des Studiums zurück! Das gilt immer, wenn das Thema auf konkrete Arbeitssituationen kommt. Auch Ausbildung ist gewissermaßen eine Form der Arbeit.

Alternativ könnte Ihnen diese Frage auch so gestellt werden:
- Schildern Sie uns den Anfang (und das Ende) eines typischen Arbeitstages.

5. Gesundheitszustand, Probleme, Einschränkungen

91. Waren Sie schon mal ernsthaft krank?

Hintergrund und Ziel der Frage ...
... ist nur vordergründig Ihr Gesundheitszustand. Eigentlich geht es um Ihre Leistungsfähigkeit und darum, wie verlässlich mit Ihnen zu planen ist. Denn chronische Krankheiten bergen das Risiko längerer Ausfallzeiten. Außerdem besteht die Möglichkeit, dass Sie bestimmte Krankheiten in Ihren täglichen beruflichen Anforderungen behindern (z. B. Allergien, Rückenprobleme etc.). Achtung: Fragen nach Ihrem Gesundheitszustand bewegen sich stark in der rechtlichen Grauzone. Gestattet sind nur Fragen nach aktuellen Erkrankungen, die ganz konkret Ihre berufliche Leistungsfähigkeit in Ihren momentanen oder künftigen Tätigkeiten einschränken.

... und wie Sie clever darauf antworten:
Auch wenn es den Arbeitgeber nicht wirklich etwas angeht, wie es um Ihre Gesundheit bestellt ist: Beruhigen Sie ihn von sich aus, dass alles bei Ihnen in bester Ordnung ist. Ein kurzer Verweis auf Gesundheitschecks bei Ihrem Arzt sollte für den Personalverantwortlichen Signal genug sein, dass Sie seine Sorge nachvollziehen können und selbst am meisten daran interessiert sind, auf Dauer leistungsfähig zu bleiben. Vielleicht können Sie ihn so davon abhalten, weitere Fragen in dieser Richtung zu stellen. Sollten Sie tatsächlich krank sein, ist es in Ihrem eigenen Interesse ratsam, sich zu fragen, ob Sie eine optimale Leistung im beruflichen Alltag erbringen können. Nicht nur, um den Arbeitgeber nicht in die Bredouille zu bringen, sondern auch aus Rücksicht auf Ihre Gesundheit.

Alternativ könnte Ihnen diese Frage auch so gestellt werden:
- Bestehen bei Ihnen gesundheitliche Einschränkungen mit beruflichen Auswirkungen?
- Gab es Krankenhausaufenthalte/Unfälle, leiden Sie an Allergien?
- Waren Sie im letzten Jahr mehr als zweimal beim Arzt?
- Haben Sie einen Hausarzt?

6. Beruflicher Wissensstand, Test- und Prüfungsfragen

> **92. Wie gut kennen Sie sich in unserer Branche/in unserem Metier aus?**

Hintergrund und Ziel der Frage ...
... ist das Interesse an Ihrem aktuellen fachlichen und brancheninternen Kenntnisstand. Natürlich haben Sie als Berufsanfänger noch kein allzu umfangreiches Wissen über sehr spezielle Brancheninterna, z. B. über anstehende Veränderungen in Konkurrenzunternehmen etc. Wahrscheinlich verfügen Sie auch noch nicht unbedingt über die nötigen Kontakte und Informationsquellen, aber Sie sind bei einer sehr guten Ausbildung ganz sicher auf dem neuesten Stand, was Ihren fachlichen Background anbelangt. Der Personaler interessiert sich dafür, was Sie mit Ihrem Wissen anfangen, ob Sie in der Lage sind, es gewinnbringend für das Unternehmen zu nutzen, neueste Entwicklungen einzuschätzen und danach Entscheidungen zu treffen.

... und wie Sie clever darauf antworten:
Gut vorbereitet! Über das Studium der Unternehmenshomepage, der Fachliteratur oder eigene Recherche gelingt es Ihnen sicher, bezüglich Ihrer fachlichen Kompetenz halbwegs sattelfest zu werden. Über Messen, Kongresse, Weiterbildungsseminare oder Vorträge können Sie sich z. B. ein nützliches Kontaktnetzwerk aufbauen. Vielleicht kennen Sie jemanden, der im Unternehmen arbeitet, gearbeitet hat oder Erfahrungen z. B. als Geschäftspartner hat. Im Übrigen nützt Ihnen dieses Wissen ja selbst für Ihre berufliche Zukunft. Hüten Sie sich aber bitte davor, Wissenslücken mit wilden Spekulationen zu füllen. In Anbetracht Ihres jungen Alters sind diese Lücken zu verzeihen. Punkten könnten Sie allerdings damit, wenn Sie suggerieren, dass Sie für einen Hinweis immer dankbar sind und dafür sorgen werden, Ihr Wissen dahingehend auf den neuesten Stand zu bringen.

Alternativ könnte Ihnen diese Frage auch so gestellt werden:
- Wie schätzen Sie die aktuelle (zukünftige) Marktsituation ein?

93. Kennen Sie ... (dieses Verfahren, die Person, die Diskussion über ... etc.)?

Hintergrund und Ziel der Frage ...
... ist der Test Ihres Fachwissens. Personalverantwortliche wissen, dass engagierte Bewerber alles dafür tun, ein positives Bild abzugeben. Diese Frage ist die perfekte Nagelprobe, um Blender zu entlarven. Oder die Gelegenheit, Ihrem künftigen Arbeitgeber zu beweisen, dass Sie wirklich interessiert sind an dem, was Sie tun. Auf alle Fälle wird man genau auf Ihre Reaktion achten. Wenn Sie diese Person, dieses Verfahren nicht kennen, aber ansonsten den Eindruck vermitteln, über fachliches Knowhow zu verfügen, ist das nicht so schlimm. Schlecht ist es nur, wenn Sie flunkern und überführt werden, weil es das Verfahren, die Person gar nicht gibt.

... und wie Sie clever darauf antworten:
Natürlich zahlt sich hier gute Vorbereitung, vorzugsweise über die Fachpresse, aus. Nachdem es aber in der vermutlich kurzen Vorbereitungszeit nicht möglich ist, sich alles an aktuellem Stoff anzulesen, hilft Ihnen hier Ihr im Studium und den ersten beruflichen Stationen erworbenes Wissen. Niemand verlangt von Ihnen, alles zu wissen, aber Vorsicht: Hüten Sie sich davor, so zu tun, als wäre Ihnen ein Name, ein Verfahren etc. ein selbstverständlicher Begriff, wenn Sie diesen nicht wirklich kennen. Es könnte sein, dass es sich um eine reine Erfindung handelt, um Ihr Wissen zu testen (und Ihre Reaktion, wenn Ihnen eine Autoritätsperson offensichtlich einen Bären aufbindet). Geben Sie zu, dass Sie nicht wissen, um wen oder was es geht. Punkten können Sie trotzdem, wenn Sie z. B. hinzufügen: »*Aber ich habe erst neulich in dem Bereich etwas Ähnliches gelesen ...*« oder »*Speziell dieses Verfahren kenne ich nicht, aber etwas Ähnliches habe ich neulich ...*«

Alternativ könnte Ihnen diese Frage auch so gestellt werden:
- Was ist Ihre Meinung über ...?
- Wie beurteilen Sie ...?
- Was würden Sie machen, wenn ...?

> **94. Welche Kongresse, Fachtagungen, Weiterbildungen etc. haben Sie bereits/in der letzten Zeit besucht?**

Hintergrund und Ziel der Frage ...

... ist natürlich der Test Ihres Fachwissens, Engagements und Ihrer Motivation, dieses immer auf dem neuesten Stand zu halten, weil es Ihre Basis für kompetente Lösungen ist. Ein Personalverantwortlicher interessiert sich dafür, ob Sie sich mit dem an der Universität erworbenen Wissen zufrieden geben. Er könnte daraus den Rückschluss ziehen, dass Sie entweder keinen gesteigerten Wert auf eine Karriere legen oder für Sie ein weitergehender Wissenserwerb dafür nicht notwendig ist. »Lebenslanges Lernen« ist ein Schlagwort, das mittlerweile in allen Unternehmen Eingang gefunden hat.

... und wie Sie clever darauf antworten:

Allein die Form der Frage weist darauf hin, dass sich das Unternehmen sehr für Mitarbeiter interessiert, für die ein möglichst großes aktuelles Wissen eine Selbstverständlichkeit ist. Nennen Sie also die Veranstaltungen, die Sie besucht haben oder für die Sie sich zukünftig interessieren. Es schadet auch nicht, kurz (!) ein Fazit zu ziehen, was Ihnen ein Seminar etc. gebracht hat. Wohlwollen wird sicher auch Ihre Frage auslösen, ob es die Möglichkeit zur Weiterbildung im Unternehmen gibt.

Vorsicht: Sie sollten tunlichst nur Veranstaltungen angeben, die Sie auch besucht haben. Nichts ist peinlicher als bohrende Nachfragen, was genau Sie denn da Neues gelernt haben und wer dort Gastredner war...

Alternativ könnte Ihnen diese Frage auch so gestellt werden:
- Welche Publikation (Fachbuch/Artikel) aus Ihrem Arbeitsgebiet hat Sie in der letzten Zeit besonders beschäftigt?
- Welche Fachpublikationen haben Sie abonniert/lesen Sie regelmäßig?
- Wie wollen Sie fachlich aktuell bleiben und sich zukünftig weiterbilden?

95. Wie halten Sie sich über beruf-/fachspezifische Entwicklungen und Neuerungen auf dem Laufenden?

Hintergrund und Ziel der Frage …

… ist Ihr Engagement und Interesse an jeder Form der Weiterbildung in Ihrem beruflichen Bereich. Die Form der Fragestellung zeigt, dass ein Personaler entsprechende Aktivitäten voraussetzt. Die Frage nach dem »Wie?« interessiert ihn, weil er daran die Ernsthaftigkeit und Intensität Ihres Wissensdurstes messen will. Es ist ein Unterschied, dann und wann in den Medien etwas über neue Entwicklungen zu lesen oder sich regelmäßig von ausgewiesenen Fachleuten und Spezialmedien auf den neuesten Stand bringen zu lassen. Je intensiver Sie sich mit dem Thema Weiterbildung beschäftigen, desto eher vermutet Ihr Gegenüber bei Ihnen Ehrgeiz und Motivation. Ein hervorragend gebildeter und motivierter neuer Mitarbeiter ist für ein Unternehmen wie ein Lottogewinn.

… und wie Sie clever darauf antworten:
Mindestens sollten Sie die einschlägige Fachliteratur kennen oder wenigstens wissen, welche fachlich anerkannten Weiterbildungsträger es gibt und wo Sie sonst Ihr berufliches Fachwissen beziehen könnten. Wesentlich mehr Eindruck machen Sie aber mit dem Nachweis von Seminaren, Kongress- und/oder Messebesuchen oder der Teilnahme an Expertenrunden. Punkten können Sie auch mit der Frage, wie das Thema Weiterbildung im entsprechenden Unternehmen behandelt wird. Natürlich sollten Sie vorher auf der Unternehmenshomepage unter dem Kapitel »Karriere« recherchiert haben, welche Haltung das Unternehmen dazu hat. Nutzen Sie Weiterbildungen aus Ihrem eigenen Interesse heraus. Wer durch ein vertieftes Wissen dem Unternehmen im Konkurrenzkampf einen Vorteil verschafft, hat beste Aussichten auf eine Karriere. Und nebenbei können Sie ganz einfach Ihr Netzwerk um wichtige Kontakte erweitern.

Alternativ könnte Ihnen diese Frage auch so gestellt werden:
- Wie bilden Sie sich fort?

96. Welche richtungsweisenden neuen Trends erkennen Sie in Ihrem/ unserem Arbeitsgebiet?

Hintergrund und Ziel der Frage …

… ist der Test Ihres aktuellen Fachwissens. Ein Mitarbeiter mit veraltetem Wissen oder mäßigem Interesse an aktuellen Trends ist wenig hilfreich. Ihr Gegenüber möchte natürlich auch wissen, woher Sie das Wissen über die neuesten Trends beziehen, respektive wie Sie Ihr Wissen zum Wohle des Unternehmens nutzen wollen. Interessant für ihn ist, welche Trends Sie nennen, das heißt, was Sie als wichtig für das Unternehmen erachten. Diese Frage ist ein probates Mittel, um »Blender« zu entlarven. Als Charaktertest dient sie ebenfalls, denn es gibt positive und negative Trends. Auf welchen liegt Ihr Fokus? Sind Sie Optimist oder Pessimist?

… und wie Sie clever darauf antworten:

Es ist zwar anzunehmen, dass Ihr Fachwissen aufgrund Ihres eben erst abgeschlossenen Studiums halbwegs aktuell ist, die Entwicklung von Trends hat aber ihr eigenes Tempo. Außerdem bezieht sich diese Frage nicht nur auf das Fachwissen, sondern z. B. auf den Personalbedarf des Unternehmens, die Trendprognose für die Einführung eines neuen Produktes, für das Sie in Zukunft verantwortlich sein könnten etc. Kurz: Es geht auch speziell um die Marktstellung des Unternehmens. Für eine beeindruckende Antwort empfiehlt sich eine möglichst gute Kenntnis über die Ziele und Produktpalette des Unternehmens, die es über die Unternehmenshomepage zu beziehen gilt. Über letztere können Sie sich auch über die aktuellen Trends in der Branche ganz allgemein informieren. Und auch diese Frage ist ein Test Ihres Verständnisses von Ihrem künftigen Arbeitsgebiet. Wenn Sie über Trends in Ihrem Arbeitsgebiet referieren sollen, müssen Sie wissen, worum es darin eigentlich geht.

Alternativ könnte Ihnen diese Frage auch so gestellt werden:
- Erzählen Sie uns etwas über die aktuellen Entwicklungen in der X-Branche.

6. WISSENSSTAND-TEST

> **97. Was meinen Sie: Welche persönlichen Eigenschaften/Merkmale sind für eine erfolgreiche Tätigkeit in dieser Position/bei dieser Aufgabenstellung besonders wichtig?**

Hintergrund und Ziel der Frage ...
Der Personalentscheider möchte Ihre Vorstellung von Ihrem künftigen Arbeitsgebiet und seiner Komplexität kennenlernen. Denn dies ist die Voraussetzung für eine gelungene Beantwortung der Frage, welche persönlichen Eigenschaften Sie mitbringen sollten, um Ihre Aufgaben optimal zu erfüllen. Er schlägt also zwei Fliegen mit einer Klappe: Er kann sich die Ernsthaftigkeit Ihrer Vorbereitung auf Ihr neues Umfeld erschließen (hier geht es auch um Priorisierung) und gleichzeitig Ihren Realitätssinn bezüglich der benötigten Soft Skills wie Diplomatie, Fingerspitzengefühl, Durchsetzungsvermögen, Kommunikationsfähigkeit usw. testen. Mittels Ihrer Antwort schätzt er ein, wie gut Sie ins Unternehmen passen und für die Aufgabe und Position geeignet sind.

... und wie Sie clever darauf antworten:
Das braucht eine genaue Vorbereitung auf Ihr künftiges Stellenprofil. Sollten Sie sich wegen mangelnder Berufserfahrung unsicher sein, was genau fachlich wie zwischenmenschlich auf Sie zukommt, hilft ein Gespräch mit jemandem, der bereits in dieser oder einer ähnlichen Position gearbeitet hat. Oder die Recherche in diversen Internetforen. Hinterfragen Sie im Vorfeld, ob Sie über die notwendigen Eigenschaften verfügen. Eine Position, in der Kommunikationsfreude und eine unterhaltsame Präsentationskunst gefragt sind, ist vielleicht nichts für Sie, wenn Sie sich eher als stiller Einzelgänger bezeichnen würden. Wichtig ist, mit Ihrer Antwort dem Personalentscheider zu vermitteln, dass Sie trotz Ihres jungen Alters wissen, was auf Sie zu- und worauf es ankommt. Und natürlich, dass Sie sich in der Lage fühlen, diese Anforderungen auch zu erfüllen.

Alternativ könnte Ihnen diese Frage auch so gestellt werden:
- Was glauben Sie, was ist wichtig bei der Besetzung dieser Position, worauf sollten wir achten?

FRAGEN & ANTWORTEN

> 98. Was schätzen Sie: Wie lange brauchen Sie, um sich bei uns in Ihr neues Aufgabengebiet einzuarbeiten?

Hintergrund und Ziel der Frage ...

... ist Ihre Selbsteinschätzung und Ihr Realitätssinn bezüglich Ihres künftigen Aufgabengebiets. Beides ist Grundlage für eine plausible Zeitangabe. Anhand Ihrer Antwort erschließt sich der Personaler auch, wie viel Erfahrung Sie mit einzelnen Aufgaben haben (je weiter Ihr Zeitrahmen über das übliche Maß hinausgeht, desto unerfahrener) oder wie strukturiert und organisiert Sie arbeiten. Sollte Ihre Antwort nicht seiner Vorstellung entsprechen, müssen Sie sich eventuell auf einen entsprechenden Kommentar einstellen. Dieser dient unter Umständen als weiterer Stresstest, um Sie aus der Reserve zu locken. Der Personaler möchte wissen, mit welchen fachlichen Argumenten Sie Ihre zeitliche Einschätzung begründen.

... und wie Sie clever darauf antworten:

Man wird davon ausgehen, dass Sie die Komplexität und den Umfang Ihrer neuen Aufgaben noch nicht gänzlich erfassen können. Deswegen sollten Sie diese Frage als Stresstest verstehen, der Ihnen hauptsächlich abverlangt, ruhig zu bleiben. Lassen Sie sich nicht dazu verleiten, einen unrealistisch kurzen Zeitraum zu nennen, nur um sich nicht als »zu unerfahren, zu langsam« zu disqualifizieren. Sie suggerieren Verantwortungsbewusstsein, wenn Sie einen Zeitraum nennen, der sukzessive Ihre Mitarbeit und Ihre Problemlösungsbeiträge wertvoller werden lässt. Verbinden Sie Ihre Antwort mit dem Eingeständnis, dass Sie aufgrund des einen oder anderen fachlichen Defizits einem erfahrenen Kollegen noch nicht das Wasser reichen können, Sie aber mit Unterstützung Ihrer Vorgesetzten Ihre Wissenslücken schnellstmöglich schließen werden. Zeigen Sie auf, auf welche Weise Sie dies erreichen wollen, z. B. durch, mithilfe einer Weiterbildung. Betonen Sie Ihr Eigeninteresse an einem schnellstmöglichen Erfolg.

Alternativ könnte Ihnen diese Frage auch so gestellt werden:
- Auf welchem (für uns wichtigen) Gebiet haben Sie noch größere Defizite und was gedenken Sie dagegen zu tun?
- Zu Beginn: Welche Unterstützung brauchen Sie?

6. WISSENSSTAND-TEST

> 99. Aus Ihren Bewerbungsunterlagen geht eigentlich klar hervor, dass Sie über-/unterqualifiziert für diese Stelle/Aufgabe sind – was meinen Sie dazu?

Hintergrund und Ziel der Frage ...
Diese Frage ist eine klassische Stressfrage. Es geht natürlich um Ihr Selbstbewusstsein und Ihre Reaktion, wenn Sie aufgrund von angeblich zu viel oder zu wenig Kompetenz keinen Erfolg bei Ihrem Vorstellungsgespräch erwarten dürfen. Bei Ihnen als Berufsanfänger könnte dieser Provokationsversuch besonders »erfolgreich« sein, weil Sie vielleicht wirklich befürchten, angesichts Ihrer mangelnden beruflichen Routine die Erwartungen nicht erfüllen zu können. Oder Sie sind so überzeugt von sich und der Qualität Ihrer Ausbildung, dass ein Zweifel an Ihrer Befähigung fast schon eine Beleidigung ist, die Sie mit entsprechender Gereiztheit oder Arroganz quittieren?

... und wie Sie clever darauf antworten:
Seien Sie sicher: Bei dieser Frage handelt es sich um eine reine, bewusste Provokation. Wenn der Personalverantwortliche nicht von Ihrer fachlichen Qualifikation überzeugt wäre, hätte er Sie nicht eingeladen. Beweisen Sie ihm, dass Sie im zwischenmenschlichen Bereich ebenso qualifiziert sind: Stichwort Sozialkompetenz. Sie werden im Berufsleben immer wieder in Situationen wie diese geraten und sei es nur aus taktischen Gründen z. B. bei einer Vertragsverhandlung mit Geschäftspartnern oder Kunden. Also: Behalten Sie einen kühlen Kopf und argumentieren Sie mit Ihren fachlichen Vorzügen, die Sie zum besten Kandidaten für diese Position machen. Achten Sie auch darauf, in Körperhaltung und Tonfall Ihre Argumente positiv zu unterstreichen. Denn das ist das, was den Personalverantwortlichen eigentlich interessiert: Wie reagieren Sie, wenn man Sie anpiekst?

Alternativ könnte Ihnen diese Frage auch so gestellt werden:
- Folgender Sachverhalt spricht gegen Sie als idealtypischen Kandidaten ...
- ... was sagen Sie dazu?

100. Kreativ- und Provokationsfragen: Können Sie spontan sein? Beweisen Sie es uns ...

Fragebeispiele
- Wer oder was wären Sie gerne im nächsten Leben und warum?
- Was wiegt eine Boeing 707, ... eine Ameise, ... ein Blauwal?
- Was wäre Ihnen lieber: Geachtet oder gefürchtet zu werden?
- Erzählen Sie uns den frühesten und wichtigsten Berufswunsch aus Ihren Kindertagen. Was wollten Sie werden?
- Wenn Sie eine Küchenmaschine seien müssten, für welche würden Sie sich entscheiden?
- Welches Verkehrszeichen wären Sie gerne?

Hintergrund und Ziel dieser Art von Fragen ...
... soll weniger Ihre Spontaneität oder Kreativität als Ihre Nervenstärke sein. Bei diesen Frage gibt es meistens kein richtig oder falsch. Hauptsache Sie reagieren angemessen. Zeigen Sie, dass Sie mit sich selbst im Reinen sind, gerne wieder als Mann oder Frau geboren werden und nichts anderes studieren würden.

Wissensfragen: Eine Antwort wird Ihnen kaum möglich sein, aber wie verhalten Sie sich? Bleiben Sie gelassen und gehen logisch vor oder laufen Sie rot an und drucksen verlegen herum? Versuchen Sie, Zeit zu gewinnen mit »*Interessante Frage, wobei ich keinen rechten Zusammenhang zu meiner Stelle sehe.*« Dann können Sie zugeben, dass Sie die Antwort nicht wissen, aber mit einer kurzen Internetrecherche schnell herausfinden würden.

Persönliche Wert-Fragen: Die Fragen »Was wollten Sie einst werden?« oder »Was ist Ihnen wichtiger ...?« zielen darauf ab, Ihre Einlassung, Ihre Präferenz zu deuten. Mit der Und-Warum-Nachfolgefrage kann man dies auch noch vertiefen. Für Hobbypsychologen gefundenes Futter ...

Gaga-Fragen (Küchenmaschine / Verkehrszeichen): Nicht lachen, sondern ein Angebot machen! Keine Antwort zu geben wäre schlecht bzw. nicht souverän. Dagegen ist jede Antwort gut, die auch eine Begründung liefert. Bei Küchengerät z. B.: »*Ich wäre gerne der Herd. Erstens geht dann nichts ohne mich – und zweitens kann ich dafür sorgen, dass nichts anbrennt.*« Damit beweisen Sie Humor und Kreativität. Und wenn Ihnen partout nichts einfällt, dann sollten Sie allgemein antworten: »*Ich wäre gern ein Küchengerät, das sich durch Zuverlässigkeit auszeichnet – meine bisherigen Arbeitgeber haben diese Eigenschaft immer an mir geschätzt.*« Wer jetzt noch ein Beispiel gibt, kann sich damit gut aus der Affäre ziehen. Solche Gaga-Fragen sind eine bewusst provozierte Stress-Situation. Man will sehen, wie Sie sich aus der Bredouille ziehen. Gehen Sie vielleicht mit einer charmanten Gegenfrage in die Offensive. »*Und Sie? Wenn ich jetzt mal Sie dazu befragen darf?*« Wichtig: auf einen angemessenen, freundlichen Ton achten, nicht überreagieren. Werden Sie auf keinen Fall weinerlich oder aggressiv!

7. Informationen für den Bewerber / die Bewerberin

In diesem Vorstellungsgesprächs-Abschnitt der sowohl gegen Ende als auch am Anfang stattfinden kann, geht es darum, Ihnen zu erzählen, wie das Unternehmen aufgestellt ist, welche aktuellen Aktivitäten etc. gerade anstehen. Hören Sie gut zu, stellen Sie interessierte Fragen, zeigen Sie sich beeindruckt. Einfacher sind Sympathiepunkte kaum zu sammeln. Vielleicht fragt man Sie sogar später etwas aus diesem Kontext, um zu überprüfen wie konzentriert Sie sind.

8. Arbeitskonditionen (dazu gehört auch das Thema Entlohnung)

101. Welche Gehaltsvorstellung haben Sie?

Hintergrund und Ziel der Frage ...
... sind zum einen Ihr Branchenwissen und zum anderen Ihr Selbstbewusstsein sowie Ihre Selbsteinschätzung. Jede Branche hat ihren eigenen Gehaltsrahmen, den Sie kennen sollten. Eine zu niedrig angesetzte Summe schadet Ihnen finanziell und könnte Zweifel wecken, ob Sie der/die Richtige sind. Eine zu hoch angesetzte Summe könnte Ihnen den Ruf von Selbstüberschätzung bis hin zur Gier einbringen.

... und wie Sie clever darauf antworten:
Eine gute Vorbereitung auf das Thema Gehalt ist immens wichtig. Denn diese Frage wird ganz sicher kommen. Sollten Sie noch keinerlei Berufserfahrung haben: Es gibt im Internet aktuelle Gehaltsspiegel, die Ihnen einen Anhaltspunkt geben. Dort finden Sie die Gehälter auch nach Berufserfahrung aufgelistet. Überlegen Sie sich, was Ihnen das Unternehmen neben Geld noch zu bieten hat (einen guten Ruf z. B., der Ihrer Karriere förderlich sein kann). Sollten Sie im Vorfeld schon erfahren, dass die Bezahlung nicht besonders hoch sein wird, nennen Sie die betreffende Summe als Ihre Ausgangsbasis. Lassen Sie keinen Zweifel daran, zusätzlich über sogenannte geldwerte Vorteile wie die Finanzierung einer Weiterbildungsmaßnahme verhandeln zu wollen. Machen Sie klar, welches Gehalt Sie eigentlich für angemessen halten und warum Sie im Notfall bereit sind, zu verzichten. Ganz wichtig: Geben Sie eine Gehaltsspanne von ... bis ... an. So laufen Sie weniger Gefahr, auf eine Summe festgelegt zu werden. Auch ein Kompromiss tut dann psychologisch nicht so weh.

Alternativ könnte Ihnen die Frage auch so gestellt werden:
- Wie finanzieren Sie sich aktuell?
- Was möchten Sie bei uns verdienen?
- Was erwarten Sie finanziell von uns?

8. ARBEITSKONDITIONEN

> 102. Wären Sie bereit, (in der Probezeit, 6 Monate, erstes Jahr) eine Gehaltsstufe niedriger eingruppiert zu werden?

Hintergrund und Ziel der Frage ...

... sind Ihre Flexibilität und Ihre Kompromissbereitschaft in Sachen Gehalt. Mit dieser Frage sollten Sie als Berufsanfänger rechnen, denn bei Ihnen würde es sich anbieten, Sie aufgrund mangelnder Berufserfahrung etwas »herunterzuhandeln«. Ein Personaler will sehen, wie hoch Sie Ihre Fähigkeiten und Ihren Marktwert einschätzen, respektive wie weit Sie für diese Stelle an Ihre Schmerzgrenze gehen würden. Er kann Ihre Antwort als Kompromissbereitschaft interpretieren oder aber auch als Schwäche und mangelndes Durchsetzungsvermögen. Interessant ist auch, was Sie durch Ihre Reaktion über Ihre momentane finanzielle Situation verraten.

... und wie Sie clever darauf antworten:

Machen Sie sich auf eine solche Frage gefasst und überlegen Sie sich im Vorfeld, auf wie viel Gehalt Sie notfalls verzichten könnten. Beziehen Sie in Ihre Überlegungen mit ein, wie lange Sie dazu bereit beziehungsweise in der Lage sind. Denken Sie aber auch darüber nach, ob das, was Sie im Gegenzug an Chancen und Wissenszuwachs vom Unternehmen erhalten, ein angemessener Ersatz für den finanziellen Ausfall ist. Wenn dem so ist, spricht nichts dagegen, sich mit diesem Vorschlag einverstanden zu erklären. Bestehen Sie aber – in freundlicher Form – darauf, im Vertrag schriftlich festzulegen, dass nach einer explizit festgelegten (Probe-/Einarbeitungs-)Zeit (spätestens nach einem Jahr!) Ihr Gehalt neu verhandelt oder um x Prozent erhöht wird. Gestatten Sie sich eine kurze Nachdenkpause, um nicht den Eindruck zu erwecken, Sie wären bereit, schnell auf jede Kondition einzugehen. Denn das könnte Ihre Position in der folgenden Vertragsverhandlung erheblich schwächen. Geben Sie sich sachlich und etwas zurückhaltend. Sittliche Entrüstung, zu große Enttäuschung oder sonstige Emotionen könnten nur zu neuen Fragen führen.

Alternativ könnte Ihnen diese Frage auch so gestellt werden:

- Machen Sie uns ein Angebot bezogen auf Ihr Einstiegsgehalt.

> **103. Wie flexibel sind Sie bezüglich Arbeitsvergütung, Arbeitszeit, Arbeitsort oder Aufgabengebiet?**

Hintergrund und Ziel der Frage ...
... sind Ihre Motivation und Ihre Leistungs- und Kompromissbereitschaft in den erwähnten Themen. Es geht darum, zu erkunden, wo Ihre Schmerzgrenzen liegen und was Sie sich selbst wert sind. Ihnen als Berufsanfänger ohne nennenswerte Erfahrung in Vertragsverhandlungen diese Frage zu stellen, ist dabei besonders interessant. Wie weit würden Sie gehen, um Ihren vielleicht ersten Job zu bekommen? Ein Personaler möchte sehen, was Sie zu geben bereit sind. Und er möchte hören, ob Sie in der Lage sind, Grenzen verbal zu setzen. Diese Frage ist also auch ein Test Ihres Selbstbewusstseins.

... und wie Sie clever darauf antworten:
Machen Sie sich bewusst, dass Sie aus der Position eines Berufsanfängers heraus agieren und daher noch keine übertriebenen Forderungen stellen können. Sie sollten sich umgekehrt aber auch darüber im Klaren sein, dass Sie auch als Berufsanfänger einem Unternehmen schon einiges zu bieten haben und sich auf gar keinen Fall ausbeuten lassen müssen. Überlegen Sie sich im Vorfeld Ihre absolute Schmerzgrenze, mit der Sie noch guten Gefühls leben können. Behalten Sie diese aber vorerst im Gespräch für sich und wahren Sie sich so Ihren Verhandlungsspielraum. Informieren Sie sich vorher über das Unternehmen und seinen Ruf. So können Sie besser einschätzen, ob diese Frage reine Taktik ist, um Sie zu testen, oder ob Sie tatsächlich mit schmerzhaften Kompromissen rechnen müssen. Tun Sie auf alle Fälle kund, wenn Ihre Schmerzgrenze erreicht ist – sachlich und argumentativ. Sind Sie zu entgegenkommend, könnten Sie in weiteren Verhandlungen keinen guten Stand mehr haben.

Alternativ könnte Ihnen die Frage auch so gestellt werden:
- Wie weit können Sie uns entgegenkommen in Bezug auf ...?

8. ARBEITSKONDITIONEN

> **104. Sind Sie eher an einem zeitlich befristeten oder an einem dauerhaften Arbeitsverhältnis interessiert?**

Hintergrund und Ziel der Frage ...

... ist ein reiner Reaktionstest. In den meisten Fällen ist im Vorfeld schon geklärt, ob die Stelle zeitlich befristet ist oder nicht. Dabei neigt sich die Waagschale definitiv in Richtung »zeitlich befristete Verträge«. Von Interesse für den Personalverantwortlichen sind Ihre Flexibilität respektive die Ausprägung Ihres Sicherheitsbedürfnisses, das dann wohl eher durch einen dauerhaften Vertrag befriedigt wird. Aus Ihrer Reaktion und Ihrem Gesichtsausdruck verspricht er sich Aufschluss darüber.

... und wie Sie clever darauf antworten:

Machen Sie sich lieber im Vorfeld klar, dass es vermutlich nicht darum gehen wird, in diesem Unternehmen alt zu werden. Wenn Sie das verinnerlicht haben, können Sie souverän mit dieser Frage umgehen. Denn ganz wichtig: Dem Personalverantwortlichen geht es weniger um das, WAS Sie sagen, als WIE Sie es sagen. Je nachdem, was Ihnen lieber ist, können Sie entsprechend antworten. Betonen Sie aber immer, dass Sie natürlich auch mit dem jeweils anderen Arbeitsverhältnis einverstanden sind. Denn in der Hauptsache geht es Ihnen ja inhaltlich um die Arbeit und darum, als Berufsanfänger in einem hoch qualifizierten Umfeld viel zu lernen und sich mit Ihrem Engagement und auch Wissen zu revanchieren.

Alternativ könnte Ihnen diese Frage auch so gestellt werden:

- Sind Sie einverstanden, wenn wir zunächst einen befristeten Arbeitsvertrag mit Ihnen machen?
- Wie viele Jahre planen Sie, für unsere Firma/unser Unternehmen zu arbeiten?

105. Wann könnten Sie bei uns anfangen?

Hintergrund und Ziel der Frage ...

... ist nicht etwa die harmlose Nennung eines Datums. Hier verbirgt sich eine klare Überprüfungsabsicht. Sie zielt ab z. B. auf Ihre Loyalität gegenüber Ihrem jetzigen Arbeitgeber oder anderen zeitlichen Verpflichtungen, die Sie vielleicht eingegangen sind. Eine sofortige Zusage, in der Meinung, Ihren neuen Arbeitgeber so von Ihrer Motivation zu überzeugen, kann bei ihm eine ganz andere Interpretation hervorrufen. Der Personaler könnte sich fragen, warum Sie Ihren jetzigen Arbeitgeber auf der Stelle verlassen würden. Und ob ihm dies eines Tages ebenso blüht. Er könnte Sie mit dieser Frage bewusst unter Druck setzen wollen, um zu sehen, wie standhaft Sie bleiben. Sollten Sie aber anführen, zunächst noch einen vierwöchigen Erholungsurlaub oder die grandiose Promotionsfeier eines Studienkollegen abwarten zu wollen, ist das leider auch kein gutes Argument.

... und wie Sie clever darauf antworten:

Denken Sie immer daran, dass ein Personaler jede Ihrer Verhaltensweisen automatisch darauf bezieht, dass Sie diese eines Tages auch auf ihn anwenden. Es geht einerseits um Ihre Loyalität, Ihre Zuverlässigkeit und andererseits auch darum, wie unkompliziert Sie sind. Alles stehen und liegen zu lassen für eine neue Chance spricht nicht dafür, dass Sie zu würdigen wissen, was Sie z. B. Ihrem aktuellen Arbeitgeber schuldig sind. Es wird Ihnen bei Ihrem zukünftigen Unternehmen niemand übel nehmen, wenn Sie ganz offen ansprechen, sich dahingehend Ihrem jetzigen Arbeitgeber gegenüber fair verhalten zu wollen.

Sollten Sie momentan keine Stelle haben, entfällt dieses Argument natürlich. Umso mehr sollten Sie sich aus taktischen Gründen vor zu viel Euphorie und Übermotivation im Sinne von »Am liebsten sofort!« hüten, um Spekulationen über Ihre finanziellen Verhältnisse zu vermeiden.

Alternativ könnte Ihnen die Frage auch so gestellt werden:

- Wenn wir uns für Sie entscheiden, brauchen wir Sie sofort. Ist das möglich?

9. Ihre Fragen, aktives Interesse des Bewerbers/ der Bewerberin

> **106. Haben Sie Fragen an uns? Was wollen Sie alles von uns wissen?**

Hintergrund und Ziel der Frage ...

Durch Ihre Fragen kann der Personaler viel über Sie erfahren. Wenn Ihnen das einzig Wichtige die Frage nach Sonderprämien oder Urlaub ist, könnten (berechtigte) Zweifel an Ihrer Motivation und Kompetenz entstehen. Kluge (Detail-)Fragen kann nur jemand stellen, der sich vorab mit der Materie intensiv beschäftigt hat. An Ihren Fragen wird ein Personalentscheider erkennen, wie gut Sie bereits über Ihre künftigen Aufgabenbereiche informiert sind, wie viel Ihnen an einer schnellen Einarbeitung und an ersten Erfolgen liegt. Interessant sind immer fachliche Fragen Ihrerseits, die vielleicht sogar einen völlig neuen Aspekt in Sachen Produktentwicklung, Trends oder Unternehmensstrategie eröffnen könnten. Ihre Fragen verraten eventuell auch etwas darüber, ob Sie sich langfristig Ihre Zukunft im Unternehmen vorstellen oder Ihre künftige Position eher als »Durchgangsstation« betrachten.

... und wie Sie clever darauf antworten:

Um den Eindruck zu verhindern, es ginge Ihnen nur um Geld oder Ihre Arbeitszeit, sollten Sie diesbezügliche Fragen vermeiden. Sehr ungünstig sind vor allem Fragen, die eigentlich schon besprochen wurden, was Zweifel an Ihrer Konzentration aufkommen lassen kann. Peinlich sind auch Fragen, die Sie sich durch eine gute Vorbereitung selbst hätten beantworten können. Eher positiv fallen Sie mit Fragen nach dem Umfeld Ihres Arbeitsplatzes auf – z. B. wie lange es die Stelle schon gibt, warum sie frei geworden ist, mit welchen Kollegen Sie zusammenarbeiten werden, wie die Einarbeitungszeit geplant ist etc. Auch Fragen nach Ihren Entwicklungschancen und dem Weiterbildungsangebot kommen sicher gut an. Ebenso wird Ihr Interesse, wie weit es möglich ist, eigene Ideen in maßvollem Rahmen und natürlich in Absprache einzubringen, wohlwollend zur Kenntnis genommen. Scheuen Sie sich auch nicht, nach Details Ihres Stellenprofils zu fragen. Erkundigen Sie sich übrigens auch ganz konkret nach den Erwartungen an Sie, kurz-, mittel-, langfristig. Auch das zeigt, dass Sie hier Ihr Wunschunternehmen gefunden haben.

Alternativ könnte Ihnen die Frage auch so gestellt werden:
- Was sollen wir Ihnen über unser Unternehmen erzählen?

Zu Ihren Fragen
Fast in jedem Vorstellungsgespräch gibt es diesen Rollenwechsel, bei dem plötzlich Sie fragen dürfen und Ihr Gesprächspartner antwortet. An den klugen Fragen erkennt man einen klugen Kopf – und einen motivierten und kompetenten Bewerber. Was Sie wissen wollen, wird hinterfragt, auf Sinngehalt und aktives Interesse hin überprüft.

Beispiele für eigene Fragen
- Ist diese Position/dieser Arbeitsplatz neu geschaffen worden oder fester Bestandteil in Ihrem Unternehmen?
- Wer hat diese Aufgabe bisher wahrgenommen?
- Mit welchem Erfolg, was gab es für Probleme?
- Was sind Ihre kurz-, mittel- und langfristigen Erwartungen an den neuen Stelleninhaber?
- Warum ist der Arbeitsplatz frei geworden?
- Was macht der ehemalige Stelleninhaber jetzt?
- Haben Sie eine detaillierte Stellenbeschreibung? Darf ich die sehen und mitnehmen?
- Gibt es ein Organigramm (Organisationsplan), in dem der ausgeschriebene Arbeitsplatz dargestellt wird?
- Mit welchen Personen/Abteilungen werde ich zusammenarbeiten?
- Besteht die Möglichkeit, meinen wichtigsten Ansprechpartner, Vorgesetzten und meine neuen Kolleginnen und Kollegen, mit denen ich zusammenarbeite würde, vorab kennenzulernen?

9. EIGENE FRAGEN

- Welchen beruflichen Hintergrund haben die zukünftigen Kollegen/Vorgesetzten?
- Wie ist die Einarbeitungsphase geplant? (auch: Ort, Dauer)
- Welche späteren Entwicklungsmöglichkeiten gibt es für mich von dieser Position aus?
- Welche Fort- und Weiterbildungsangebote gibt es in Ihrem Unternehmen für Einsteiger wie mich?

Machen Sie nicht den Fehler, die Fragen so zu formulieren, als ob Sie sicher wären, dass Sie morgen anfangen zu arbeiten und im nächsten Moment den Arbeitsvertrag unterschreiben. Dieser und seine Konditionen sind noch tabu. Auch ein Nachfragen in Richtung: »Wie werden Sie sich entscheiden, wann höre ich von Ihnen und wie sind meine Chancen?« ist in diesem Moment nicht wirklich günstig.

Zeigen Sie Geduld und Gelassenheit. Geben Sie Ihrem Gegenüber nicht das Gefühl, dass Sie ihn bedrängen. Zeigen Sie sich interessiert, aber auch abwartend.

FRAGEN & ANTWORTEN

10. Zusammenfassung und Abschluss des Gesprächs, Verabschiedung

> **107. Warum sollten wir insbesondere Ihnen den Arbeitsplatz anbieten?**

Hintergrund und Ziel der Frage ...
... ist, noch einmal Ihre besten Argumente zu hören, weswegen Sie die Idealbesetzung sind. Es kann sich aber auch um eine Wiederholungsfrage handeln, mit der Sie der Personalentscheider darauf testen möchte, wie sicher Sie in Ihrer Selbsteinschätzung und in Ihrem Wissen um die neuen Aufgaben sind bzw. ob es gravierende Widersprüche gibt. Auf alle Fälle möchte der Personaler wissen, ob Sie nach einem anstrengenden Gespräch noch so konzentriert und engagiert wie zu Beginn sind.

... und wie Sie clever darauf antworten:
Nehmen Sie diese Frage als das, was sie ist. Als Chance zu einer beeindruckenden Abschlusskundgebung Ihrer besten Eigenschaften und Qualifikationen, präsentiert in einer Form, die an Inhalt und Überzeugungskraft wenig zu wünschen übrig lässt. Fassen Sie sich kurz. Sie können gern ein weiteres schlagkräftiges Argument hinzufügen. Hüten Sie sich davor, Ihren tatsächlichen bisherigen Eindruck vom Verlauf des Gespräches zu deutlich zu zeigen. Sollten Sie denken, Sie hätten sich vergeblich bemüht, zeigen Sie auf gar keinen Fall Ihre Enttäuschung mit einer gereizten oder mutlosen Präsentation. Zeigen Sie sich umgekehrt niemals zu selbstsicher, verlieren Sie nicht die Konzentration und vermitteln Sie nicht den Eindruck der Erleichterung oder der Überheblichkeit.

Alternativ könnte Ihnen die Frage auch so gestellt werden:
- Können Sie bitte noch einmal zusammenfassen, was Ihre Stärken, aber auch Ihre Schwächen sind?
- Was ist Ihr Alleinstellungsmerkmal (USP)?
- Was ist Ihr wichtigster Motivator? (siehe Frage 8)
- Für welche Sorte von Problemen/Aufgaben haben Sie den richtigen Kopf/die richtigen Hände ...?

10. ABSCHLUSS

> **108. Nochmals bitte: Welche Vor- und Nachteile sehen Sie bei dieser Position/Aufgabe/in diesem Beruf/dieser Branche?**

Hintergrund und Ziel der Frage ...
Zu diesem Thema wurden Sie bereits befragt (Frage 7) und haben wichtige Angaben gemacht. Das wird sich Ihr Gegenüber gemerkt, wenn nicht sogar aufgeschrieben haben und jetzt einen Abgleich vornehmen. Erzählen Sie jetzt andere Dinge oder bleiben Sie im Wesentlichen dabei? Haben sich Ihre möglichen Hoffnungen und Sorgen verstärkt oder eher aufgelöst? Wie reagieren Sie am Ende des Vorstellungsgespräches auf dieses (in der Negativvariante) heikle Thema. Vielleicht fallen Ihnen die motivierenden Dinge jetzt nicht mehr ein, die Sie eingangs noch vorgetragen haben. Auch dies würde tief blicken lassen und eher gegen Sie sprechen.

... und wie Sie clever darauf antworten:
In Ihrer Vorbereitung müssen Sie 3–5 Argumente herausarbeiten, die aus Ihrer Sicht ganz besonders reizvoll für Sie sind und für diese Aufgabe (Position etc.) sprechen, und diese gut memorieren. Das gilt auch für die gegenteiligen Aspekte, wenngleich hier nicht übertrieben pessimistisch von Ihnen vorgetragen werden darf. Das Positive muss ganz klar überwiegen und die negativen Aspekte zeigen nur, dass Sie kein Träumer sind.
Gut wäre hier, (nochmals) auf den Roten Faden zu verweisen, der Ihnen schon lange vor Studienabschluss das berufliche Ziel nahegelegt und Sie in Ihrer Entwicklung geleitet hat. Natürlich wissen Sie auch um die Schattenseiten (1–2), aber so etwas hat schließlich jeder Beruf und für Sie zählt vor allem ... – und jetzt listen Sie die wichtigsten 3 Aspekte auf, die Sie bei dieser in Aussicht gestellten Aufgabe und Position besonders motivieren. Dazu gehören (allgemein ausgedrückt) Entwicklungspotenzial, Karrierechancen, Wissenserweiterung und der Umgang mit Menschen, die Ihre Interessen, Ihr Engagement teilen!

Alternativ könnte Ihnen die Frage auch so gestellt werden:
- Welche andere Tätigkeit, Beruf, Branche käme ansonsten für Sie infrage? Und warum?

109. Was machen Sie, wenn Sie den Arbeitsplatz bei uns nicht bekommen, wenn wir uns für einen anderen Bewerber entscheiden?

Hintergrund und Ziel der Frage ...
Ein Personaler verspricht sich, Sie damit derart aus der Reserve zu locken, dass er noch einmal hinter Ihre Fassade blicken kann. Er möchte sehen, ob Ihre nach außen getragene Motivation und Ihr Selbstbewusstsein echt (stabil) sind und wie Sie auf einen solchen Affront reagieren. Am Ende des Gesprächs ist Ihr Stresspegel vermutlich sehr hoch, Sie haben vielleicht schon Ihre Erfolgsaussichten berechnet oder wähnen sich am Ende der »Tortur«. Eine überraschende Provokation in einer angespannten emotionalen Lage verführt viele Bewerber zu aufschlussreichen, weil ungeschönten Reaktionen. Ein Personaler wird sich daraus erschließen, wie ernst es Ihnen mit Ihrer Bewerbung ist und wie groß der Druck ist, die Stelle zu bekommen, aber auch Ihre Nervenstärke beurteilen.

... und wie Sie clever darauf antworten:
Das Allerwichtigste ist, bis zum Ende des Gesprächs/Verlassen des Gebäudes Konzentration und Contenance zu wahren. Die einzig richtige Reaktion ist, eine solche Entscheidung natürlich zu bedauern und unter Umständen gerne wissen zu wollen, weswegen. Aber Sie sind sich nach wie vor sicher, für dieses berufliche Umfeld geeignet zu sein und etwas für die Zukunft gelernt zu haben. Zeigen Sie niemals offenkundiges Entsetzen! Und schon gar nicht Ihre Erleichterung, wenn Sie für sich schon beschlossen haben, dass Sie in diesem Unternehmen nicht glücklich werden. Sie wissen nie, wer sich mit wem über Sie austauscht oder ob Sie dem Personaler an einer anderen Stelle noch einmal wieder begegnen. Zu einem erfolgreichen Berufsleben gehört, Niederlagen nach außen in Würde zu akzeptieren. Wichtig ist auch zu vermitteln, dass ein »Aus« an dieser Stelle Sie weder psychisch noch finanziell unter Druck setzen würde.

Alternativ könnte Ihnen die Frage auch so gestellt werden:
- Haben Sie zurzeit noch andere Bewerbungsverfahren laufen?
- Wie nötig haben Sie im Moment einen neuen Job?

10. ABSCHLUSS

> **110. Rückblickend auf Ihre Ausbildung, Ihren bisherigen Werdegang: Was sehen Sie kritisch, was würden Sie ändern, jetzt anders machen wollen?**

Hintergrund und Ziel der Frage ...

... kann sein, zu testen, ob Sie sich kritiklos in bestehende Strukturen einordnen oder ob Sie der Typ sind, der ein mögliches Optimierungspotenzial erkennt und entsprechende Lösungen sucht. Die kann aber auch ein Stresstest sein, mit dem sich ein Personalverantwortlicher Aufschluss über Ihren Charakter und Ihre Loyalität erhofft. Oder über Ihre Fähigkeit zu einer sachlichen Analyse, verbunden mit konstruktiven Vorschlägen zur Verbesserung. Diese Frage ermöglicht Einblicke in Ihre bisherigen (Miss-)Erfolge, ebenso wie die Selbsteinschätzung Ihrer »Lernmoral«, Motivation und Ziele, zu denen Sie diese Ausbildung führen sollte. Eine häufige Wiederholung in verschiedenen Formulierungen wird gerne angewandt, um Widersprüche aufzudecken.

... und wie Sie clever darauf antworten:

Die beste Strategie ist bei »Schwachstellen« oder Widersprüchen in Ihrer Vita, schlüssige Antworten bereits im Vorfeld vorzubereiten. Während des Vorstellungsgesprächs hilft absolute Konzentration. Lassen Sie sich nicht von einer lockeren Gesprächsatmosphäre zur Unachtsamkeit verführen oder sich zu einem gedanklichen Abschweifen, einem netten Plaudern verleiten. Nehmen Sie sich Zeit für Ihre Antwort. Nutzen Sie sie dazu, sich an Ihre vorangegangenen Antworten zu ähnlichen Themen zu erinnern. Nachdem es auch um Charakter und Loyalität geht: Formulieren Sie Ihre eventuelle Kritik sachlich und lassen Sie keinen Zweifel daran, dass Sie in der Hauptsache von Ihrer Ausbildung profitiert haben und im Großen und Ganzen ein zufriedener Mensch sind.

Alternativ könnte Ihnen diese Frage auch so gestellt werden:

- Was war Ihre größte (berufliche) Niederlage, Enttäuschung, Ihr größter Misserfolg?
- Wenn Sie noch einmal geboren werden würden, was würden Sie dann anders machen ...?

> **111. Welche Fragen haben Sie erwartet, die wir Ihnen noch nicht gestellt haben?**

Hintergrund und Ziel der Frage ...
Wie intensiv ist Ihre Vorbereitung gewesen und wie gehen Sie jetzt mit dieser leicht provozierenden Stressfrage um? Holen Sie jetzt eine Liste aus Ihrer Tasche und tragen 10 Fragen vor oder verfallen Sie in ein verunsichertes bis ängstliches Schweigen?

... und wie Sie clever darauf antworten:
»Im Wesentlichen...«, könnten Sie antworten, »*haben Sie alle Fragen gestellt, die ich in Ihrer Situation auch einem Bewerber gestellt hätte. Überrascht hat mich die Frage...*«. Überlegen Sie gut, welche Sie benennen, aber dieses »Kompliment« dürfen Sie dem Interviewer schon machen, müssen dann aber erklären, warum Sie überrascht waren. Vielleicht fehlte ja eine Frage zu Ihrer Freizeit und Erholung, zu Ihren beruflichen Träumen, zu Alternativen. Vieles ist vorstellbar, wenn Sie es aber erwähnen, achten Sie darauf, dass es nicht besserwisserisch oder kritisch bis vorwurfsvoll klingt und dass Sie es halbwegs plausibel erklären und natürlich bestens selbst beantworten können. *Beispiel:* Was sieht Ihr Lebensplan für den Eintritt in den Ruhestand vor? Was würden Sie in einem Sabbatjahr machen wollen? Welchen Beruf wünschen Sie sich für Ihre Kinder?

Alternativ könnte Ihnen diese Frage auch so gestellt werden:
- Was hatten Sie sich vorgenommen, uns nicht zu erzählen?

Jetzt gleich noch weitere Aspekte für Ihr Vorstellungsgespräch
- Einzel- oder Gruppengespräch
- Sonder- und Hausaufgaben
- Gehalt und Verdienst
- Kinder und Karriere
- Notlügen aus Notwehr

Einzel- oder Gruppengespräch

Natürlich hat es Auswirkungen auf die Gesprächsführung, ob es sich um ein Einzel- oder ein Gruppengespräch handelt. Das klassische Vorstellungsgespräch ist ein Gespräch unter vier Augen: Interviewer und Bewerber sitzen sich gegenüber. Alternativ kann auch ein einzelner Bewerber mehreren Personen gegenübersitzen, z. B. Firmeninhaber und leitenden Angestellten, Personalchef und Abteilungsleiter, mehreren Personalreferenten und Betriebspsychologen, Betriebsratsmitgliedern, Trainee-Leiter.

Manchmal wird bei einem Auswahlgremium eine sorgfältig abgesprochene Rollenverteilung vorgenommen: So behandelt ein Gesprächspartner Sie besonders freundlich, ein weiterer recht ruppig, der Dritte beobachtet Sie ständig, macht Notizen und schweigt ansonsten. Durch dieses Verhalten will man Ihnen vielleicht ganz besonders »auf den Zahn fühlen«. Bleiben Sie ruhig und gelassen und versuchen Sie, möglichst zu allen – vor allem zu dem freundlichen Gesprächspartner – einen guten Kontakt aufzubauen (Blickkontakt, ansprechen, lächeln).

Machen Sie sich in solch einem Fall bewusst: Nicht mit jedem wird Ihr potenzieller »Arbeitgeber« so einen Aufwand treiben, betrachten Sie es als Wertschätzung!

Denkbar ist auch eine Konstellation, bei der mehrere Bewerber einem Auswahlgremium gegenübersitzen. Das können drei Bewerber sein, die drei Mitarbeiter der Personalabteilung vor sich haben, es können aber auch zehn und mehr Bewerber sein gegenüber fünf oder sechs Auswählern.

Sollten Sie in einer solchen Bewerbergruppe antreten, bietet Ihnen das den Vorteil, von der Präsentationstechnik Ihrer Mitbewerber zu profitieren. In der Regel beginnt so ein Gruppengespräch mit der freundlichen Aufforderung, jeder möge sich zunächst kurz vorstellen. Manchmal wird an die Vorstellung eine zusätzliche Aufforderung geknüpft (»Stellen Sie sich bitte kurz vor und erzählen Sie uns, warum Sie sich hier beworben haben«). Hintergrund ist, die Bewerber in ihrer Performance miteinander zu vergleichen, sie in eine Konkurrenzsituation zu bringen und dadurch vielleicht doch noch etwas mehr über sie zu erfahren. Ferner geht es darum, den Umgang der Bewerber miteinander zu beobachten. Daraus werden Rückschlüsse gezogen, etwa im Hinblick auf Teamfähigkeit, Durchsetzungsvermögen, Anpassungsbereitschaft usw. Wer hier als Bewerber den Anfang macht oder Schlusslicht ist, hat es deutlich schwerer als alle anderen. Die Positionen im ersten oder letzten Drittel bieten schon bessere Chancen, denn: Am Anfang ist die Aufnahme- und Zuhörbereitschaft des Auswahlgremiums höher. Und gegen Ende können Sie durch einen bemerkenswerten Beitrag die Aufmerksamkeit und das Kurzzeitgedächtnis der Auswähler erobern.

Unsere Empfehlung für diejenigen, die die Rolle des »Alpha-« oder »Omega-Huhns« wahrnehmen: Sprechen Sie die Anfangs- oder Endposition humorvoll an *(»Einer muss ja den Anfang machen, ich will mich nicht in den Vordergrund drängen, aber...«* bzw. *»Den Letzten beißen die Hunde, aber einer muss ja das Schlusslicht bilden...«).* Wenn es Ihnen gelingt, Schmunzler auf sich zu ziehen, sammeln Sie Pluspunkte.
Zeigen Sie bei dem Gruppengespräch eher Zurückhaltung, drängen Sie sich nicht in den Vordergrund, ohne umgekehrt introvertiert-stumm zu sein. Zeigen Sie sich konstruktiv-wertschätzend, setzen Sie sich jedoch auch freundlich bestimmt durch, wenn es die Situation verlangt.

Da diese Situation viel von einem Assessment-Center (Gruppenauswahlverfahren) hat, empfehlen wir Ihnen unser Spezialbuch:
Assessment-Center für Hochschulabsolventen
Bestellnummer E10306

Sonder- und Hausaufgaben

Immer häufiger werden eingeladene Bewerber mit einer Hausaufgabe beauftragt, die dann im Vorstellungsgespräch zu präsentieren ist. Am häufigsten ist hier der Kurzvortrag. Sie können aber auch während des Vorstellungsgespräches aufgefordert werden, innerhalb von 5–10 Minuten Vorbereitung kurz (wiederum 5–10 Minuten) über ein Thema zu referieren.

Hausaufgabe Kurzvortrag
Sie werden gebeten, einen Kurzvortrag vorzubereiten und bei der ersten Begegnung oder beim 2. Vorstellungsgespräch zu halten. Die Themen dafür können, müssen aber nichts mit Ihrem Arbeitsgebiet zu tun haben. Von der Vorstellung Ihrer *Ergebnisse der Bachelor-* oder *Master-Arbeit* über tagespolitische Themen wie *Die Zukunft der EU,* aber auch allgemeine bis sozio-politische Themen – *Von gesunder Ernährung, weniger Fleisch* bis hin zur Bundespräsidentenwahl *Direkt vom Volk* – alles ist denkbar.

In der Regel werden zehn- bis (maximal) dreißigminütige Kurzvorträge erwartet und man erklärt Ihnen, welche technische Unterstützung (Beamer, Flipchart) zur Verfügung steht. Hier geht es in erster Linie um Ihre Sprachgestaltung, Form, Ausdruck, Klarheit und Sicherheit:

- Können Sie frei sprechen?
- Sind Sie in der Lage, ein Thema zu strukturieren und vorzutragen?
- Leiden Sie unter Redeängsten? Machen Sie einen nervösen Eindruck?
- Fehlen Ihnen plötzlich die Worte? Erleben Sie einen Gedankenriss?
- Wie agieren Sie mit Blicken (Blickkontakt) und Körperhaltung?
- Was für einen Gesamteindruck hinterlassen Sie dabei?
- Ist inhaltlich alles auf einem guten Niveau?

FRAGEN & ANTWORTEN

Bewältigungsstrategien – vom Sammeln und Weitergeben

»Lassen Sie Ihren Gedanken freien Lauf« könnte das Motto für den Beginn der Themenbearbeitung lauten. Mit anderen Worten: es geht zunächst darum, Material zu sammeln. Notieren Sie alles – ruhig ungeordnet, aber weiträumig untereinander –, was Ihnen zu dem vorgegebenen Thema einfällt. Hilfreich sind die sogenannten W-Fragestellungen, wie

Welchen Kernbegriff (keyword) enthält das Thema?
Welche weiteren Begriffe stecken im Thema?
Welche anderen Begriffe/Stichworte werden assoziiert?
(Das können sein: vergleichbare ähnliche, gegensätzliche Ober-/Unterbegriffe zum Kernbegriff.)

Auch diese W-Fragen (wer, wie, was, wann, wo, warum?) können einen wichtigen Beitrag leisten:

Was heißt...? **W**as ist...? **W**as bedeutet (für mich/den einzelnen/die Gesellschaft)...?
Wer ist mit... befasst?
Welche Arten von... gibt es?
Wann geschieht...?
Wo geschieht...?
Warum...?
Welche Ursache ...? **W**elchen Zweck...? **W**elche Folgen, Vor-/Nachteile, Gefahren...?
Wem nützt/schadet...?
Wozu dient...?

Schlüpfen Sie gedanklich in andere Personen (Freunde, Arbeitskollegen, Eltern, Geschwister, Nachbarn etc.). Wie würden diese argumentieren?

Ordnen Sie die so gewonnenen Stichworte nach Zusammengehörigkeit, nach **Einordnungsmöglichkeit** in die Gliederungsabschnitte
- Einleitung
- Hauptteil
- Schluss

Bei Problemstellungen, die eine Pro-/Kontra-Erörterung verlangen, hat sich folgende Gliederung des Hauptteils bewährt:
- These (Argumente für ...)
- Antithese (Gegenargumente)
- Synthese (wenn möglich: Lösung, Entscheidung)

Haben Sie es in Ihrem Vortrag mit einem berufstypischen Fachproblem zu tun, bietet sich eine Gliederung des problemlösungsorientierten Kurzvortrages durch folgende Fragen an:
- Worin besteht das Problem?
- Wie ist bisher damit verfahren worden?
- Welche Lösungsansätze sind praktikabel, welche nicht?
- Wie sieht meine Empfehlung aus?

Die Ihnen für den Vortrag vorgegebene Präsentationszeit sollten Sie unbedingt einhalten. Die 5 oder 10 Minuten Vortragszeit sind schneller vorbei, als der unter Prüfungsstress stehende Kandidat sich vorstellen kann. Wenn Sie mit dem Vortrag aufhören müssen, weil die Zeit abgelaufen ist, und wichtige Ihrer vorbereiteten Argumente ungesagt bleiben, haben Sie diese kleine Prüfung »in den Sand gesetzt«. Also: Verzichten Sie lieber auf ein paar zusätzliche, aber schwächere Argumente, und lassen sie genügend Raum für die wirklich guten.

Speziell der Anfang Ihres Vortrags ist von besonderer Bedeutung. Denn ein Einstieg – so eine wichtige Regel im Journalismus – entscheidet oft darüber, ob man Leser oder in Ihrem Fall Zuhörer für ein Thema interessieren kann oder nicht. Deshalb sollten Sie sich für den Anfang Ihres Vortrags ein »Lockmittel« überlegen, z. B. die knallige Headline, die spannende Einleitung, die interessante Frage, die witzige Anekdote. Machen Sie Ihre Zuhörer neugierig auf das, was nun folgt.

Beleuchten Sie das Thema von verschiedenen Seiten und Standpunkten. Sparen Sie nicht mit sprachlichen Bildern, Vergleichen usw. Greifen Sie auch bei dieser Übung zu didaktischen Hilfsmitteln (Flipchart, Beamer und Tafel etc.), visualisieren Sie (komplizierte) Zusammenhänge (nach dem Motto: ein Bild sagt mehr als tausend Worte). Zögern Sie nicht, z. B. auch einen Schlüsselbegriff ans Flipchart zu schreiben, um die Bedeutung zu unterstreichen. Zusammenhänge, die Sie durch Pfeile, Kreise oder andere Symbole vor den Zuschauern visualisieren, werden evidenter – eine Methode, die immer gut ankommt.

Geben Sie Ihren Zuhörern etwas zu denken, beteiligen Sie sie an Ihrem Thema, beziehen Sie sie mit ein (z. B. durch Fragen). Fassen Sie die wichtigsten Aspekte des Themas kurz und prägnant zusammen, und gestalten Sie Ende und Anfang gut unterhalten.

Apropos: Es ist äußerst wichtig, dass es Ihnen gelingt, die Zuhörer zu unterhalten. Eine Prise Humor, ein Zitat (wenn nicht ganz wörtlich, dann aber doch dem Sinn entsprechend), eine angemessene Provokation bringt Ihnen dabei Pluspunkte. Wenn Sie langweilen, darüber hinaus noch nuscheln, eine Hand verlegen vor den Mund halten, sich mit der anderen nervös durchs Haar gehen, sammeln Sie jede Menge Minuspunkte. So gut kann Ihr Vortrag inhaltlich gar nicht sein, um das wieder auszugleichen.

Zur richtigen Körpersprache zählt auch, dass Sie von Anfang an Blickkontakt halten und diesen möglichst »gerecht« auf alle Zuhörer verteilen. Sprechen Sie eher etwas langsamer als aufgeregt schnell, nutzen Sie die Kunst der effektvoll inszenierten Pause.
Den Vortrag beenden Sie bitte nicht mit: *»So, das war's.«* Viel besser: *»Ich danke Ihnen für Ihre Aufmerksamkeit.«* Oder einfach: *»Danke schön.«*

Wenn Sie etwas von sich mitbringen sollen ...
... und es im Vorstellungsgespräch vorstellen und erklären, ist dies auch nichts anderes als eine Art Kurzvortrag. Und natürlich kommt dem Gegenstand eine spezielle Bedeutung zu, die interpretiert werden kann. Ob Kündigungsschreiben des letzten Aushilfsjobs, Lieblingsstofftier oder ein Foto des Häuschens in der Toskana, das Sie gerade geerbt haben, jedes von Ihnen ausgewählte und vorgestellte Objekt verrät etwas über Sie und Ihre Wesensart.

Auf den Punkt gebracht: In der Kürze liegt die Würze. Präzise und mit Witz schnell auf den Kern zu kommen, ohne zu langweilen – das macht den gelungenen Kurz-Vortrag aus. Das »Wie« bei dieser Aufgabe ist häufig wichtiger als das »Was«. Denken Sie daran, es geht um Ihre Persönlichkeit, Ausstrahlung und Überzeugungskraft.

ZUSAMMENGEFASST

Die 10 wichtigsten Tipps

1. Achten Sie bei der Vorbereitung und beim Vortrag auf die Zeit.
2. Beachten Sie für den Aufbau Ihres Vortrages die AIDA-Formel.
3. Versuchen Sie, ein visionelles Element mit »ins Spiel« zu bringen (Flipchart, Demonstration ...).
4. Nehmen Sie immer wieder Blickkontakt zu Ihrem Publikum auf.
5. Nutzen Sie den Effekt von Sprechpausen.
6. Bemühen Sie sich um einen charmanten, kurzweiligen Einstieg.
7. Geben Sie vorab kurz einen Ausblick, worüber Sie sprechen werden, und gegen Ende möglichst eine kleine Zusammenfassung.
8. Nutzen Sie verstärkt sprachliche Bilder zur Illustrierung, ggf. auch mit Medieneinsatz.
9. Beleuchten Sie das Thema aus verschiedenen Blickwinkeln.
10. Und verteilen Sie, wenn Sie den Vortrag zu Hause vorbereitet haben einen A4-Zettel mit den wichtigsten Stichworten, aber erst am Ende. Tun Sie es vorher, lenkt das die Aufmerksamkeit Ihrer Zuhörer kolossal ab!

FRAGEN & ANTWORTEN

Gehalt und Verdienst

Oftmals werden gegen Ende des ersten oder erst im zweiten Vorstellungsgespräch die Arbeitsbedingungen und die Bezahlung verhandelt. Seien Sie also informiert, was Sie für die angestrebte Position in der Regel an Gehalt erwarten können. Je nach Qualifikation und Vorerfahrung, aber auch danach, welche zukünftige Leistung Sie glaubwürdig in Aussicht stellen, werden Sie Ihre Gehaltswünsche realisieren können.

Dass einem mit dem Hochschulabschluss automatisch die große Karriere und das damit verbundene Gehalt angeboten werden, ist Schnee von vorgestern. Die Einstiegsgehälter für Jungakademiker bewegen sich zwischen 25.000 und 50.000 Euro jährlich. Es gibt aber auch immer noch Unternehmen (insbesondere kleinere), die einen Aufgabenbereich mit um die 20.000 Euro Jahresgehalt und weniger anbieten (nicht selten in den neuen Bundesländern).

Bei etwa 60 Prozent aller Einstiegsverträge liegt die vereinbarte Summe jedoch zwischen 30.000 und 40.000 Euro im Jahr. Dabei ist der generelle Trend einer deutlich schlechter bezahlenden Industrie, stabiler Bankengehälter und sparsamerer Versicherungskonzerne unübersehbar. Der Handel bietet sehr moderate Gehälter (bis auf Ausnahmen), und Dienstleister zahlen sehr unterschiedlich. Bei Letzteren gibt es die größte Spanne (von deutlich unter 25.000 bis knapp über 45.000 Euro im Jahr).

Dabei gilt auch bei der Gehaltsverhandlung: Hochschule und Abschlussnote inklusive Semesteranzahl und Auslandsaufenthalt, Abschlussarbeitsthema und Praktika bringen, wenn es um die Entlohnung geht, weniger auf die Waagschale als Ihre Gesamtpersönlichkeit, Leistungsmotivation und die Fachrichtung des Bewerbers. Meist gibt jedoch die Branche, in der man sich bewirbt, die finanzielle Tonart vor, und die einzelnen Unternehmen bewegen sich nach deren Melodie. Allzu viel Spielraum für Neueinsteiger existiert also leider nicht und Traumgehälter ... verfliegen ganz schnell beim Aufwachen!

Zeigen Sie deshalb bei den Gehaltsverhandlungen Besonnenheit, und vermitteln Sie nicht den Eindruck, dass es Ihnen nur ums Geld geht. Beide Seiten – Arbeitgeber und Arbeitnehmer – der Dienstleiter und Unternehmer, besser Kunden/Auftraggeber und Sie, müssen einen tragbaren Kompromiss in der Gehaltsfrage finden.

Vereinbaren Sie beispielsweise, dass nach einer Einarbeitungsphase – etwa nach sechs oder neun Monaten – Ihr Gehalt automatisch um x Prozent steigt. Verdeutlichen Sie sich und Ihrem Auftraggeber in jedem Fall, dass Sie nicht bereit sind, Ihre Arbeitsleistung unter Wert zu verkaufen. Den richtigen Preis für Ihre Leistung zu bestimmen, gehört zu den wichtigen Vorüberlegungen. Dass es da unterschiedliche Auffassungen geben kann, liegt in der Natur der Sache.

ZUSAMMENGEFASST

Thema Gehalt, aber nur im richtigen Moment

1. **Ganz wichtig: Nie als Erster**
   Sprechen Sie das Thema Bezahlung im Vorstellungsgespräch nie als Erster an. Das überlassen Sie dem Unternehmensvertreter. Denn: Zum einen liegt es am Personalentscheider, Ihnen dadurch ein weitergehendes Interesse zu signalisieren, zum anderen werden vertragliche Rahmenbedingungen häufig erst zu einem späteren Zeitpunkt verhandelt.
   Sie ahnen doch: Erst muss der Fisch fest am Angelhaken sein, bevor Sie ihn an Land ziehen und braten können. Also: weder zu früh noch zu schnell die Gehaltsfrage behandeln! Am besten ist dafür die zweite Vorstellungsgesprächsrunde geeignet.

2. **Bereiten Sie sich gut vor**
   Sie müssen wissen, was Sie anzubieten haben, damit Sie sich nicht »unter Wert« verkaufen. Stellen Sie eine Liste Ihrer Qualifikationen und Stärken zusammen und verdeutlichen Sie sich, was Sie alles drauf haben. ⟶

FRAGEN & ANTWORTEN

3. **Recherchieren Sie!**
Recherche in entsprechenden Portalen mit Gehaltstabellen für unterschiedliche Berufsgruppen ist ein Muss. Dort sehen Sie Gehälter in Relation zu Erfahrung, Unternehmensgröße und Standort.

4. **Mit Branchenvertretern reden**
Auch wenn das Gehaltsthema in Deutschland ungern offen besprochen wird: Reden Sie mit Kollegen und Branchenvertretern.

5. **Wenn Ihre Gehaltsvorstellung im Vorfeld verlangt wird ...**
... geben Sie in Ihren Bewerbungsunterlagen (Anschreiben) eine Jahresbrutto-Spanne an (z. B. 35.000 – 40.000 €). Achtung: Ignorieren kann zum Ausschluss führen. Wenn Sie sich nicht festlegen wollen, sollten Sie ggf. erklären, Ihre Gehaltsvorstellung gerne in einem persönlichen Gespräch zu verhandeln.

6. **Bevor es ans Verhandeln geht**
Überlegen Sie sich Ihre persönliche Gehaltsuntergrenze (Schmerzzone), aber auch Ihr realistisches Wunschgehalt (eine Spanne von bis zu 25 % dazwischen ist realistisch). Bedenken Sie, unter welchen Konditionen Sie beim Unternehmen starten möchten.

7. **Ein wenig Pokern**
Sollte das angebotene Gehalt trotz aller Verhandlungen unter Ihren Vorstellungen bleiben, aber die Stelle für Sie besonders attraktiv sein, können Sie eine Reduzierung der geplanten Stundenzahl bei gleichem Gehalt vorschlagen.

8. **Nehmen Sie gegebenenfalls auch geldwerte Vorteile ...**
... mit in Ihre Gehaltsverhandlungen auf – wie beispielsweise die Übernahme von Direktversicherungen (oder vermögenswirksame Leistungen, Dienstwagen zur privaten Nutzung etc.).

9. **Vereinbarung**
Starten Sie notfalls mit einem geringeren Gehalt, vereinbaren Sie aber schriftlich eine erste Gehaltssteigerung um x Prozent nach 6 oder 12 Monaten.

Karriere und Kinder

Besonders Frauen werden im Vorstellungsgespräch immer noch häufiger mit unzulässigen Fragen konfrontiert. Schwangerschaft, Partnerbeziehung und Familienleben gehen den »Arbeitgeber« eigentlich nichts an und dürfen gegebenenfalls mit Notlügen beantwortet werden. Mit folgenden Fragen können Sie (zunehmend aber auch die Väter in spe) rechnen:

Was sagt denn Ihre Familie dazu (Partner/Kinder, so Sie welche haben)?
Wie regeln Sie das mit den Kindern (sofern Sie welche haben und die von Ihnen zu versorgen sind) …? Und der Haushalt …?
Und wenn Sie ledig sind, aber »im heirats- und gebärfähigen Alter«, kommen Fragen wie:
- Wie stellen Sie sich Ihre Zukunft vor?
- Wie sieht Ihre Lebensplanung aus?

Hier geht es um die Themen Heirat und Kinder. Bleiben Sie cool, lassen Sie sich nicht provozieren – denn das ist es, was Ihr Gegenüber u. a. will: Sie aus der Reserve locken.

Weiter geht's mit Fragen in der Richtung:
- Familie oder Karriere?
- Wie vereinbaren Sie beides? Wo ist der Schwerpunkt? Wie stellen Sie sich beides vor?

Und möglicherweise die Hinterfragung:
- Meinen Sie es wirklich ernst, wollen Sie richtig einsteigen?

Oder Fragen nach dem »alten« Mann-Frau-Konflikt, wie etwa:
- Welche Konflikte zwischen Mitarbeiterinnen und Mitarbeitern (bzw. Kollegen/Kolleginnen, Kunden/Kundinnen, weiblichen und männlichen Vorgesetzten) können Sie sich vorstellen (und wenn ja, wieso und warum)?

Notlügen aus Notwehr

So wie der Gesetzgeber den Begriff Notwehr kennt, existiert für das Bundesarbeitsgericht (BAG) der Sachverhalt der Notlüge. Darunter ist zu verstehen, dass bestimmte Fragen im Vorstellungsgespräch *nicht* wahrheitsgemäß beantwortet werden müssen, wenn der Bewerber davon ausgehen muss, dass davon die Vergabe des Arbeitsplatzes abhängen könnte.

Vorab: Bestimmte Fragen und Themen dürfen im Bewerbungsverfahren nicht behandelt werden. Es sind nur Fragen erlaubt, die in direktem Zusammenhang mit dem zu besetzenden Arbeitsplatz stehen. Und das grenzt den eigentlichen Frage-Spielraum enorm ein! Unzulässig ist beispielsweise die Ausforschung der politischen Meinung ebenso wie Fragen nach (auch früherem!) gewerkschaftlichem Engagement oder dem Privatleben in punkto Lebensplanung wie Heirat, Familienplanung, Freizeitgestaltung und Hobbys; ebenso natürlich alle Glaubensfragen und Themen, die den Intimbereich Sexualität berühren. Frühere Krankheiten und die Frage nach einer Schwangerschaft sind genauso tabu wie die Frage nach den Berufen von Eltern, Geschwistern und Freunden sowie nach den privaten Vermögensverhältnissen (evtl. Schulden). Auch die Frage nach Vorstrafen und Gefängnisaufenthalten ist nicht zulässig.

Wenn ein Bewerber eine unzulässige Frage unehrlich beantwortet und damit sein Recht auf Notlüge nutzt, dürfen ihm daraus keine negativen Konsequenzen entstehen. Durch das eingeschränkte Fragerecht des Arbeitgebers ist der Arbeitsvertrag trotzdem wirksam. Zwar hätte der Bewerber auch das Recht, eine unzulässige Frage nicht zu beantworten; das könnte sich aber für ihn ungünstig auswirken, weil der Arbeitgeber sehr wahrscheinlich daraus negative Rückschlüsse ziehen würde. Das Gleiche gilt für den Lebenslauf, den der Bewerber entsprechend verändern kann.

Wie bei jeder Regel gibt es Ausnahmen: Wenn jemand etwa für die katholische Kirche arbeiten will, ist die Frage nach seiner Religionszugehörigkeit durchaus zulässig. Einsichtig ist auch die Frage nach früheren Krankheiten bei Piloten oder Zugführern. In der Alltagsbewerbungssituation stellt nahezu jeder Arbeitgeber unzulässige Fragen an die Bewerber. Durch seinen Eingriff in die per Grundgesetz geschützte Privatsphäre des Arbeitsuchenden löst er bei diesem oft einen Gewissenskonflikt aus, dem mit dem Notwehrrecht auf Lüge begegnet werden kann.

Die Liste der verbotenen Themen & Fragen ist länger als die der erlaubten! Im Prinzip sind nur relativ wenige, sehr eng und streng auf den zukünftigen Arbeitsplatz und seine Aufgaben bezogene Fragen zulässig! Aber, das ist wirklich sehr schwer einzuhalten. Hier ein paar Beispiele für verbotene Fragen und Themen:

- Wie sieht Ihr (Privat-)Leben aus?
- Was machen Sie in Ihrer Freizeit (Hobbys, Interessen, Engagement) und mit wem und wo?
- Wie halten Sie es mit der Religion? Woran glauben Sie?
- Wie sieht Ihre Familienplanung aus?
- Ihr Familienstatus? Haben Sie Kinder?
- Was macht Ihr Partner/Ihre Partnerin? (Lebensplanung)
- Fragen nach finanziellen Verhältnissen, z. B.: Haben Sie Schulden?
- Müssen Sie Personen in Ihrem Privatumfeld finanziell unterstützen?
- Sind Sie schon mal mit dem Gesetz in Konflikt geraten (Vorstrafen)?
- Waren Sie schon mal (ernsthaft/längere Zeit) erkrankt?
- Hatten Sie schon mal einen Krankenhausaufenthalt (OPs, größere medizinische Untersuchungen etc.)?
- Sind Sie schon mal verunfallt?

Nochmals ganz klar:
Alle Fragen Ihre Familienangehörigen und Partner/Freunde/Bekannte betreffend, alle Themen, die mit Ihrem Privatleben zu tun haben, die nicht auf Ihren Erfahrungs- und Wissensstand bezogen sind oder die Aufgabenbewältigung zum Inhalt haben, sind nicht erlaubt!

ZUSAMMENGEFASST

Darauf kommt es im Vorstellungsgespräch wirklich an

1. **Erstes Gebot: Gesprächsvorbereitung und Recherche**
   Bei wem und *warum* Sie sich bewerben (Ihre Motivation), aber auch: *was* Sie anzubieten haben und was Ihre Gehaltsvorstellung ist. Um Antworten auf diese Fragen vorzubereiten, ist eine Recherche im Internet ein absolutes Muss.

2. **Die Weichensteller: Sympathie, Vertrauen und Zutrauen**
   Gelingt es Ihnen, als Bewerber bei Ihrem Gegenüber Sympathie zu wecken? Kann man sich mit Ihnen »wohlfühlen« und passen Sie ins Team, zum Unternehmen? Stimmt die persönliche »Chemie« zwischen Ihnen und Ihrem künftigen Chef? Darüber hinaus: Kann man Ihnen vertrauen und damit auch etwas zutrauen (z. B. die Problemlösungs-Mithilfe)?!

3. **Ihre Sozialkompetenz – Teamgeist oder Eigenbrötler?**
   Wie gehen Sie mit Ihren Mitmenschen um? Kommen Sie mit den meisten gut klar? Und die mit Ihnen? Teamarbeit wird immer wichtiger. Berichten Sie von Ihren Rollen, die Sie bisher in Gruppen eingenommen haben. Ihr Auftreten spiegelt etwas von Ihrer Sozialkompetenz (ganz altmodisch ausgedrückt: Ihrem Benehmen) wider.

4. **Verstehen Sie sich als Unternehmer, als Dienstleister …**
   … der Kunden (Arbeitsplatzanbieter) sucht, um sein Mitarbeits-Problem-Lösungs-Knowhow anzubieten. Was zeichnet Ihre Kompetenz, was Ihren Leistungswillen, was Ihre Wesensart aus (KLP-Formel)? Was haben Sie bereits schon geleistet, wofür stehen Sie, was versprechen Sie zukünftig für »Ihren Kunden« zu tun?

5. **Präsentieren Sie sich als Problemlöser**
   Ständig gibt es in der Arbeitswelt neue Probleme zu lösen. Verdeutlichen Sie, was Ihre Spezialisierung bei der Lösung von Problemen ist oder aufgrund Ihrer zukünftigen Praxiserfahrung bald sein wird.

⟶

6. **Was haben Sie an Botschaften für Ihr Gegenüber vorbereitet?**
   Als Bewerber wollen Sie für sich, für Ihre Mitarbeit werben und Ihre Gesprächspartner überzeugen, sie für sich einnehmen. Daher ist es wichtig, was Sie ihnen sagen bzw. was auch nicht. Das gilt es vorzubereiten.

7. **Überlegen Sie sich die Antworten auf naheliegende Fragen**
   Auch wenn die eine oder andere Frage vom klassischen Fragenkatalog abweicht, die meisten sind Standardfragen. Das bedeutet: Sie können Ihre Antworten vorbereiten und sollten dies auch tun. Die beiden wichtigsten Fragen: *»Wie sind Sie auf uns gekommen bzw. was interessiert Sie an der Stelle?«* Und *»Warum sollten wir uns für Sie entscheiden bzw. was können Sie besser als andere für uns tun?«* werden immer gestellt, wenn auch unterschiedlich formuliert.

8. **Welche Fragen bringen Sie in Verlegenheit und was werden Sie darauf antworten?**
   Darüber sollten Sie unbedingt nachdenken und eine gute Antwort vorbereiten.

9. **Angemessene Kleidung**
   Der Trend für die passende Kleidung im Vorstellungsgespräch geht wieder zu einem zurückhaltend-vornehmen, eher konservativen Stil. Gefragt ist die schlichte Eleganz. Schauen Sie sich typische Berufsvertreter in der von Ihnen angestrebten Position und Firma an und orientieren Sie sich daran.

10. **Hände weg vom Kopf**
    Wenn Menschen verlegen oder aufgeregt sind, kratzen sie sich oft unwillkürlich am Kopf und im Gesicht. Die Psychologie spricht von einer Übersprungshandlung. Das wirkt im Vorstellungsgespräch jedoch fahrig, unkonzentriert bis peinlich. Wenn Sie nervös sind, legen Sie besser die Hände zusammen und massieren diese leicht, das hilft zu entspannen.

ZUSAMMENGEFASST

Das sind die No-Gos im Vorstellungsgespräch

1. **Ohne Selbstdarstellungskonzept auftreten**
   Ein Vorstellungsgespräch ist keine lockere Plauderei unter Freunden. Bereiten Sie sich auf das Gespräch intensiv vor. Einer der wichtigsten Faktoren ist dabei Ihre Selbstdarstellung. Man möchte das Gefühl bekommen, Sie sind der Richtige für die Aufgabenlösung und für das Team. Üben Sie Ihre Rolle als kompetenter, leistungsstarker und teamfähiger Mitarbeiter.

2. **Antworten auf die häufigsten Fragen nicht geübt zu haben**
   Die meisten Fragen im Vorstellungsgespräch sind Standardfragen, auch wenn es mal eine Abweichung gibt. Sie können Ihre Antworten bestens vorbereiten und sollten das auch unbedingt tun.

3. **Ungepflegtes Äußeres**
   Der erste Eindruck ist entscheidend. Ihr persönliches Erscheinungsbild ist absolut wichtig, insbesondere Ungepflegtheit wie fettiges Haar, fleckige, unpassende Kleidung fallen sofort stark negativ auf.

4. **Schlechter Körpergeruch**
   Mund- und Schweißgeruch sind kein Schicksal! Speisen mit viel Knoblauch oder Zwiebeln sollten bereits am Tag vor dem Termin tabu sein! Sie dürfen keinen schlechten Geruch ausströmen!

5. **Schwache Argumente für die beiden wichtigsten Fragen**
   »Wie sind Sie auf uns gekommen bzw. was interessiert Sie an der Stelle?« Und: »Warum sollten wir uns für Sie entscheiden bzw. was können Sie besser als andere?« Diese beiden Fragen werden immer gestellt. Wenn Sie darauf mit zwei, drei guten Argumenten antworten können, zeigen Sie sich souverän und überzeugen.

6. **Null Ahnung von den Gesprächspartnern**
   Verschaffen Sie sich unbedingt vorab Informationen zu Ihren Interviewpartnern: Werdegang, aktuelle Funktion und frühere Stationen – das lässt sich alles über Google (oder Firmenseiten) herausfinden.

⟶

7. **Keine Sympathie für sich mobilisieren können**
   Entscheidend im Vorstellungsgespräch ist Sympathie, der Funke, der überspringt. Misslingt das durch arrogantes Auftreten, hat man verloren. Sprechen Sie Ihre Gesprächspartner gelegentlich mit Namen an. Das schafft Sympathie, weckt Vertrauen! Gewinnen Sie die Entscheider für sich durch gute Vorbereitung, ein freundliches Gesicht (lächeln!) sowie durch selektive Offenheit und viel Charme.

8. **Zu wenig Leistungsmotivation erkennen lassen**
   Hauptgrund für Ihre Einladung ist Ihre Kompetenz und Leistungsbereitschaft. Verdeutlichen Sie, warum die Aufgaben Sie reizen und was Sie zur Problemlösung beitragen können. Damit man sich für Sie entscheidet, braucht es Vertrauen und Zutrauen in Ihre Person!

9. **Auf unzulässige Fragen trotzdem ehrlich antworten**
   Ihren Gesprächspartnern sind beim Fragen enge rechtliche Grenzen gesetzt. Das gilt insbesondere für Ihr Privatleben: Die Themen Lebens- und Familienplanung, Gesundheit, politisches Engagement etc. sind verboten. Werden Ihnen solche Fragen gestellt, dürfen Sie ungestraft lügen!

10. **Schlecht über Ex-Kommilitonen, Ausbilder, frühere Jobs reden**
    Ein absolutes No-Go! Zum einen weckt das bei Ihren Gesprächspartnern den Eindruck, dass Sie ein »geschwätziges Lästermaul« sind, zum anderen fürchtet man, das nächste Mal sprechen Sie schlecht über Ihren neuen Arbeitgeber, sollten Sie die Stelle bekommen ...

Die innere und äußere Haltung sind im Vorstellungsgespräch besonders wichtig. Dazu gehört neben der passenden, ordentlichen Garderobe auch die nötige Portion Aufmerksamkeit und ein Bewusstsein dafür, worauf es jetzt wirklich ankommt. Und all das kann man ganz wunderbar vorher einüben!

GUT ANKOMMEN & GUT RÜBERKOMMEN

Ein verpasster Zug, ein Stau, mit dem Sie nicht gerechnet haben, sich zu verfahren oder keinen Parkplatz in der Nähe zu finden; es gibt viele Dinge, die schieflaufen und Sie vor einem Vorstellungsgespräch zusätzlich in den Wahnsinn treiben können. Das muss nicht sein, das ist selbstquälerisch! Deshalb: Planen Sie sorgfältig Ihre »Anreise«, egal ob in derselben Stadt oder 1000 km entfernt. Verlassen Sie sich lieber auf die Öffentlichen Verkehrsmittel (ggf. Taxi – für Fahrrad und Auto haben Sie auf dem Weg zu Ihrem Termin nicht die beste Konzentration!) und planen Sie einen *Super-Sonder-Zeitpuffer* ein, der dies alles auffangen könnte im Worst Case.

Gut anzukommen ist immer schon die beste Voraussetzung, um gut rüberzukommen. Und wenn Sie sich nicht nur inhaltlich, sondern auch äußerlich auf diese spezielle Inaugenscheinnahme (das ist es nämlich!) vorbereiten (wann waren Sie das letzte Mal beim Frisör?), und damit ist die Kleidungsfrage angesprochen, kann ja nichts mehr schiefgehen. Lesen Sie hier unsere Empfehlungen!

Mehr als nur organisatorische Aspekte

Für die inhaltliche Vorbereitung Ihres Vorstellungsgespräches haben Sie jetzt einen umfassenden Informationsstand. Nun geht es um praktische Aspekte wie Organisation der Anreise, (Ver-)Kleidung und Erste-Hilfe-Maßnahmen für den Fall der Fälle.

Ihre Anreise

»Wer zu spät kommt, den bestraft das Leben« – ein geflügeltes Wort, das auch auf das Vorstellungsgespräch zutrifft. **Also: Planen Sie genügend Zeit für Ihre Anreise ein.**

Berücksichtigen Sie mögliche Verzögerungen (Staus etc.). Auch wenn Sie glauben, den Weg gut zu kennen, können Sie nicht sicher sein, in einem Bürogebäude gleich den kürzesten Weg und das richtige Zimmer zu finden. Besser also, Sie sind eine Viertelstunde zu früh da als zehn Minuten zu spät. Natürlich dürfen Sie nicht übertreiben. Wer zwei Stunden vor dem eigentlichen Termin aufkreuzt, macht ebenfalls einen schlechten Eindruck. Entscheidend ist ferner, dass Sie ausgeruht und fit den Ort des Geschehens erreichen. Sollten Sie sich wider Erwarten an einem so wichtigen Tag krank fühlen, ist es sinnvoller, den Termin abzusagen, als sich dann nicht optimal präsentieren zu können.

Und noch ein wichtiger Hinweis: Ist das Vorstellungsgespräch für Sie mit Fahrt-, Verpflegungs- und Unterbringungskosten verbunden, so gilt für die Erstattung folgende Regelung: Bei einer Einladung zum Vorstellungsgespräch muss der potenzielle Arbeitgeber für alle angemessenen Kosten aufkommen, die Ihnen entstehen, egal ob ein Arbeitsvertrag zustande kommt oder nicht. Sollte er dazu nicht bereit sein, so muss er Ihnen das vorher schriftlich mitgeteilt haben. Leider passiert das immer häufiger! Stellen Sie sich bei einem Arbeitgeber allerdings auf Eigeninitiative vor und gibt es keine ausdrückliche Verabredung, dass dieser für die Reisekosten aufkommt, müssen Sie Ihre Auslagen selbst tragen.

ZUSAMMENGEFASST

Ihre Anreise, entspannter zum Ziel – wie Sie stressfrei ankommen

1. **Alles im Vorfeld organisieren**
   Planen Sie die Anreise frühzeitig und gründlich und wählen Sie dabei das bequemste Verkehrsmittel. Fahren Sie, wenn Ihr Vorstellungsgespräch weiter von Ihrem Wohnort entfernt stattfindet, am besten mit der Bahn oder nehmen Sie den Flieger. Besorgen Sie die Tickets schon im Vorfeld und nicht in letzter Minute am Schalter.

2. **Ausreichend Zeitpuffer einbauen**
   Bei Anreise mit Bahn- oder Flugzeug mindestens eine Verbindung früher wählen, um Verspätungen aufzufangen. Achten Sie bei Bahnreisen auf genügend Zeit zum Umsteigen, um nicht von einem Bahnsteig zum nächsten zu hetzen. Informieren Sie sich vorab im Internet darüber, welche Straßen, U-Bahn- oder Buslinien zum Zielort führen. Auch eventuelle Verspätungen können Sie im Vorfeld im Internet erfahren und sich ggf. danach richten.

3. **Mach mal Pause!**
   Sie sollten besser nicht mit dem Auto und vor allem nicht selbst gefahren! Ihre Konzentration für den Verkehr ist jetzt nicht optimal. Wenn Sie aber doch mit dem Wagen fahren, dann kalkulieren Sie Staus ein und auch, dass Sie sich verfahren könnten. Lassen Sie sich von Ihrem Navi die schnellste (nicht die kürzeste) Fahrtstrecke ausrechnen. So werden Ihnen bei Stau auch die jeweils schnellsten Ausweichwege empfohlen. Starten Sie rechtzeitig und planen Sie Pausen ein, um möglichst entspannt anzukommen.

4. **Früher & entspannter sein**
   Wenn Ihr Termin an einem Vormittag liegt und der Ort weiter entfernt ist, sollten Sie bereits am Vorabend anreisen, um vor Ort zu übernachten. So gehen Sie ausgeruhter in das Vorstellungsgespräch. Buchen Sie für die Übernachtung bereits im Vorfeld ein ruhiges Hotel und überlassen Sie die Auswahl nicht dem Zufall.

5. **Einen ersten Blick riskieren**
   Es empfiehlt sich, den Ort des Vorstellungsgesprächs vorab wenigstens einmal von außen in Augenschein genommen zu haben. So kennen Sie den konkreten Anfahrtsweg und das Gebäude ist Ihnen, wenn es »ernst« wird, schon ein wenig vertrauter. Das sorgt dafür, dass Sie etwas gelassener in das Gespräch gehen können.

6. **Halten Sie sich auf dem Laufenden**
   Informieren Sie sich während der Anreise über aktuelle Nachrichten, die die Firma oder Branche betreffen. Lesen Sie eine aktuelle Tageszeitung und, wenn Sie die Möglichkeit haben, besorgen Sie sich alle relevanten Neuigkeiten aus dem Internet.

7. **Bevor es ernst wird: Entspannen Sie sich!**
   Sorgen Sie dafür, sich etwa eine halbe Stunde vor dem Vorstellungsgespräch bewusst zu entspannen, am besten bei einem kleinen Spaziergang. Stellen Sie außerdem sicher, noch rechtzeitig Gelegenheit für einen Toilettengang zu haben. Räkeln und strecken Sie sich, öffnen und schließen Sie einige Male den Mund und die Augen. Prüfen Sie, ob Ihre Kleidung perfekt sitzt. Lächeln Sie sich selbst im Spiegel an!

8. **Das perfekte Timing**
   Erscheinen Sie pünktlich. Auf keinen Fall zu spät, aber auch nicht viel zu früh. Wer 30 Minuten vorher »aufkreuzt«, macht einen denkbar schlechten Eindruck. Seien Sie etwa fünf Minuten vor dem vereinbarten Termin da. Planen Sie ausreichend Zeit ein, damit Sie in einem fremden Gebäudekomplex rechtzeitig das richtige Zimmer finden.

Angemessene Kleidung

Patentrezepte gibt es sicherlich nicht. Generell gilt: Als Jungakademiker kleiden Sie sich gediegen und zurückhaltend, eher vornehm und fast wieder konservativ. Gefragt ist auch bei Damen die schlichte Eleganz. Unsere Empfehlung: Schauen Sie sich typische Berufsvertreter in der von Ihnen angestrebten Position an und orientieren Sie sich dann an deren Kleidung. Hier gibt es von Branche zu Branche so manche Unterschiede. Machen Sie sich klar, dass Sie bereits mit Ihrem Erscheinungsbild eine Art Arbeitsprobe und Visitenkarte abgeben. Vermeiden Sie es, besser gekleidet zu sein als Ihr Gegenüber, und verzichten Sie auf Extravaganz, auf jede grelle, poppige, übertriebene Maskerade – es sei denn, Sie bewerben sich bei einer Werbeagentur oder in der Kunstszene.

Und noch ein wichtiger Hinweis: Die Garderobe für Ihren wichtigen Auftritt müssen Sie kennen. Sie sollten sie vorher wenigstens an- und ausprobiert, besser einige Stunden getragen haben. Drückende Schuhe, einengende, fast platzende Hemden, Hosen, Röcke, fehlende Knöpfe, fransender oder aufgetrennter Saum, Flecken – all das stellt in dem Moment, da Ihr Auftritt kurz bevorsteht, eine Falle dar. Es führt zu Verunsicherung, ist eine Quelle permanenten Unwohlseins und kann dadurch Ihr Bewerbungsvorhaben gefährden. Gehen Sie also kein unnötiges Risiko ein, machen Sie eine Generalprobe und fühlen Sie sich selbst in Ihre Rolle, aber auch in Ihre Ver-Kleidung ein.

ZUSAMMENGEFASST

Ihre Kleidung

1. **So weit die Füße tragen oder Ihr Schuhwerk**
   Elegante, saubere Schuhe von guter Qualität, farblich abgestimmt auf die Kleidung und die Handtasche sind empfehlenswert. Damen, die es hochhackig mögen, achten auf eine gute Standfestigkeit.

2. **Minirock und bunte Socken**
   Ihre Kleidung darf nicht zu sehr vom Wesentlichen, also der Konversation, ablenken. Rock, Kostüm oder Kleid sollte mindestens knielang sein. Männern empfehlen wir ausschließlich dunkle, entweder schwarze oder dunkelblaue Socken (bitte ohne Muster oder gar Comicfiguren), gern etwas länger, damit keine weiße Männerwade hervorblitzt. Und auch die Hose sollte weder zu lang noch zu kurz sein!

3. **Verfleckt noch mal!**
   Schauen Sie sich am Tag zuvor die ausgewählte Garderobe genau an. Sorgen Sie dafür, dass sie frisch, unzerknittert und wohlriechend ist. Für den Notfall nehmen Sie Wechselgarderobe mit. Wechselschuhe sind im Falle von schlechtem Wetter von Vorteil.

4. **Farborgien sind hübsch ...**
   ..., eignen sich aber eher für Strand oder Karneval. Die Entscheider wollen seriös auftretende Mitarbeiter/-innen. Verwenden Sie keine oder nur dezente Muster (Stichwort bunte Karos) und stimmen Sie Ihre Kleidungsstücke farblich aufeinander ab.

5. **Zwickts oder zwackts?**
   Unbequeme Anziehsachen sind in wichtigen Gesprächen eine starke Belastung. Daher sollte Ihre Garderobe richtig sitzen und nicht zu eng sein.

6. **Für die Damen: Sex sells?**
   Fürs Vorstellungsgespräch sollten Sie zwar auf Attraktivität setzen, jedoch ohne sexuell aufreizend zu wirken. Bei Personaler-Teams sind meist auch Frauen mit dabei, bei denen Sie mit einer aufreizenden Garderobe mit Sicherheit Minuspunkte sammeln. Und die Männer nehmen Sie möglicherweise nicht ganz ernst.

7. Für Herren: Mit oder ohne Krawatte?
Bei Großbetrieben der Branchen, Handel, Banken, Versicherungen oder Technologie gehen Sie »mit« auf Nummer sicher. Sie sollte farblich und vom Muster her zum Anzug passen, tendenziell gedeckte Farben, keine oder lediglich dezente Muster. Nur wenn sich eine Firma betont jugendlich gibt, dürfen Sie darauf verzichten.

8. Diamonds are a girl's best friends
Marilyn Monroe mag recht haben, aber für ein Job-Interview sind auffällige Klunker ungeeignet. Schmuck ja, aber keine Übertreibungen à la Ring an jedem Finger und noch dazu ein mächtiges Geschmeide um den Hals. Ihr Schmuck sollte zurückhaltend ausfallen und zur Kleidung passen. Im Zweifel verzichten Sie ganz darauf.

9. An den Händen sollt ihr sie erkennen
Sie geben mit Ihrem Auftreten eine wichtige Visitenkarte ab. Deshalb achten Sie darauf, dass Ihre Hände und die Fingernägel picobello sind. Bei Damen dürfen Fingernägel lackiert sein, aber besser keine kräftigen Farben (kein Knallrot oder Schwarz!). Auf Lackierung, die absichtlich wie angeknabbert aussieht, wie auch auf Glitzersternchen u. ä. sollten Sie verzichten.

10. In den Schminkkasten und Parfumflakon gefallen?
Wählen Sie auch beim Make-up zurückhaltende Farben, so sind Sie auf der sicheren Seite. Und verwenden Sie nur dezentes Parfum/Rasierwasser: Penetrante, schwere oder sehr süßliche Duftnoten schrecken ab. Generell gilt: Weniger ist mehr!

11. Bubikopf oder ordentlich gekämmt?
Versetzen Sie sich in die Rolle Ihrer Gesprächspartner: Mit welcher Firma haben Sie es zu tun, welche Kunden betreut diese? Eher konventionell oder progressiv oder die »goldene Mitte«? Hauptsache, Sie wirken nicht zu modisch-extravagant (außer Sie wollen im Mode- bzw. Show-Business arbeiten) und sehen gepflegt aus.

12. Dreitagebart oder glattrasiert?
Grundsätzlich sind Herren mit einer ordentlichen Rasur auf der sicheren Seite. In einer Werbeagentur können Sie vielleicht mit einem (gepflegten!) Dreitagebart erscheinen. Gut rasiert ist jedoch risikolos.

NACHDENKEN & NACHFASSEN

Das Gespräch liegt hinter Ihnen. Wie fühlen Sie sich jetzt und wie hat es sich überhaupt angefühlt? Was fällt Ihnen jetzt, hinterher, noch alles dazu ein und auf? Nehmen Sie sich die Zeit und denken Sie nach ... und schreiben Sie ein ganz ausführliches Protokoll.

Wir empfehlen nach dem Vorstellungsgespräch einen intensiven Blick zurück – wie ist es gelaufen? Mit welchen Fragen hatten Sie nicht gerechnet? Was ist Ihnen gelungen, was weniger? Was könnten Sie jetzt mit mehr Gelassenheit besser beantworten? Worauf müssen Sie sich beim nächsten Mal besser vorbereiten? Was haben Sie aus alledem gelernt?

Dazu gehört die Erstellung eines ausführlichen Gedächtnisprotokolls über das Gespräch und alle Personen, die Ihnen begegnet sind. Wenn Sie wissen, wie die Sekretärin des Personalchefs heißt, können Sie sie beim nächsten Telefonat persönlich ansprechen. Vielleicht bekommen Sie ja durch Ihre nette Ansprache den Chef persönlich ans Telefon, obwohl seine Sekretärin sonst generell alle Anrufer abwimmelt.

Nach dem Gespräch ist vor dem Gespräch

Nach-Denken. Das ausführliche Gedächtnisprotokoll über alle Themen und Fragen sowie die Personen, die Ihnen begegnet sind, wird sich als sehr nützlich erweisen. Nicht nur wenn Sie zum 2. Gespräch eingeladen werden und sich erneut vorbereiten – sondern auch für alle weiteren Gespräche die da noch auf Sie zukommen können.

Nach der Schwerstarbeit Vorstellungsgespräch haben Sie sich eine Belohnung verdient – ganz unabhängig davon, wie das Ganze für Sie gelaufen ist. Lassen Sie sich also verwöhnen oder tun Sie sich selbst etwas Gutes. Sie brauchen neue, frische Kräfte für eine eventuelle nächste Runde.

Hoffentlich haben Sie am Ende Ihres Vorstellungsgesprächs erfahren, wie und wann der Entscheidungsprozess weitergeht. Jetzt heißt es einige Tage abwarten (es sei denn, Sie haben es anders vereinbart). Üben Sie sich in Geduld und fragen Sie nicht vor Ablauf einer Frist von etwa fünf bis maximal zehn Tagen nach, was aus Ihrer Bewerbung geworden ist. Sollten Sie allerdings vier Wochen verstreichen lassen, ohne sich interessiert zu zeigen und nachzufragen, wird das eher gegen Sie ausgelegt.

Eine lange Wartezeit spricht aber auch gegen Ihren potenziellen Arbeitgeber: Man lässt Kandidaten nach einem Vorstellungsgespräch nicht lange ohne Zwischenbescheid im Unklaren. Für den Fall, dass es nicht geklappt hat und Sie eine Absage bekommen, hier das Ergebnis der Untersuchung einer amerikanischen Personalberatungsfirma, die 200 Vorstellungsgespräche analysiert hat, in denen die Bewerber gescheitert sind.

Sechs Aspekte ergaben sich, die für den Misserfolg verantwortlich zu machen waren:
1. Keine überzeugende äußere Erscheinung, unpassende Kleidung oder ungepflegtes Äußeres
2. Mängel in der Fähigkeit, die eigene Meinung deutlich zum Ausdruck zu bringen
3. Mängel bei der weitgehend objektiven Darstellung der eigenen Person
4. Unzureichende Ausstrahlung von Selbstvertrauen und Begeisterungsfähigkeit
5. Zu starke Kritik an früheren Arbeitgebern
6. Zu häufiger Stellenwechsel

Erneut wird deutlich, wie sehr der Faktor Persönlichkeit dominiert: Fünf von sechs Ablehnungsgründen hängen eindeutig mit Persönlichkeitsmängeln zusammen. Oder um es positiv zu betrachten – die folgenden Persönlichkeitsmerkmale sind also für Ihren Erfolg im Vorstellungsgespräch von besonderer Relevanz:

- Auftreten – Ausstrahlung
- Autorität – Integrität
- Selbstsicherheit – Glaubwürdigkeit
- Lebendigkeit – Begeisterungsfähigkeit – Entschlossenheit – Bestimmtheit
- Rücksicht – Einfühlungsvermögen – Verständnis
- (angemessene) Vertrautheit

Nach-Fassen

Mit einem sorgfältig formulierten Nachfassbrief oder einer E-Mail können Sie sich positiv von anderen Bewerbern abheben. Ein bis maximal drei Tage nach Ihrem Auftritt abgeschickt, wird dieses Schreiben Ihren Gesprächspartner (deshalb sind Namen so wichtig) veranlassen, sich erneut mit Ihnen zu beschäftigen. In diesem Brief bedanken Sie sich nicht nur für das interessante Gespräch, sondern knüpfen an das an, was offengeblieben ist oder was Sie noch nachtragen möchten. Im Wesentlichen geht es darum, mit diesem Brief (eine Seite reicht vollkommen aus) deutlich zu machen, dass Sie sehr interessiert und motiviert sind, verstanden haben, worum es geht, und gerne bereit sind, das konstruktive Gespräch jederzeit fortzusetzen. Am liebsten würden Sie natürlich Ihre ganze Arbeitskraft für das Unternehmen einsetzen.

Achtung: Machen Sie so etwas plump, vielleicht auch nur ungeschickt oder langweilig, und ist das Vorstellungsgespräch vorher eher schleppend verlaufen, gewinnen Sie nichts. Gelingt es Ihnen aber, nach einem gut verlaufenen Gespräch durch diesen Brief intelligent an sich zu erinnern, verbessern Sie Ihre Chancen erheblich.

Meist werden die in die engere Wahl kommenden zwei oder drei Bewerber zu einem zweiten, vielleicht sogar zu einem dritten Gespräch gebeten. Hier geht es darum, offene Fragen abzuklären (z. B. die im folgenden Abschnitt erläuterte Gehaltsfrage), einen noch besseren persönlichen Eindruck zu bekommen, und vielleicht sogar darum, Sie als Kandidaten Ihren potenziellen Kollegen vorzustellen, um auch deren Meinung mitberücksichtigen zu können.

 Ein Muster für ein solches Nachfassschreiben finden Sie im **Onlinecontent** zum Download.

ZUSAMMENGEFASST

Wie Sie die Zeit nach einem Vorstellungsgespräch optimal nutzen

1. **Darauf kommt es ganz besonders bei der Nachbereitung an**
   Ein Bewusstsein dafür, dass Hoffen und Warten viel zu passiv ist. Nutzen Sie sehr gezielt die Zeit *nach* dem Vorstellungsgespräch, um Ihre Erfahrung auszuwerten. So erarbeiten Sie sich wertvolle Informationen für ein zweites, aber auch für weitere Gespräche.

2. **Die wichtigste Nachbereitungsaktivität**
   Die Erstellung eines möglichst ausführlichen Gedächtnisprotokolls des gesamten Gesprächsablaufes (Fragen/Antworten) inklusive aller Personen, die Ihnen begegnet sind, und deren Namen. Starten Sie sofort nach dem Gespräch, dann später am Abend und nochmals am nächsten Morgen. Sie werden erstaunt sein, was Ihnen alles im Nachhinein noch so einfällt.

3. **Nach dem Nachdenken und vor dem Nachfassen**
   Wie ist das Gespräch gelaufen? Mit welchen Fragen haben Sie gerechnet, mit welchen nicht? Was ist Ihnen gelungen, was weniger? Was könnten Sie jetzt mit mehr Gelassenheit und Nachdenkzeit besser beantworten? Worauf müssen Sie sich beim nächsten Mal intensiver vorbereiten? Was haben Sie aus alldem gelernt?

4. **Verschicken Sie Ihren Dank**
   Ein kleines Dankschreiben nach dem Vorstellungsgespräch (auch Nachfassbrief genannt) bringt Sie nochmals in positive Erinnerung. Knüpfen Sie kurz an die wichtigsten Gesprächspunkte an und übermitteln Sie abermals Ihre wichtigsten Botschaften (KLP), am besten per E-Mail. Manche Firmen erwarten das sogar, um zu sehen, wie ernst es der Bewerber meint.

5. **Hinterfragen Sie sich nochmals selbst**
   Kommt der Job nach dem, was Sie jetzt alles erfahren haben, auch wirklich immer noch für Sie infrage? Können Sie sich vorstellen, mit Ihren Gesprächspartnern zusammenzuarbeiten und etwas Substanzielles zur Problemlösung beizusteuern? Welche Perspektiven sehen Sie? ⟶

NACHDENKEN & NACHFASSEN

6. **Weitere Recherchen**
   Was gibt es jetzt mit dem Wissen aus dem ersten Gespräch für Sie noch zu recherchieren? Haben Sie sich nochmals inhaltlich mit den kommenden Arbeitsaufgaben auseinandergesetzt? Was wird Sie in einem zweiten Gespräch erwarten? Wie können Sie sich darauf vorbereiten? Nutzen Sie die Zeit für weitere Recherchen, z. B. auf den Internetseiten der Firma.

7. **Bereiten Sie sich jetzt schon auf das zweite Gespräch vor**
   Was gilt es an weiteren konkreten Vorbereitungen zu treffen? Gibt es ein weiteres Vorstellungsgespräch oder lädt die Firma Sie zu einem Assessment-Center ein? Steht die Gehaltsverhandlung noch aus? Bereiten Sie die nächsten Schritte entsprechend vor.

8. **Stellen Sie einen neuen Fragenkatalog zusammen**
   Sind im Vorstellungsgespräch noch Fragen offengeblieben? Sammeln Sie diese offenen Punkte und besprechen Sie alles bei einem vereinbarten Telefontermin, per E-Mail oder beim hoffentlich nächsten Treffen in der Firma.

9. **Telefonieren Sie gegebenenfalls nach**
   Erkundigen Sie sich in regelmäßigen Wochenabständen bei der Firma nach dem aktuellen Stand der Dinge. Stets höflich und **keinesfalls vorwurfsvoll** wie: »*Wieso habe ich noch gar nichts von Ihnen gehört, wie lange dauert es noch mit der Entscheidung etc.*« Sehen Sie aber davon ab, täglich anzurufen oder vehement eine Erklärung zu verlangen.

10. **Hinterfragen Sie sich nochmals selbst**
    ... und halten Sie parallel nach Alternativen Ausschau. Manchmal ist ein Auswahlverfahren sehr zeitintensiv (bisweilen braucht es mehrere Monate), weshalb Sie gut beraten sind, in der Zwischenzeit noch weitere Stellenangebote zu sichten. Verlassen Sie sich nicht auf ein einziges gut gelaufenes Vorstellungsgespräch!

Sitzen Sie nicht einfach tatenlos herum! Warten Sie nicht, bis sich die Firma irgendwann bei Ihnen meldet. Bedanken Sie sich mindestens per E-Mail bei Ihren Gesprächspartnern. Nutzen Sie die Zeit direkt nach einem Vorstellungsgespräch, um sich Notizen über den Verlauf zu machen, um alles zu durchdenken, und recherchieren Sie weiter.

Wichtig beim zweiten Vorstellungsgespräch

Die richtige Nachbereitung Ihres ersten Vorstellungsgesprächs ist zugleich der beste Grundstein für das oder die folgenden Gespräche. Ja, auch und gerade beim selben Unternehmen! Denn selten wird man sich sofort nach einer Begegnung für Sie entscheiden. Zwei, gelegentlich auch drei oder sogar vier Gespräche (eher die Ausnahme) sind nicht so selten.

Vor Ihrer Einladung zum zweiten Vorstellungsgespräch fragt sich der Auswähler, welcher der bisher »gesichteten« Kandidaten die Anforderungen voraussichtlich am besten erfüllt. Wem kann man vertrauen und die Aufgabenlösung damit auch zutrauen? Dann wählt er die vermeintlich besten zwei bis maximal vier Kandidaten aus. Deshalb ist Ihr geschickt formuliertes Nachfassschreiben so wichtig, um sich nach dem ersten Gespräch nochmals positiv ins Gedächtnis zu rufen. Gehen Sie Ihre hoffentlich ausführlichen Notizen durch, die Sie nach dem ersten Gespräch gemacht haben. Sie helfen Ihnen jetzt bei der erneuten Vorbereitung.

In der kommenden zweiten Runde werden auch die Arbeitsbedingungen und Gehaltswünsche verhandelt. Darauf müssen Sie vorbereitet sein. Ansonsten wird man Sie fragen, welchen Eindruck Sie mitgenommen, wie Sie das erste Gespräch erlebt haben und ob es Ihrerseits neue Überlegungen dazu oder zu einem der angesprochenen Themen gibt. Was ist Ihnen im Anschluss und in der Zwischenzeit durch den Kopf gegangen? Es ist schlecht, wenn Sie dann unbeholfen zugeben, sich nicht direkt erinnern zu können, und nichts zu berichten haben. Das darf Ihnen auf keinen Fall passieren! Vielleicht ist in der Zwischenzeit etwas passiert, was Einfluss auf das Unternehmen, die Branche oder Sie genommen hat.

Gehen Sie davon aus, dass sich ein großer Teil der bereits gestellten Fragen wiederholt, sehr wahrscheinlich bis zu 80 %. Man möchte nochmals hören, was Sie zu ganz bestimmten Fragen und Themen zu erzählen wissen. Scheuen Sie sich nicht, darauf ähnlich wie beim ersten Mal zu antworten (aber ohne Kritik wie: Das habe ich Ihnen doch alles schon erzählt!).

Es wird also wieder um Ihre Kompetenz (Vorerfahrung, K), Ihre Problemlösungsfähigkeiten gehen, Ihre bisherigen Erfolge (Leistungsmotivation, L) und Ihre Wesensart (Persönlichkeit, P). Ihre Persönlichkeit wird ganz besonders geprüft, weil man sicher sein möchte, dass der erste gute Eindruck, den Sie gemacht haben, nicht etwa zufällig entstanden ist. Neu oder deutlich vertieft werden jetzt folgende Themen behandelt: Ihr Fachgebiet, Ihre/die Konditionen, das Thema Gehalt und sonstige Arbeitsbedingungen.

Sie werden sicher (nochmals oder erstmals) befragt, wie Sie sich Ihren Beitrag zum Unternehmen vorstellen, Ihr Engagement ganz konkret und sehr differenziert einbringen wollen. Wie stellen Sie sich Ihren Start bei dem Unternehmen vor? Was wären Ihre (ersten) Ziele/Maßnahmen? Gehen Sie nochmals die Liste der etwa 25 bedeutendsten Fragen durch (s. S. 120 ff.) und erinnern Sie sich, was Sie geantwortet haben. Gab es Momente, in denen Sie vielleicht unzufrieden mit sich und Ihrer Beantwortung waren? Jetzt ist die Chance da, sich genau dazu nochmals und besser zu äußern. Entwickeln Sie aber auch eigene, neue Fragen, die Sie Ihrem Gegenüber jetzt stellen. Ohne diese könnten Sie den Eindruck erwecken, nicht wirklich motiviert zu sein. Reagieren Sie nicht empfindlich, wenn man Sie jetzt ein bisschen quält und gegebenenfalls kritischer beurteilt als im ersten Gespräch. All das ist als Stressresistenz-Test zu verstehen und nicht als substanzielle Kritik zu werten.

Wichtig: Sie haben sich (abermals und hoffentlich) gute Botschaften überlegt und werden diese beim zweiten Termin (vielleicht auch etwas modifiziert) wieder zielgerichtet einsetzen.

Vergessen Sie keinesfalls: Mit Ihnen sind höchstens noch zwei bis drei weitere Kandidaten im Rennen, Sie sind also Ihrem Ziel noch mal ein ganzes Stück näher. Sollten Sie gefragt werden, zu welchem Termin Sie frühestens anfangen können, bieten Sie keinesfalls »Fahnenflucht« auf Kosten Ihres bisherigen Arbeitgebers oder anderer Verpflichtungen an.

Hier ein paar Beispielfragen

- Haben Sie Vorbilder? Erinnern Sie sich daran, dass Sie je Vorbilder gehabt haben? Wann und wen?
- Was wollten Sie als kleiner Junge/kleines Mädchen werden?
- Welche beruflichen Alternativen standen für Sie an, als das Abitur näher rückte?
- Hatten Sie in der Schule, während des Studiums, bei Prüfungen oder wissenschaftlichen Arbeiten (BC/Master) je Probleme? Und was haben Sie dann gemacht?
- Wie hat sich Ihre Studienwahl ergeben?
- Welchen Berufswunsch hatten Sie davor?
- Warum haben Sie diese Fächerkombination gewählt?
- Was war bisher Ihr größter Erfolg, die größte Niederlage?
- Und was haben Sie daraus gelernt?
- Wenn Sie jetzt gerade das Abi gemacht hätten, was würden Sie machen?
- Gibt es so etwas wie einen roten Faden in Ihrem Leben?
- Was sind die 3 wichtigsten Adjektive, die Sie beschreiben?
- Was die 3 Hauptwörter/Werte, für die Sie stehen?
- Was die 3 Verben, die uns etwas von Ihrer Dynamik vermitteln?
- Was wollen Sie uns Essenzielles über sich berichten, wovon überzeugen? Warum? Welche Beweise haben Sie dafür?
- Was ist Ihr besonderes Alleinstellungsmerkmal?
- In welcher Rolle sehen Sie sich bei uns?
- Was sind Ihre Stärken und woran müssen Sie noch arbeiten?

ZUSAMMENGEFASST

Darauf kommt es im zweiten Gespräch an

1. **Hält der Sympathiebonus stand?**
   Es geht darum, ob Sie den gleichen sympathischen Eindruck vermitteln wie beim ersten Treffen, wenn man Sie erneut unter die Lupe nimmt. Eventuell stellt man Sie Ihren potenziellen Kollegen vor, vielleicht gibt es sogar eine Betriebsführung.

2. **Diese Frage kommt: Wie haben Sie das erste Gespräch erlebt?**
   Was ist vor, während und nach dem ersten Gespräch bei Ihnen in Kopf und Bauch vorgegangen? Klingt das wirklich glaubwürdig und hat es Substanz, was Sie darauf antworten? Kann man Ihnen wirklich vertrauen, schlussendlich etwas zutrauen?

3. **Was sind denn jetzt wirklich Ihre Motive?**
   Warum interessieren Sie sich (immer noch) für diese Aufgaben in diesem Unternehmen? Und abermals kommen all die großen Fragen auf Sie zu. Jetzt bloß nicht genervt reagieren!

4. **Einige Fragen werden erneut vertieft, weitere Details abgefragt**
   Sind Sie wirklich der Problemlöser für die anstehenden Aufgaben, der dringend benötigt wird und für den Sie sich im ersten Gespräch ausgegeben haben? Haben Sie Anregungen, Themen aus dem ersten Gespräch aufgegriffen, evtl. recherchiert, sich dazu Gedanken gemacht?

5. **Wo sehen Sie im neuen Job die größten Herausforderungen?**
   Haben Sie sich in der Zwischenzeit mit den möglichen neuen Aufgaben wirklich nachweislich intensiv beschäftigt und können Sie das vermitteln? Sind Sie echt motiviert? Was haben Sie genau getan, wie haben Sie sich informiert?

6. **Gehaltsverhandlung und andere Arbeitsbedingungen**
   Was möchten Sie verdienen? Und auch andere Rahmenbedingungen werden nun detailliert besprochen. Passt man zueinander? Erzielt man einen guten tragfähigen Kompromiss? Darauf haben Sie sich hoffentlich bestens vorbereitet.

Merke: Nach dem Vorstellungsgespräch ist immer vor dem Vorstellungsgespräch!

BESSER KLARKOMMEN MIT ABSAGEN

Unser Selbstwertgefühl wird im Alltag nicht selten durch Rückschläge angekratzt. Selbstzweifel sind die unausweichlichen Folgen. Und Absagen verstärken den subjektiven Eindruck, irgendetwas falsch zu machen, zu versagen. Wie Sie auch nach vielen Absagen weiter durchhalten, zeigen wir Ihnen hier.

Ganz wichtig: Ziehen Sie sich nach Absagen nicht ins stille Kämmerlein zurück, sondern reden Sie mit anderen darüber. Gespräche können eine wahre »Seelenreinigung« sein. Suchen Sie sich in Ihrer Familie oder in Ihrem Freundeskreis Ihre »Seelentröster«, Menschen, die zuhören, ohne Sie ständig zu bemitleiden oder besserwisserisch zu sein. Die an Sie und Ihre Fähigkeiten glauben, aber auch Tipps geben, wie und was Sie das nächste Mal anders und vielleicht besser machen könnten.

Achten Sie im Umgang mit Ihren Mitmenschen darauf, nicht die in Ihre aktuelle Bewerbungssituation zu involvieren, nach deren Rat Sie sich einfach immer schlecht fühlen. Auch wenn diese es scheinbar gut mit Ihnen meinen, es muss Ihnen wirklich guttun! Nachdenken hilft, Selbstkritik auch, aber vor allem konstruktiv muss sie sein ...

Lassen Sie sich nicht ins Boxhorn jagen! Nahezu jede Bewerbergruppe hat auf der Auswählerseite mit typischen Vorurteilen zu rechnen. Sammeln Sie diese und setzen Sie sich damit im Vorfeld bereits auseinander.

Überlegen Sie, was Sie dagegensetzen könnten. Ansonsten gilt: Bedenken Sie, was Ihnen bei einem Unternehmen vielleicht erspart geblieben ist, das im Vorstellungsgespräch unfair mit Ihnen umgegangen ist!

Keine Angst vor Fehlschlägen! Alle Menschen machen Fehler und niemand begeht sie absichtlich. Was Menschen jedoch unterscheidet, sind die Konsequenzen, die daraus gezogen werden. Viele entwickeln Versagensängste, die einem erfolgsorientierten Handeln im Wege stehen. Einen Fehler zu begehen ist jedoch nicht dasselbe wie zu versagen. Lernen Sie aus Fehlern! Aber wiederholen Sie diese nicht... zu oft!

Vor allem aber: Trauen Sie sich etwas zu! Stabilisieren Sie Ihr Selbstvertrauen und den Glauben an die eigenen Fähigkeiten. Die Tatsache, dass Sie eingeladen worden sind, ist schon ein Erfolg! Auch wenn Sie zwischendurch einen Durchhänger haben, geben Sie nicht auf. Wie in der Liebe, so auch im Berufsleben: auf jeden Topf passt ein Deckel! Sie werden schon bald die richtigen Aufgaben, das richtige Unternehmen für sich finden!

Und noch etwas, unbedingt und immer wieder: **Frust abbauen!** Gespräche helfen und sind wichtig, aber auch körperliche Ertüchtigung (Sport). Wenn Sie dann noch etwas Sinnvolles für sich und andere tun (Stichwort ehrenamtliches Engagement, jemandem helfen), stabilisieren Sie sich wieder ganz schnell. In der Dreierkombination unschlagbar wohltuend!

Und wenn es hakt, nicht zögern, **besser mal beim Profi Rat einholen.** Auch wenn es etwas kostet, das ist gut investiertes Geld! Ein Experte, der Ihre Bewerbungsunterlagen begutachtet und das Vorstellungsgespräch mit Ihnen übt, ist eine gute Investition in Ihre berufliche Zukunft. Das kostet zwar Geld, aber warten und verzweifeln ist noch viel teurer.

Vorsicht: Bedauern Sie sich nicht ständig selbst. Es ist oftmals recht schwer, sich nicht selbst zu bedauern, wenn sich Lebenssituationen ergeben, mit denen man unglücklich ist. Permanentes Selbstmitleid ist jedoch kontraproduktiv und erzeugt genau das Gegenteil von dem, was hier eigentlich erhofft wird. Statt mit Zuwendung reagieren die meisten Mitmenschen mit wachsender Ungeduld und wenden sich schließlich ab.

Entwickeln Sie deshalb eine gute Portion Geduld beim Warten auf Erfolg! Die Erfolgsleiter im Leben ist meist steil und hoch. Erfolg zu erlangen ist ein langwieriger Prozess, der den berechtigten Wunsch nach Anerkennung oft lange Zeit unberücksichtigt lässt. Dieser Wunsch bringt viele Menschen dazu, sich nur auf Aufgaben einzulassen, die in relativ kurzer Zeit zu realisieren sind; dabei bleiben größere, längerfristige Projekte mit besonderem Erfolgspotenzial leider oft unverwirklicht. Und das ist doch schade!

Was immer die Gründe für eine etwaige Absage sein mögen: **Es muss nicht (nur) an Ihnen liegen.** Selbstverständlich können Sie nachfragen oder eine Mail schicken. Aber: Ob man Ihnen eine ehrliche Antwort gibt, ist wirklich höchst zweifelhaft. Machen Sie trotzdem gute Miene und vergessen Sie nie:
Wir sind nicht auf der Welt, um so zu sein, wie andere uns haben wollen.

Zu guter Letzt

Eine Einladung zum Vorstellungsgespräch oder die Ankündigung einer ersten Kontaktaufnahme per Telefon oder Skype ist schon eine persönliche Genugtuung: Man ist auf Sie aufmerksam geworden, beschäftigt sich mit Ihnen und Ihrem Mitarbeitsangebot, will Sie kennenlernen. All die Mühe vorher hat sich also doch gelohnt. Ein gutes Gefühl, ein gewisser Triumph, aber kurz vor dem Gesprächstermin ... Wer fühlt sich da schon richtig wohl, geschweige denn gelassen und souverän?

Vorstellungsgespräche sind immer mit einer Prüfungs-, Frage- und Antwortsituation verbunden. Sie tun gut daran, sehr genau zu überlegen, in welcher Rolle und mit welchem Ziel Sie auftreten. Wie wollen

Sie sich präsentieren? Dazu sollten Sie Ihr Kommunikationsziel, Ihre Botschaften und die dazu passenden Geschichten auswählen und gut vorbereiten (KBA). Zu den wichtigsten Fragen, die von Ihnen zu beantworten sind, gehören:

- Was für ein Mensch sind Sie? (Wie beschreiben Sie sich anderen gegenüber?)
- Was können und haben Sie? (Was ist Ihr USP, was sind Ihre KLP in Zusammenhang mit VGZ?)
- Was wollen Sie wo davon anbieten? (Ihre berufliche Planung, Vision)
- Was sind Ihre Ziele? (Kurz-, mittel- und langfristig)

Noch mal: Immer geht es bei den Merkmalen, die zur Einschätzung eines neuen Mitarbeiters herausgezogen werden, um eine Mischung aus Wissen, Können, Wollen und Tun (Bereitsein) im Sinne von: Trauen wir dieser Person zu, dass sie die Herausforderungen, ihre Aufgaben erfüllt? Folgende Aspekte spielen dabei eine zentrale Rolle:

- Kontakt- und Kommunikationsverhalten
- Soziale Kompetenz (Benehmen bis Einfühlungsvermögen)
- Engagement und Identifikation (z. B. Herzblut für ...)
- Disziplin (auch Frustrationstoleranz und Durchhaltevermögen)
- Kooperationsvermögen (Anpassungsfähigkeit)
- Psychische und psychosomatische Stabilität

Kann und muss man sich auf alles vorbereiten?

Ja, man kann und sollte. Vorbereitung ist der Erfolgsschlüssel! Vieles spricht für eine planvolle Vorgehensweise! Und Authentizität ist es eben nicht, worauf es jetzt ankommt. **Es geht um Überzeugungskraft** und die muss man sich erst einmal erarbeiten ...

Ein gut geeigneter Mitarbeiter ist für ein Unternehmen wie ein großer Lottogewinn. Verständlich, dass Personalentscheider sich gerne die besten Bewerber auswählen möchten. Wir haben Ihnen hier das »Überzeugungsmaterial« zur Verfügung gestellt.

Zusammengefasst: Ein starker Fokus bei der Bewerberauswahl und besonders im Vorstellungsgespräch wird darauf gelegt, wie Sie »ticken«. Ihre Arbeitspersönlichkeit steht weit mehr im Mittelpunkt als Ihre Kompetenz. Erscheinen Sie sympathisch und leistungsbereit? Kann man Sie sich vorstellen Ihnen die Lösung anstehender Probleme zu übertragen, ja zuzutrauen. Da spielt der Eindruck, den Sie bei Ihrem Gegenüber (gezielt) erwecken, die alles entscheidende, die weichenstellende Rolle.

Ihr Kontakt- und Kommunikationsverhalten ist für die Entstehung von Sympathie und Vertrauen für Ihre Person von entscheidender Wichtigkeit. Worauf es dabei genau ankommt, was Sie wie berücksichtigen sollten, haben wir Ihnen in diesem Buch vorgestellt. Es ist genau das, was sich hinter den Abkürzungen KLP und SOAP verbirgt. Ihre Chance ist es, mit gezielter Vorbereitung, dem richtigen Bewusstsein für die Spielregeln und ein wenig Charme, die Herzen der Auswähler zu erobern.

Ganz einfach und auf den Punkt:

- **Ihre soziale Kompetenz**
  (sicherlich auch immer etwas von Ihrer fachlichen)
  im Umgang mit anderen Menschen, von der Teamfähigkeit bis hin zur Kooperation, Kontakt und Einfühlungsvermögen bis hin zu Begeisterungsfähigkeit

- **Ihr erkennbarer Leistungs- und Leitungsanspruch**
  (sich selbst und anderen gegenüber)
  Engagement bis Leitungsanspruch, berufliche Position, die »Liga«, in der Sie spielen wollen, Durchsetzungsfähigkeit bis Dominanz

- **Ihr persönlicher Arbeitsstil
(Problemlösungsbearbeitung / Arbeitspersönlichkeit)**
von Belastbarkeit bis hin zu Stabilität und Qualität, betrifft: kluge Planung, sorgfältiges Arbeiten, hohe Disziplin

Wir haben Sie hier mit diesem Buch und unserer jahrzehntelangen Erfahrung, mit unserem ganzen Wissen begleitet. Wenn Sie das Buch auch nur ansatzweise durchgearbeitet haben, sind Sie schon ganz ordentlich vorbereitet. Wenn Sie sich ein bisschen mehr Zeit genommen und alles durch- und bedacht, mit Unterstützern sich darüber ausgetauscht haben, sind Sie sogar bestens vorbereitet.

In der Tat: Alle Fragen zusammen, etwa 350 Stück, decken nun wirklich gut 97 % aller (nicht fachlichen) Fragemöglichkeiten ab. Individuelle Fachthemen, Spezialwissensfragen machen zwischen 5 und vielleicht maximal 30 Prozent aus. Sollte man Sie nun überraschenderweise fragen, wo Sie Ihren nächsten Urlaub planen oder was Sie zu Weihnachten machen, gar im nächsten Leben vorhaben oder was Sie mit dem Geld des nächsten Lotto-Jackpots (10 Mio. Euro) anfangen würden, Sie werden sicher darauf eine angemessene Antwort selber finden und auch mit Überraschungsfragen oder Provokationen jetzt nach der Lektüre unseres Buches besser umgehen, souveräner klarkommen.

Die Vorbereitung auf das Vorhaben, seine eigene Arbeitskraft am Arbeitsmarkt anzubieten, ist kein reines Spaßvergnügen. Und doch ist genau dies jetzt von ganz essenzieller Bedeutung, wenn Sie den Schritt aus der Uni in die Arbeitswelt einigermaßen schnell und erfolgreich absolvieren wollen. Wir drücken Ihnen die Daumen ...

Und noch eine Bitte: Schreiben Sie uns, wie Sie mit unserem Buch gearbeitet haben und insbesondere was Ihnen dabei die besten Dienste erwiesen hat, aber auch, was Sie an Verbesserungen oder Wünschen uns mitteilen wollen. Vielen Dank! Hier die Adresse: info@hesseschrader.com

Stichwortverzeichnis

A
abstrakte Fragen 83
Alleinstellungsmerkmal 22, 116
Angst vor Fehlschlägen 70
Anpassungsfähigkeit 126
Anreise 262
Antworten 117
Arbeitskonditionen 123
Arbeitskraftanbieter 115
Arbeitsmarkt 115
Arbeitsverhalten 28
Argumentation (KBA) 56
argumentieren 87
Ausfragetechniken 77
Ausgangspositionen 48
Auslagen 262
Auswahlgremium 243

B
berufliche Orientierung 28
berufliche Selbstdarstellung 29
Beurteilungsfragen 78
Bewältigungsstrategien 246
Bewertungsfragen 78
Beziehungsmanagement 36
Botschaften 56, 58

E
Einstiegsgehälter 250
Einwände 88, 110
emotionale Beziehung 110
Engagement 117
Enthüllungsfragen 82
Entscheidungsvorlagen 61

Entwicklungspotenzial 76
Erfolgsintelligenz 70
erste Eindruck 37
Erzählfragen 77, 78

F
Faktenfragen 77
Fragen 117
Frage-Themen 123
Fragetypen 77
Frage- und Antworttechniken 74
Fremdsprachenkenntnisse 104

G
Garderobe 265
Gefühle 45
Gehalt 250
Generalprobe 265
Gesprächsabschluss 123
Gesprächsatmosphäre 127
Gesprächsführung 73
Gesprächsphasen 107
Gesprächspsychologie 73
große Themen 117
Gruppengespräch 243

H
Händedruck 124
Handlungsfragen 77, 79

I
Identifikation 117
Initiative 70, 103

J

Jobmessen 102

K

Karriereplanung 141
Karriere und Kinder 253
Kettenfragen 84
KLP 116
Kommunikationsvermögen 100
Kommunikationsziele 56
Kompetenz (KLP) 26
soziale Kompetenz 120
Kompliment 125
Konflikte 253
Konkretisierungsfragen 80
Kontakt- und Kommunikationsfähigkeit 10, 34
Kontakt- und Kommunikationsverhalten 36
Körpersprache 41
Krankheiten 255
Kritik 70
Kurzvortrag 245

L

Lebensplanung 253
Leistungsangebot 54
Leistungsbereitschaft 34
Leistungserwartung 163
(Leistungs-)Hintergrund 120
Leistungsmotivation 19, 26
Leistungspotenzial 123

M

Mailbox 105
Manieren 125
Messebesuch 99
Motivation 123

N

Nachfassbrief 272
Nervosität 116
Notlügen aus Notwehr 254

P

Persönlichkeit 19, 26, 123
positive Verstärkung 74
Potenziale 120
Präsentationstechnik 244
Prioritäten setzen 69
Problemlöser 33
Problemlösungsfähigkeit 70, 71
Profil 117
projektive Fragen 82
Provokationen 93
Prüfungsangst 127
Prüfungssituation 11, 45
Psyche 28

R

Recruiting-Events 102
Reisekosten 262
Reputationsmanagement 51
Rhetorikkurs 87
Rollenverständnis 16
Rollenverteilung 243
Rollenwechsel 100
roter Faden 141

S

Schlüssel zum Menschen 10
Schwerpunkte eines Vorstellungsgesprächs 118
Selbstbewusstsein 12, 21
Selbstdarstellung 32
Selbsterkenntnis 12
Selbstvertrauen 12
Selbstwirksamkeitskräfte 21
skypen 110
Small Talk 68, 101, 125
SOAP 29, 115
Soft Skills 69
Sonder- und Hausaufgaben 245
soziale Kompetenz 117
soziale Hintergrund 122
Spielregeln 33
Stabilität 117
Störungen 45
Stress 93
Sympathie 34, 37, 101
Sympathieträger 101
sympathischer Auftritt 100

T

Telefon 105
Transfer 56

U

Überprüfung 126
Überzeugungsarbeit 16, 53
Übungsaufgabe 55
Umformulierungsmethode 89
Unabhängigkeit 70
unangenehme Fragen 90

unternehmerisches Handeln 15
unzulässige Fragen 253
USP 116

V

Vertrauen 34, 117
Vertrauensaufbau per Telefon 109
VGZ-Prinzip 107
Videointerview 111
Visitenkarten 101
Vorab-Unternehmensrecherche 49
Vorbereitung 10, 11, 24, 47, 100
Vorgehensweise 62
Vorstellen 124
Vorstellungsgespräch 67, 73, 117

W

Webcam-Interviews 111
Weichensteller 20, 123
wichtige Vorbereitungsquellen 50
wichtigste Erkenntnisse 115
wichtigste Fragen 120
wichtigste Vorbereitung 34
Widerstands- bzw. Kontrapunktfragen 81
Wirkung erzielen 60

Z

Ziele konzentrieren 70
Zukunft (VGZ) 30
Zutrauen 34

/Wir machen Karriere ...

... und unterstützen Sie bei der Umsetzung Ihrer beruflichen Wünsche und Ziele. Unsere professionellen Coachings, Bewerbungstrainings und Seminare machen Sie fit für den Berufsstart oder den nächsten Karrieresprung.

- Beratung & Coaching
- Bewerbungsunterlagen
- Seminare & Vorträge
- Train-the-Trainer Seminare
- Bücher & E-Books
- Testtrainings & Eignungstests

Ausbildung! Werden Sie Karrierecoach nach Hesse/Schrader

Wir beraten Sie gern telefonisch oder persönlich!

Hesse/Schrader - Büro für Berufsstrategie
Oranienburger Straße 5
10178 Berlin
Telefon 030-28 88 57 0
Telefax 030-28 88 57 36
service@hesseschrader.com
www.berufsstrategie.de

Hesse/Schrader
Erfolg haben. Mensch bleiben.

Berlin · Frankfurt · Hamburg · München · Düsseldorf · Stuttgart